LEÇONS

SUR L'INTÉGRATION

DES ÉQUATIONS

AUX DÉRIVÉES PARTIELLES

DU SECOND ORDRE

A DEUX VARIABLES INDÉPENDANTES

PAR

E. GOURSAT,

MAITRE DE CONFÉRENCES A L'ÉCOLE NORMALE SUPÉRIEURE

TOME I

PROBLÈME DE CAUCHY. — CARACTÉRISTIQUES. — INTÉGRALES INTERMÉDIAIRES

PARIS,

LIBRAIRIE SCIENTIFIQUE A. HERMANN

LIBRAIRE DE S. M. LE ROI DE SUÈDE ET DE NORVÈGE

8, Rue de la Sorbonne, 8

1896

LEÇONS SUR L'INTÉGRATION

DES

ÉQUATIONS AUX DÉRIVÉES PARTIELLES

DU SECOND ORDRE

TOURS. — IMPRIMERIE DESLIS FRÈRES.

LEÇONS

SUR L'INTÉGRATION

DES ÉQUATIONS

AUX DÉRIVÉES PARTIELLES

DU SECOND ORDRE

A DEUX VARIABLES INDÉPENDANTES

PAR

E. GOURSAT,

MAITRE DE CONFÉRENCES A L'ÉCOLE NORMALE SUPÉRIEURE

TOME I

PROBLÈME DE CAUCHY. — CARACTÉRISTIQUES. — INTÉGRALES INTERMÉDIAIRES

PARIS,

LIBRAIRIE SCIENTIFIQUE A. HERMANN

LIBRAIRE DE S. M. LE ROI DE SUÈDE ET DE NORVÈGE

8, Rue de la Sorbonne, 8

1896

PRÉFACE

L'ouvrage dont je publie aujourd'hui la première partie forme une suite naturelle des *Leçons sur l'intégration des équations aux dérivées partielles du premier ordre*, qui ont paru il y a quelques années. Ce premier volume contient la théorie des caractéristiques, l'exposition détaillée des méthodes d'intégration de Monge et d'Ampère, et la recherche des intégrales intermédiaires, pour des équations de forme quelconque. La seconde partie, qui paraîtra bientôt, je l'espère, renfermera la transformation de Laplace, la méthode de M. Darboux et l'intégration par quadratures partielles.

La théorie des équations aux dérivées partielles forme un sujet de recherches si étendu, que je crois devoir indiquer en quelques mots dans quel esprit cet ouvrage est conçu. A la recherche, le plus souvent impraticable, de l'intégrale générale d'une équation aux dérivées partielles, s'est substituée peu à peu, principalement sous l'influence des travaux de Fourier, de Cauchy, de Riemann et de leurs disciples, l'étude des propriétés des intégrales particulières, satisfaisant à des conditions aux limites données, et la recherche de ces intégrales. On pourrait évidemment varier à l'infini les conditions aux limites ; mais la plupart des problèmes que l'on a traités jusqu'ici se ramènent à deux types distincts. Une intégrale est, en général, déterminée, comme l'a montré Cauchy, si on se donne une courbe située sur cette surface intégrale et le plan tangent en chaque point de cette courbe, pourvu qu'on suppose cette intégrale représentée par un développement en série entière ; c'est la recherche de cette intégrale particulière qui constitue le *Problème de Cauchy*. On peut aussi, en se bornant aux variables réelles, définir une intégrale par la suite continue des valeurs qu'elle prend le long d'un contour fermé, cette intégrale devant, en outre, rester continue, ainsi que ses dérivées, à l'intérieur du contour. Tel est le célèbre *Problème de Dirichlet* pour l'équation de Laplace ; on sait que des travaux récents, parmi lesquels je dois citer ceux de M. Picard, ont permis de traiter le même problème pour des équations beaucoup plus générales. Je m'occupe exclusivement dans ce premier volume du problème de Cauchy et je ne considère, par conséquent, que des solutions analytiques.

L'étude de ce problème pour les équations linéaires en r, s, t, $rt-s^2$ conduit immédiatement à une notion fondamentale, celle des multiplicités caractéristiques, qui est la base même des travaux de Monge et d'Ampère. Lorsque les équations des caractéristiques de l'un des systèmes admettent deux combinaisons intégrables, la méthode de Monge ramène la solution du problème de Cauchy à l'intégration d'un système d'équations différentielles ordinaires. La méthode d'Ampère est plus élastique, quoiqu'elle conduise aux mêmes calculs que celle de Monge lorsque celle-ci est applicable; mais elle a l'avantage de s'appliquer à des équations que la méthode de Monge ne permettrait pas d'intégrer. Dans la troisième et la quatrième partie de son mémoire, Ampère montre que, lorsque les équations de l'un ou de l'autre des systèmes des caractéristiques, ou des deux à la fois, présentent une seule combinaison intégrable, on peut ramener l'équation proposée à une autre où ne figurent qu'une ou deux dérivées du second ordre. On n'a pas assez remarqué, il me semble, ces profondes recherches du grand géomètre, où sont employées des transformations de contact tout à fait générales, un demi-siècle avant les travaux de M. Sophus Lie.

Dans le dernier chapitre, j'étends la notion de caractéristiques à des équations de forme quelconque, et je démontre en toute rigueur que tous les éléments d'une caractéristique appartiennent, en général, à une infinité d'intégrales, dépendant d'une infinité de constantes arbitraires. J'insiste assez longuement sur une distinction essentielle entre les deux espèces de caractéristiques, du premier ordre et du second ordre, distinction qu'Ampère avait déjà faite, en partant de considérations *a priori* sur la forme des intégrales. A la théorie des caractéristiques du premier ordre se rattache la recherche des intégrales intermédiaires. L'étude du cas où les équations qui déterminent ces intégrales intermédiaires forment un système en involution m'a conduit à une classe nouvelle et assez étendue d'équations intégrables, pour lesquelles les deux systèmes de caractéristiques sont confondus.

On trouvera cités, dans le courant de ces leçons, tous les travaux de quelque importance, qui m'étaient connus, relatifs au sujet traité. Pour la rédaction, j'ai utilisé plus particulièrement les mémoires de Monge, de M. Darboux, de M. Sophus Lie, le traité d'Imschenetsky, et surtout l'admirable mémoire d'Ampère, dont les notations trop compliquées rendent malheureusement la lecture un peu difficile.

J'adresse tous mes remerciements à M. Bourlet, qui a bien voulu m'aider dans la correction des épreuves, et à mon éditeur, M. Hermann, qui a donné tous ses soins à l'exécution matérielle de ce livre.

19 janvier 1896.

E. Goursat.

LEÇONS
SUR L'INTÉGRATION DES ÉQUATIONS
AUX DÉRIVÉES PARTIELLES DU SECOND ORDRE

CHAPITRE PREMIER

ÉTUDE D'UNE CLASSE PARTICULIÈRE D'ÉQUATIONS. PROBLÈME DE CAUCHY (¹)

Équations aux dérivées partielles des surfaces engendrées par les courbes d'un complexe, ou enveloppées par les surfaces d'un complexe. — Intégration de ces équations. — Intégrales singulières du premier ordre. — Définition de l'intégrale générale. — Problème de Cauchy. — Remarques sur la méthode de la variation des constantes.

1. Les équations aux dérivées partielles du premier ordre admettent deux formes distinctes pour l'intégrale générale. Si une équation est linéaire, l'intégrale générale est représentée par une équation de la forme

$$u - \varphi(v) = 0, \tag{1}$$

où u et v désignent des fonctions déterminées de x, y, z, et φ une fonction arbitraire; pour une équation non linéaire, l'intégrale générale est donnée par un système de deux équations

$$\left\{\begin{aligned} &V[x, y, z, a, \varphi(a)] = 0 \\ &\frac{\partial V}{\partial a} + \frac{\partial V}{\partial \varphi(a)}\varphi'(a) = 0, \end{aligned}\right. \tag{2}$$

(¹) Auteurs à consulter : DARBOUX, « Mémoire sur les solutions singulières des équations aux dérivées partielles du premier ordre », IVᵉ partie (*Mémoires présentés par divers savants*, etc..., t. XXVII); SOPHUS LIE, « Ueber Complexe, insbesondere Linien und Kugel-Complexe, mit Anwendung auf die Theorie partieller Differentialgleichungen » (*Mathematische Annalen*, t. V); F. KLEIN, « Ueber gewisse in der Liniengeometrie auftretende Differentialgleichungen » (*Mathematische Annalen*, t. V).

où a désigne un paramètre variable, la fonction $\varphi(a)$ restant arbitraire. En langage géométrique, on peut dire que l'intégrale générale d'une équation linéaire s'obtient en prenant une suite simplement infinie de courbes d'une congruence, tandis que l'intégrale générale d'une équation non linéaire est formée par l'enveloppe d'une suite simplement infinie de surfaces dépendant de deux paramètres, quand on établit entre ces deux paramètres une relation arbitraire. On sait, d'ailleurs, que cette distinction n'est pas absolument essentielle, en ce sens que l'intégrale générale d'une équation linéaire peut aussi être représentée, et d'une infinité de manières, par des formules de la forme (2).

Une généralisation, qui s'offre d'elle-même, consiste à augmenter le nombre des paramètres [1]; par exemple, si on considère des courbes ou des surfaces dépendant de *trois* paramètres, on est conduit à des équations aux dérivées partielles du second ordre, dont la théorie offre la plus grande analogie avec celle des équations du premier ordre. Ces équations ne forment, il est vrai, qu'un groupe tout particulier, parmi les équations générales du second ordre, mais elles offrent un ensemble de propriétés caractéristiques, qui les distinguent nettement. Aussi nous commencerons par les étudier en détail.

2. Considérons un *complexe* de courbes, c'est-à-dire une famille de courbes C, dépendant de trois paramètres a, b, c,

$$(3) \qquad \begin{cases} f(x, y, z, a, b, c) = 0, \\ \varphi(x, y, z, a, b, c) = 0; \end{cases}$$

si on établit entre les trois paramètres a, b, c, deux relations quelconques, de façon à ne laisser dans les équations (3) qu'un paramètre variable, la courbe C engendre une surface, appelée *surface du complexe*, dont on obtiendrait l'équation en éliminant a, b, c entre les équations (3) et les relations

$$F(a, b, c) = 0, \qquad F_1(a, b, c) = 0,$$

établies entre les paramètres. *Toutes les surfaces du complexe satisfont à une même équation aux dérivées partielles du second ordre*, que nous allons former.

Soient : C, une courbe du complexe, correspondant aux valeurs a, b, c, des paramètres; m, un point de cette courbe; S, une surface passant par cette courbe, ayant pour équation :

$$z = \Phi(x, y);$$

(1) Voir HERMITE, *Cours d'analyse de l'École polytechnique*.

désignons par les lettres p, q, r, s, t, les dérivées premières et secondes de z, par rapport à x et à y,

$$p=\frac{\partial z}{\partial x}, \qquad q=\frac{\partial z}{\partial y}, \qquad r=\frac{\partial^2 z}{\partial x^2}, \qquad s=\frac{\partial^2 z}{\partial x \partial y}, \qquad t=\frac{\partial^2 z}{\partial y^2}.$$

La lettre δ s'appliquant aux différentielles relatives à un déplacement le long de la courbe C, on a, puisque cette courbe est située sur la surface S,

$$(4) \qquad \begin{cases} \delta z = p\delta x + q\delta y, \\ \delta^2 z = p\delta^2 x + q\delta^2 y + r\delta x^2 + 2s\delta x\delta y + t\delta y^2 ; \end{cases}$$

on tire d'ailleurs des équations (3)

$$\frac{\partial f}{\partial x}\delta x + \frac{\partial f}{\partial y}\delta y + \frac{\partial f}{\partial z}\delta z = 0,$$
$$\frac{\partial \varphi}{\partial x}\delta x + \frac{\partial \varphi}{\partial y}\delta y + \frac{\partial \varphi}{\partial z}\delta z = 0,$$

ce qui nous donne

$$(5) \qquad \frac{\delta x}{A}=\frac{\delta y}{B}=\frac{\delta z}{C}=\delta\theta,$$

en désignant par θ une variable auxiliaire et en posant, pour abréger,

$$A=\frac{D(f,\varphi)}{D(y,z)}, \qquad B=\frac{D(f,\varphi)}{D(z,x)}, \qquad C=\frac{D(f,\varphi)}{D(x,y)}.$$

La première des équations (4) devient alors

$$(6) \qquad \Delta = Ap + Bq - C = \frac{D(f,\varphi)}{D(y,z)}p + \frac{D(f,\varphi)}{D(z,x)}q - \frac{D(f,\varphi)}{D(x,y)} = 0;$$

cette relation exprime simplement que la tangente, à la courbe C est située dans le plan tangent à la surface S. Pour calculer $\delta^2 x$, $\delta^2 y$, $\delta^2 z$, imaginons qu'on ait pris θ pour la variable indépendante, on a alors

$$\delta^2 x = \delta A\delta\theta = \delta\theta^2\left(\frac{\partial A}{\partial x}A + \frac{\partial A}{\partial y}B + \frac{\partial A}{\partial z}C\right),$$
$$\delta^2 y = \delta B\delta\theta = \delta\theta^2\left(\frac{\partial B}{\partial x}A + \frac{\partial B}{\partial y}B + \frac{\partial B}{\partial z}C\right),$$
$$\delta^2 z = \delta C\delta\theta = \delta\theta^2\left(\frac{\partial C}{\partial x}A + \frac{\partial C}{\partial y}B + \frac{\partial C}{\partial z}C\right);$$

en remplaçant δx, δy, δz, $\delta^2 x$, $\delta^2 y$, $\delta^2 z$ par leurs valeurs dans la seconde des équations (4) et divisant par $\delta\theta^2$, il reste :

$$A^2 r + 2ABs + B^2 t = H; \tag{7}$$

en désignant par H l'expression suivante qui ne contient pas r, s, t,

$$H = A\frac{\partial C}{\partial x} + B\frac{\partial C}{\partial y} + C\frac{\partial C}{\partial z} - p\left(A\frac{\partial A}{\partial x} + B\frac{\partial A}{\partial y} + C\frac{\partial A}{\partial z}\right) - q\left(A\frac{\partial B}{\partial x} + B\frac{\partial B}{\partial y} + C\frac{\partial B}{\partial z}\right)$$

Si maintenant nous éliminons a, b, c, entre les quatre équations (3), (6) et (7), nous sommes conduits à une relation entre x, y, z, p, q, r, s, t, qui est vérifiée par toutes les surfaces du complexe, puisqu'en chaque point d'une pareille surface il passe une courbe du complexe, située sur la surface. Pour effectuer cette élimination, on peut imaginer qu'on ait tiré a, b, c des équations (3) et (6), en fonction de x, y, z, p, q, et qu'on les remplace par leurs expressions dans l'équation (7). L'équation obtenue est donc de la forme

$$L^2 r + 2LMs + M^2 t + N = o, \tag{8}$$

L, M, N étant des fonctions de x, y, z, p, q seulement.

Ce résultat donne lieu à plusieurs remarques.

Remarque I. — La relation (7) a une signification géométrique qui permettrait de l'écrire immédiatement. Imaginons que, par le point m, on mène la normale mn à la surface S, et que, par le centre de courbure O' de C, on élève une perpendiculaire au plan osculateur en m à cette courbe. Ces deux lignes droites se coupent en un point O qui, d'après le théorème de Meusnier, est le centre de courbure de la section normale, passant par la tangente en m à la courbe C. En écrivant cette propriété, on voit, sans peine, qu'on retrouve précisément la relation (7).

Remarque II. — En effectuant directement l'élimination de a, b, c entre les équations (3), (6) et (7), on n'obtiendra pas nécessairement une équation mise sous la forme simple (8). Si, par exemple, les équations (3) et (6) déterminent h systèmes de valeurs distinctes pour a, b, c, on aura, après l'élimination, une équation de degré h en r, s, t, qui se décomposera en h équations linéaires de la forme (8).

Remarque III. — Toute équation de la forme (8), où L, M, N sont des fonctions quelconques de x, y, z, p, q, n'est pas susceptible d'être intégrée de cette façon. Les fonctions L, M, N doivent satisfaire à certaines conditions, qui seront établies plus tard.

8. Proposons-nous maintenant de trouver toutes les intégrales de l'équation (8). Pour obtenir cette équation, nous nous sommes servis uniquement des relations (3) et (4), qui sont équivalentes aux relations (3), (6) et (7). Or, ces équations (4) expriment que la courbe C du complexe et la surface S ont un contact du second ordre. L'équation (8) exprime donc la propriété suivante des surfaces intégrales : *par tout point de l'une de ces surfaces, il passe une courbe du complexe qui lui est osculatrice*, c'est-à-dire qui a un contact du second ordre avec la surface. Il est clair que les surfaces du complexe jouissent bien de cette propriété, mais rien ne prouve jusqu'ici qu'il n'en existe pas d'autres.

En chaque point m d'une surface intégrale S, il passe une courbe C du complexe osculatrice à la surface; soit mt la tangente à cette courbe. Nous appellerons *lignes d'osculation* les courbes situées sur S, qui sont tangentes, en chacun de leurs points, à la courbe C correspondante, ou à la droite mt. Imaginons que l'on se déplace sur une de ces lignes d'osculation; les paramètres a, b, c de la courbe osculatrice deviennent des fonctions d'une seule variable, dont nous allons calculer les différentielles, δa, δb, δc. Ces paramètres a, b, c sont déterminés par les équations (3) et (6); on en tire :

$$\frac{\partial f}{\partial a}\delta a + \frac{\partial f}{\partial b}\delta b + \frac{\partial f}{\partial c}\delta c + \frac{\partial f}{\partial x}\delta x + \frac{\partial f}{\partial y}\delta y + \frac{\partial f}{\partial z}\delta z = 0,$$

$$\frac{\partial \varphi}{\partial a}\delta a + \frac{\partial \varphi}{\partial b}\delta b + \frac{\partial \varphi}{\partial c}\delta c + \frac{\partial \varphi}{\partial x}\delta x + \frac{\partial \varphi}{\partial y}\delta y + \frac{\partial \varphi}{\partial z}\delta z = 0,$$

$$\frac{\partial \Delta}{\partial x}\delta x + \frac{\partial \Delta}{\partial y}\delta y + \frac{\partial \Delta}{\partial z}\delta z + \frac{\partial \Delta}{\partial a}\delta a + \frac{\partial \Delta}{\partial b}\delta b + \frac{\partial \Delta}{\partial c}\delta c + A\delta p + B\delta q = 0,$$

la lettre δ indiquant les différentielles relatives à un déplacement le long de la ligne d'osculation. Mais on a

$$\frac{\partial f}{\partial x}\delta x + \frac{\partial f}{\partial y}\delta y + \frac{\partial f}{\partial z}\delta z = 0,$$

$$\frac{\partial \varphi}{\partial x}\delta x + \frac{\partial \varphi}{\partial y}\delta y + \frac{\partial \varphi}{\partial z}\delta z = 0,$$

puisque la ligne d'osculation est tangente à la courbe C. On a aussi

$$\frac{\partial \Delta}{\partial x}\delta x + \frac{\partial \Delta}{\partial y}\delta y + \frac{\partial \Delta}{\partial z}\delta z + A\delta p + B\delta q = 0,$$

car cette équation développée donne

$$A(r\delta x + s\delta y) + B(s\delta x + t\delta y) - \frac{\partial C}{\partial x}\delta x - \frac{\partial C}{\partial y}\delta y - \frac{\partial C}{\partial z}\delta z$$
$$+ p\left(\frac{\partial A}{\partial x}\delta x + \frac{\partial A}{\partial y}\delta y + \frac{\partial A}{\partial z}\delta z\right) + q\left(\frac{\partial B}{\partial x}\delta x + \frac{\partial B}{\partial y}\delta y + \frac{\partial B}{\partial z}\delta z\right) = 0;$$

si on y remplace δx, δy, δz par les quantités proportionnelles A, B, C, on retrouve précisément l'équation (7). On a donc les trois relations

$$(9) \qquad \left\{ \begin{aligned} &\frac{\partial f}{\partial a}\delta a + \frac{\partial f}{\partial b}\delta b + \frac{\partial f}{\partial c}\delta c = 0, \\ &\frac{\partial \varphi}{\partial a}\delta a + \frac{\partial \varphi}{\partial b}\delta b + \frac{\partial \varphi}{\partial c}\delta c = 0, \\ &\frac{\partial \Delta}{\partial a}\delta a + \frac{\partial \Delta}{\partial b}\delta b + \frac{\partial \Delta}{\partial c}\delta c = 0, \end{aligned} \right.$$

pour déterminer δa, δb, δc.

Supposons d'abord que le déterminant fonctionnel

$$\frac{D(f, \varphi, \Delta)}{D(a, b, c)}$$

ne soit pas nul; on tire alors les équations (9) :

$$\delta a = \delta b = \delta c = 0.$$

La courbe du complexe, tangente à la surface intégrale, reste la même tout le long de la ligne d'osculation, et, par conséquent, se confond avec la ligne d'osculation elle-même. La surface intégrale est donc engendrée par les courbes du complexe; nous retrouvons la solution connue *a priori*. Le raisonnement est en défaut, si le déterminant précédent est nul. En éliminant a, b, c entre les équations (3), (6) et l'équation

$$(10) \qquad \frac{D(f, \varphi, \Delta)}{D(a, b, c)} = 0,$$

on est conduit à une équation aux dérivées partielles du premier ordre

$$(11) \qquad F(x, y, z, p, q) = 0,$$

et les intégrales de l'équation (8), qui ne sont pas formées de surfaces du complexe, appartiennent nécessairement à l'équation du premier ordre (11).

Inversement, les intégrales de l'équation (11) satisfont-elles à l'équation (8)? Voyons pour cela la signification géométrique de l'équation (11). Les relations $f = 0$, $\varphi = 0$, $\Delta = 0$ donnent a, b, c en fonction de x, y, z, p, q; en d'autres termes, elles déterminent les courbes du complexe qui sont tangentes au point (x, y, z) au plan de coefficients angulaires p, q. Or, pour trouver ces courbes, on peut procéder comme il suit : imaginons le cône (T) ayant pour sommet le point de coordonnées (x, y, z) et pour génératrices les tangentes aux courbes du complexe qui passent par ce point. Le plan de coefficients angulaires p, q, passant par le sommet, coupe, en général, ce cône (T) suivant un certain nombre de génératrices distinctes, dont chacune est tangente à une courbe du complexe répondant à la question. Pour que le déterminant fonctionnel

$$\frac{D(f, \varphi, \Delta)}{D(a, b, c)},$$

soit nul, il faut que deux solutions soient confondues, ou que le plan de coefficients angulaires p, q soit tangent au cône (T). Telle est la signification géométrique de l'équation (11).

La réponse à la question proposée est maintenant bien facile. En effet, les courbes du complexe sont, pour l'équation (11), des *courbes intégrales*, et on sait qu'elles ont un contact du second ordre avec les surfaces intégrales de cette équation, qui leur sont tangentes [1]. Par conséquent, les intégrales de l'équation (11) appartiennent aussi à l'équation (8), une exception pouvant seulement se produire pour l'intégrale singulière, s'il y en a une, de l'équation du premier ordre. Comme les surfaces intégrales de l'équation (11) ne font pas, en général, partie des surfaces du complexe, on dit que l'équation (11) est une *intégrale singulière du premier ordre* de l'équation (8).

Il peut arriver, d'ailleurs, que ce soit cette intégrale singulière qui donne la véritable solution du problème. En effet, si l'on se propose directement de trouver les surfaces qui sont osculatrices en chacun de leurs points à une des courbes du complexe (3), on est conduit à l'équation (8), dont l'intégrale générale se compose des surfaces du complexe. C'est là une solution banale, évidente *à priori*; mais la véritable solution du problème est fournie précisément par les intégrales de l'équation du premier ordre

$$F(x, y, z, p, q) = 0,$$

[1] Voir mon ouvrage *Leçons sur l'intégration des équations aux dérivées partielles du premier ordre*, p. 194, § 77. (Paris. Hermann, 1891.)

qui ne sont, au point de vue analytique, que des solutions singulières. Supposons, par exemple, qu'on demande les surfaces dont les lignes asymptotiques, de l'un des systèmes, ont pour tangentes des droites appartenant à un complexe de droites donné. Comme les tangentes asymptotiques ont un contact du second ordre avec la surface, en mettant le problème en équation, on est conduit à une équation de la forme (8), dont l'intégrale générale se compose des surfaces réglées dont les génératrices appartiennent au complexe. Cette équation admet, en outre, toutes les intégrales de l'équation du premier ordre dont le cône (T), relatif à un point quelconque de l'espace, est précisément le cône du complexe; c'est donc cette équation du premier ordre qui donne la vraie solution du problème. Remarquons que les caractéristiques sont précisément les lignes asymptotiques.

4. Considérons, par exemple, les surfaces engendrées par des droites parallèles au plan des xy

$$z = a, \qquad y = bx + c;$$

en prenant x pour variable indépendante, on a

$$\delta z = \delta^2 z = 0, \qquad \delta y = b\delta x, \qquad \delta^2 y = b\delta^2 x = 0.$$

Les équations (4) deviennent

$$p + qb = 0, \qquad r + 2sb + tb^2 = 0;$$

l'élimination se fait immédiatement, et on est conduit à l'équation du second ordre

$$q^2 r - 2pqs + p^2 t = 0.$$

Il n'y a pas d'intégrale singulière du premier ordre, car le cône (T) se réduit à un plan.

Prenons encore les surfaces engendrées par un cercle de rayon constant, dont le plan reste parallèle au plan des xy. Les équations de la ligne génératrice sont ici

$$z = a, \qquad (x - b)^2 + (y - c)^2 - R^2 = 0;$$

on en déduit, en prenant x pour variable indépendante,

$$\delta z = \delta^2 z = 0, \qquad (x - b)\,\delta x + (y - c)\,\delta y = 0,$$
$$\delta x^2 + \delta y^2 + (y - c)\,\delta^2 y = 0.$$

Les équations (4) deviennent

$$p(y-c) - q(x-b) = 0,$$
$$\frac{-qR^2}{(y-c)^3} + r - 2s\frac{p}{q} + t\left(\frac{p}{q}\right)^2 = 0,$$

et l'élimination de a, b, c, conduit à l'équation

$$rq^2 - 2pqs + tp^2 - \frac{(p^2+q^2)^{\frac{3}{2}}}{R} = 0,$$

qui se réduit à l'équation précédente quand on suppose le rayon R infini.

Si R n'est pas infini, il y a une solution singulière du premier ordre:

$$p^2 + q^2 = 0.$$

Avant d'étudier les enveloppes de surfaces à trois paramètres, nous présenterons d'abord quelques remarques essentielles sur la théorie du contact.

5. Étant données deux multiplicités d'éléments [1] M_2 et M'_2, ayant un élément commun (x, y, z, p, q), on dit que ces multiplicités sont *osculatrices*, lorsqu'elles ont un élément commun infiniment voisin du premier $(x + dx, y + dy, z + dz, p + dp, q + dq)$. Supposons que la première multiplicité se compose d'une surface S et de ses plans tangents, la seconde d'une courbe C et de ses plans tangents. Pour que ces deux multiplicités aient un élément commun, il faut, d'abord, que la courbe C soit tangente à la surface S. Si on prend le point de contact pour origine des coordonnées et le plan tangent à la surface pour plan des xy, cette surface est représentée par une équation de la forme

$$z = F(x, y) = \frac{1}{2}(rx^2 + 2sxy + ty^2) + \varphi_3(x, y) + \ldots$$

tandis que la courbe C est représentée par trois équations

$$x = f(t), \quad y = \varphi(t), \quad z = \psi(t),$$

où

$$f(0) = \varphi(0) = \psi(0) = 0, \quad \psi'(0) = 0.$$

Si les deux multiplicités ont un élément commun infiniment voisin du

[1] *Équations du premier ordre*, chapitre x.

premier (dx, dy, dz, dp, dq), on aura à la fois

$$\begin{aligned} dz &= pdx + qdy, \\ d^2z &= pd^2x + qd^2y + dpdx + dqdy, \\ dp &= rdx + sdy, \\ dq &= sdx + tdy, \end{aligned}$$

et, par suite,

$$d^2z - pd^2x - qd^2y = rdx^2 + 2sdxdy + tdy^2,$$

dx, dy, d^2x, d^2y, d^2z désignant les différentielles $f'(o)\,dt$, $\varphi'(o)\,dt$, $f''(o)\,dt^2$, $\varphi''(o)\,dt^2$, $\psi''(o)\,dt^2$. Cette relation exprime que la courbe C et la surface ont à l'origine un *contact du second ordre*, au sens habituel du mot. Si, par exemple, la courbe C est une droite, on peut supposer que x, y, z sont des fonctions linéaires de t; on a alors $d^2x = d^2y = d^2z = o$, et la relation précédente devient

$$rdx^2 + 2sdxdy + tdy^2 = o,$$

ce qui montre que la droite doit être l'une des asymptotes de l'indicatrice. Par chaque point d'une surface, il passe donc deux lignes droites osculatrices à la surface, qui sont les tangentes aux deux lignes asymptotiques de la surface passant par ce point.

Supposons, en second lieu, que les deux multiplicités qui ont un élément commun soient deux surfaces. Si on prend pour origine le point de contact, et pour plan des xy le plan tangent commun, les deux surfaces sont représentées par deux équations de la forme

$$\begin{aligned} z &= F(x, y) = \frac{1}{2}(rx^2 + 2sxy + ty^2) + \varphi_3(x, y) + \cdots \\ z &= F_1(x, y) = \frac{1}{2}(r_1x^2 + 2s_1xy + t_1y^2) + \psi_3(x, y) \ldots \end{aligned}$$

Pour que les deux surfaces soient osculatrices en ce point, il faut que, pour une certaine valeur du rapport $\frac{dy}{dx}$, les valeurs de dp et de dq soient les mêmes pour les deux surfaces, c'est-à-dire que l'on ait

$$\begin{aligned} rdx + sdy &= r_1dx + s_1dy, \\ sdx + tdy &= s_1dx + t_1dy, \end{aligned}$$

et, par suite,

$$(12) \qquad (r - r_1)(t - t_1) - (s - s_1)^2 = o.$$

Il est facile d'avoir une interprétation géométrique de cette condition; en effet, les deux surfaces se coupent suivant une courbe, dont la projection sur le plan des xy a pour équation

$$(r-r_1)x^2+2(s-s_1)xy+(t-t_1)y^2+2\varphi_3(x,y)-2\psi_3(x,y)+\ldots=0.$$

Cette courbe a un point double à l'origine, et l'ensemble des tangentes au point double est donné par l'équation

$$(r-r_1)x^2+2(s-s_1)xy+(t-t_1)y^2=0;$$

les deux tangentes sont confondues si la condition (12) est satisfaite, et le point double est un point de rebroussement. Donc, pour que deux surfaces soient *osculatrices* en un point de contact, il faut et il suffit que la courbe d'intersection de ces deux surfaces ait *un point de rebroussement* en ce point.

Prenons, en particulier, le cas où l'une des surfaces est une sphère tangente au plan des xy

$$x^2+y^2+z^2-2hz=0;$$

on peut toujours prendre pour axes des x et des y les deux axes de l'indicatrice de la seconde surface qui a, dans ce système de coordonnées, une équation de la forme :

$$z=\frac{1}{2}(rx^2+ty^2)+\varphi_3(x,y)+\ldots$$

Si on porte cette valeur de z dans l'équation de la sphère, on a l'équation de la projection sur le plan des xy de la courbe d'intersection des deux surfaces. Cette équation est, en n'écrivant que les termes du second degré :

$$x^2(1-hr)+y^2(1-ht)+\ldots=0.$$

Pour que l'origine soit un point de rebroussement, il faut que l'on ait $h=\frac{1}{r}$ ou $h=\frac{1}{t}$, c'est-à-dire que la sphère doit avoir pour centre un des centres de courbure principaux de la surface. La tangente de rebroussement est alors l'axe des x ou l'axe des y, c'est-à-dire l'un des axes de l'indicatrice.

(1) SOPHUS LIE, *Mathematische Annalen*, t. V, p. 195. DARBOUX, *Solutions singulières*, p. 275.

6. On peut déduire de ce qui précède une généralisation de la théorie des lignes asymptotiques et des lignes de courbure ([1]). Étant donnée une surface fixe S, et une famille de surfaces S' dépendant de *quatre* paramètres :

$$\Phi(x, y, z, a_1, a_2, a_3, a_4) = 0,$$

on peut disposer de ces quatre paramètres de façon que la surface S' soit osculatrice à la surface S en un point donné de cette surface. Il y aura, en général, un certain nombre de surfaces de cette famille répondant à la question. A chacune de ces surfaces correspond une direction dans le plan tangent à la surface S, celle de la tangente de rebroussement de la courbe commune à ces deux surfaces. On appelle *lignes d'osculation* sur la surface S, les courbes qui sont tangentes en chacun de leurs points à l'une des directions que nous venons de définir. Si la famille de surfaces S' se compose de sphères, les lignes d'osculation coïncident avec les lignes de courbure.

De même, si on a une famille de courbes C dépendant de quatre paramètres, on peut disposer de ces paramètres, de façon que la courbe C soit osculatrice à la surface S en un point donné. On appelle encore lignes d'osculation, les courbes qui sont tangentes en chacun de leurs points à une courbe C osculatrice à la surface. Si les courbes C sont des lignes droites, les lignes d'osculation coïncident avec les lignes asymptotiques.

Il est clair que toute transformation de contact change deux multiplicités osculatrices en deux multiplicités osculatrices. Si donc on applique à une surface la transformation de M. Lie, qui remplace les lignes droites par des sphères, les tangentes asymptotiques deviennent les sphères osculatrices, et les lignes asymptotiques de la première surface deviennent les lignes de courbure de la nouvelle surface.

7. Étant données dans l'espace deux familles de multiplicités M_2, composées de surfaces ou de courbes, chacune d'elles dépendant de *trois* paramètres, on peut toujours trouver une transformation de contact, qui change une de ces familles de multiplicités en la seconde famille. Nous allons montrer, en effet, qu'on peut toujours trouver une transformation de contact qui change les multiplicités M_2 d'une famille à trois paramètres, en de nouvelles multiplicités, dont chacune se compose d'un point de l'espace et de tous les plans qui y passent.

Supposons d'abord que l'on ait une famille de surfaces S, définies par l'équation

$$F(x, y, z, a, b, c) = 0;$$

de la relation fondamentale

$$(13) \qquad F(x, y, z; X, Y, Z) = 0,$$

on déduit une transformation de contact définie par cette relation et les suivantes [1]

$$\frac{\partial F}{\partial x} + p\frac{\partial F}{\partial z} = 0, \quad \frac{\partial F}{\partial y} + q\frac{\partial F}{\partial z} = 0, \quad \frac{\partial F}{\partial X} + P\frac{\partial F}{\partial Z} = 0, \quad \frac{\partial F}{\partial Y} + Q\frac{\partial F}{\partial Z} = 0.$$

Géométriquement, on sait que, lorsque le point (x, y, z) décrit une certaine surface Σ, la surface représentée par l'équation (13), où l'on regarde X, Y, Z comme des coordonnées courantes, enveloppe une autre surface Σ', qui est la transformée de la surface Σ. Or, si le point (x, y, z) décrit une surface S de la famille, correspondant aux valeurs a, b, c des paramètres, la surface (13) passe constamment par le point $X = a$, $Y = b$, $Z = c$. A la surface S correspond donc ce point.

De même, si l'on a une famille de courbes

$$F(x, y, z; a, b, c) = 0,$$
$$\Phi(x, y, z; a, b, c) = 0,$$

la transformation de contact déduite des deux relations :

$$F(x, y, z; X, Y, Z) = 0,$$
$$\Phi(x, y, z; X, Y, Z) = 0,$$

fait correspondre un point à une courbe de cette famille. Si on a deux familles de courbes ou de surfaces, dépendant chacune de trois paramètres, on peut donc ramener chacune de ces familles à l'ensemble des points de l'espace par une transformation de contact convenable, et, en combinant les deux transformations, on obtient une nouvelle transformation, conduisant de l'une des familles à l'autre.

8. Considérons maintenant une famille de surfaces S, dépendant de trois paramètres, ou *complexe* de surfaces :

$$(14) \qquad F(x, y, z; a, b, c) = 0:$$

(1) *Équations du premier ordre*, p. 261.

si on établit entre les trois paramètres a, b, c deux relations de forme arbitraire, de façon à ne laisser qu'un seul paramètre arbitraire, les surfaces auront une surface enveloppe (E), chacune d'elles étant tangente à l'enveloppe tout le long d'une courbe caractéristique. Si, par exemple, on a pris

$$b = \varphi(a), \qquad c = \psi(a),$$

les caractéristiques sont représentées par le système des deux équations

$$(15) \qquad \begin{cases} F[x, y, z\,;\, a, \varphi(a), \psi(a)] = 0, \\ \dfrac{\partial F}{\partial a} + \dfrac{\partial F}{\partial \varphi(a)} \varphi'(a) + \dfrac{\partial F}{\partial \psi(a)} \psi'(a) = 0, \end{cases}$$

et on obtiendrait l'équation de la surface enveloppe en éliminant a entre ces deux équations. Toutes ces surfaces enveloppes, qui dépendent des deux fonctions arbitraires φ et ψ, sont des intégrales d'une même équation aux dérivées partielles du second ordre, que l'on obtient très simplement comme il suit.

Par chaque point d'une surface enveloppe, il passe une surface du complexe qui lui est osculatrice, puisque les deux surfaces ont une infinité d'éléments communs tout le long de la courbe de contact. Exprimons cette propriété. Les valeurs de p et de q sont les mêmes pour la surface enveloppe et pour la surface du complexe ; on a donc, pour les deux surfaces :

$$(16) \qquad \begin{cases} F_1 = \dfrac{\partial F}{\partial x} + p \dfrac{\partial F}{\partial z} = 0, \\ F_2 = \dfrac{\partial F}{\partial y} + q \dfrac{\partial F}{\partial z} = 0. \end{cases}$$

De plus, pour une certaine valeur du rapport $\dfrac{\delta y}{\delta x}$, les valeurs de δp et de δq sont les mêmes pour les deux surfaces ; pour la surface enveloppée, a, b, c restant constants, on a

$$\delta F_1 = \delta\left(\frac{\partial F}{\partial x}\right) + p\delta\left(\frac{\partial F}{\partial z}\right) + \frac{\partial F}{\partial z}\delta p = 0,$$
$$\delta F_2 = \delta\left(\frac{\partial F}{\partial y}\right) + q\delta\left(\frac{\partial F}{\partial z}\right) + \frac{\partial F}{\partial z}\delta q = 0,$$

ou, en développant :

$$(17)\quad \begin{cases} \left(\dfrac{\partial^2 F}{\partial x^2} + 2p\dfrac{\partial^2 F}{\partial x \partial z} + p^2 \dfrac{\partial^2 F}{\partial z^2}\right)\delta x \\ \qquad + \left(\dfrac{\partial^2 F}{\partial x \partial y} + q\dfrac{\partial^2 F}{\partial x \partial z} + p\dfrac{\partial^2 F}{\partial y \partial z} + pq\dfrac{\partial^2 F}{\partial z^2}\right)\delta y + \dfrac{\partial F}{\partial z}\delta p = 0, \\ \left(\dfrac{\partial^2 F}{\partial x \partial y} + p\dfrac{\partial^2 F}{\partial y \partial z} + q\dfrac{\partial^2 F}{\partial x \partial z} + pq\dfrac{\partial^2 F}{\partial z^2}\right)\delta x \\ \qquad + \left(\dfrac{\partial^2 F}{\partial y^2} + 2q\dfrac{\partial^2 F}{\partial y \partial z} + q^2 \dfrac{\partial^2 F}{\partial z^2}\right)\delta y + \dfrac{\partial F}{\partial z}\delta q = 0. \end{cases}$$

Pour la surface enveloppe, on a

$$\delta p = r\delta x + s\delta y,$$
$$\delta q = s\delta x + t\delta y,$$

r, s, t désignant les valeurs des dérivées secondes relatives à la surface enveloppe. En écrivant que ces valeurs de δp et de δq sont les mêmes, et en éliminant le rapport $\dfrac{\delta y}{\delta x}$, on parvient à l'équation suivante :

$$(18)\quad \left(\frac{\partial F}{\partial z}\right)^2 (rt - s^2) + C\frac{\partial F}{\partial z} r - 2B\frac{\partial F}{\partial z} s + A\frac{\partial F}{\partial z} t + AC - B^2 = 0,$$

en posant, pour abréger

$$A = \frac{\partial^2 F}{\partial x^2} + 2p\frac{\partial^2 F}{\partial x \partial z} + p^2\frac{\partial^2 F}{\partial z^2},$$
$$B = \frac{\partial^2 F}{\partial x \partial y} + p\frac{\partial^2 F}{\partial y \partial z} + q\frac{\partial^2 F}{\partial x \partial z} + pq\frac{\partial^2 F}{\partial z^2},$$
$$C = \frac{\partial^2 F}{\partial y^2} + 2q\frac{\partial^2 F}{\partial y \partial z} + q^2\frac{\partial^2 F}{\partial z^2}.$$

On parviendra à l'équation demandée en éliminant a, b, c entre les relations (14), (16) et (18). Pour effectuer cette élimination, on peut imaginer qu'on ait tiré des trois premières les expressions de a, b, c en fonction de x, y, z, p, q, et qu'on porte ensuite ces expressions dans la dernière. On obtiendra ainsi une équation de la forme

$$(19)\qquad Hr + 2Ks + Lt + M + N(rt - s^2) = 0,$$

H, K, L, M, N ne renfermant que x, y, z, p, q, ou, plus généralement, une équation décomposable en plusieurs équations de la forme précédente, si les relations (14) et (16) fournissent plusieurs systèmes de valeurs pour a, b, c.

9. Inversement, proposons-nous de trouver toutes les surfaces qui satisfont à l'équation (19) ; d'après la façon dont elle a été obtenue, cette équation exprime uniquement la propriété suivante des surfaces intégrales : par tout point d'une surface intégrale, il passe une surface du complexe (14), qui est osculatrice à la première. Le long d'une ligne d'osculation, les paramètres a, b, c de la surface osculatrice sont des fonctions d'une seule variable indépendante, dont nous allons calculer les différentielles. Les valeurs de a, b, c sont définies par les trois relations :

$$F(x, y, z; a, b, c) = 0,$$
$$F_1 = \frac{\partial F}{\partial x} + p\frac{\partial F}{\partial z} = 0,$$
$$F_2 = \frac{\partial F}{\partial y} + q\frac{\partial F}{\partial z} = 0;$$

quand on se déplace le long d'une ligne d'osculation on a :

$$\frac{\partial F}{\partial x}\delta x + \frac{\partial F}{\partial y}\delta y + \frac{\partial F}{\partial z}\delta z = 0,$$
$$\frac{\partial F_1}{\partial x}\delta x + \frac{\partial F_1}{\partial y}\delta y + \frac{\partial F_1}{\partial z}\delta z + \frac{\partial F}{\partial z}\delta p = 0,$$
$$\frac{\partial F_2}{\partial x}\delta x + \frac{\partial F_2}{\partial y}\delta y + \frac{\partial F_2}{\partial z}\delta z + \frac{\partial F}{\partial z}\delta q = 0,$$

puisque les valeurs de δx, δy, δz, δp, δq sont les mêmes, par hypothèse, pour la surface intégrale, et pour la surface du complexe. On a donc aussi

$$\frac{\partial F}{\partial a}\delta a + \frac{\partial F}{\partial b}\delta b + \frac{\partial F}{\partial c}\delta c = 0,$$
$$\frac{\partial F_1}{\partial a}\delta a + \frac{\partial F_1}{\partial b}\delta b + \frac{\partial F_1}{\partial c}\delta c = 0$$
$$\frac{\partial F_2}{\partial a}\delta a + \frac{\partial F_2}{\partial b}\delta b + \frac{\partial F_2}{\partial c}\delta c = 0$$

ce qui exige que l'on ait :

$$\delta a = \delta b = \delta c = 0$$

à moins que le déterminant ne soit nul :

$$\Delta = \frac{D(F, F_1, F_2)}{D(a, b, c)} = 0.$$

Dans le premier cas, la surface du complexe, tangente à la surface intégrale, reste la même tout le long d'une ligne d'osculation ; les surfaces du complexe, tangentes à la surface intégrale, ne dépendent donc que d'un paramètre variable. Nous retrouvons ainsi la solution connue *a priori*.

Le raisonnement ne s'applique plus, si les valeurs de a, b, c, tirées des équations $F = 0$, $F_1 = 0$, $F_2 = 0$, satisfont aussi à la relation $\Delta = 0$; l'élimination de a, b, c entre ces quatre équations

$$F = 0, \qquad F_1 = 0 \qquad F_2 = 0, \qquad \Delta = 0$$

conduit à une relation entre x, y, z, p, q,

(20) $$\Phi(x, y, z, p, q) = 0,$$

et nous voyons déjà que toutes les intégrales de l'équation (19), qui ne sont pas comprises parmi les surfaces enveloppes représentées par les formules (15), sont des intégrales de l'équation aux dérivées partielles du premier ordre (20).

10. Réciproquement, proposons-nous d'examiner si toute intégrale de l'équation (20) est aussi une intégrale de l'équation du second ordre. Cette relation (20) exprime une propriété de l'élément (x, y, z, p, q), dont nous allons d'abord chercher la signification géométrique. Étant donné un élément (x, y, z, p, q), absolument quelconque, on peut toujours disposer des trois paramètres a, b, c, de façon que la surface S, représentée par l'équation

$$F(x, y, z; a, b, c) = 0,$$

admette cet élément ; les valeurs convenables de a, b, c, sont déterminées précisément par les trois équations

$$F = 0, \; F_1 = \frac{\partial F}{\partial x} + p\frac{\partial F}{\partial z} = 0, \qquad F_2 = \frac{\partial F}{\partial y} + q\frac{\partial F}{\partial z} = 0.$$

En général, ces trois équations admettent un certain nombre de systèmes de solutions, distincts les uns des autres. Mais, si on a en même temps

$$\Delta = \frac{D(F, F_1, F_2)}{D(a, b, c)} = 0,$$

deux de ces systèmes de solutions sont venus se confondre [1]. L'équation (20) exprime donc que *deux des surfaces* S *du complexe considéré, qui admettent l'élément* (x, y, z, p, q), *sont confondues.* Il est facile de déduire de là que toutes les multiplicités M_2, composées d'éléments possédant cette propriété, sont, en chacun de leurs éléments, osculatrices à la surface correspondante du complexe, en d'autres termes, que toute intégrale de l'équation du premier ordre (20) vérifie aussi l'équation du second ordre (19). En effet, imaginons qu'on effectue une transformation de contact, de façon que les surfaces S du complexe deviennent les courbes C d'un complexe de courbes. La relation (20) se change en une nouvelle relation

$$(21) \qquad \Phi_1(x, y, z, p, q) = 0$$

qui exprime que deux des courbes C du complexe, qui sont tangentes à l'élément (x, y, z, p, q), sont confondues. La proposition qu'il s'agit d'établir se transforme donc en un théorème démontré antérieurement (n° 3), à savoir, que les courbes C ont un contact du second ordre avec les surfaces intégrales de l'équation (21). En faisant maintenant la transformation de contact inverse de la précédente, on en conclut que toutes les intégrales de l'équation du premier ordre $\Phi = 0$ vérifient aussi l'équation du second ordre (19), exception faite des intégrales singulières, s'il en existe. En général, les surfaces intégrales de $\Phi = 0$ ne font pas partie des surfaces enveloppes représentées par les formules (15) ; la relation $\Phi = 0$ constitue donc une *intégrale singulière du premier ordre* de l'équation du second ordre (19).

11. Exemple I. — Supposons que le complexe de surfaces soit formé par l'ensemble des plans

$$F(x, y, z; a, b, c) = z + ax + by + c = 0;$$

[1] Si dans les équations $F = 0$, $F_1 = 0$, $F_2 = 0$, on regarde x, y, z, p, q comme donnés et a, b, c comme des coordonnées courantes, ces trois équations représentent trois surfaces, dont il faut chercher les points communs. Si, en un de ces points (a, b, c), on a $\Delta = 0$, les plans tangents aux trois surfaces se coupent suivant une même droite : les surfaces ont donc deux points communs confondus en (a, b, c).

les équations (16) et (17) deviennent ici

$$a + p = 0, \qquad b + q = 0,$$
$$\delta p = 0, \qquad \delta q = 0,$$

les deux dernières équations ne renferment pas a, b, c, et, en éliminant le rapport $\frac{\delta y}{\delta x}$ entre ces deux équations, on est conduit à l'équation connue qui caractérise les surfaces développables

$$rt - s^2 = 0;$$

Dans le cas actuel, le déterminant Δ se réduit à l'unité; il n'y a donc pas de solution singulière.

12. Exemple II. — Considérons l'ensemble des sphères de rayon constant R :

$$F = (x - a)^2 + (y - b)^2 + (z - c)^2 - R^2 = 0;$$

on a ici

$$F_1 = (x - a) + (z - c)\,p = 0,$$
$$F_2 = (y - b) + (z - c)\,q = 0,$$

et l'équation (18) devient

$$(z-c)^2(rt-s^2)+(z-c)\{(1+q^2)r+(1+p^2)t-2pqs\}+1+p^2+q^2=0.$$

On tire des premières relations

$$z - c = \frac{\pm R}{\sqrt{1 + p^2 + q^2}},$$

et, en portant cette valeur de $z - c$ dans la dernière, l'on est conduit à l'équation

$$(22)\quad R^2(rt-s^2)+R\sqrt{1+p^2+q^2}\{(1+q^2)r+(1+p^2)t-2pqs\}+(1+p^2+q^2)^2=0.$$

On a ici

$$\Delta = \frac{D(F, F_1, F_2)}{D(a, b, c)} = z - c - p(x - a) - q(y - b);$$

l'élimination de a, b, c, entre les quatre équations

$$F = 0, \qquad F_1 = 0, \qquad F_2 = 0, \qquad \Delta = 0,$$

conduit à l'équation du premier ordre

$$1 + p^2 + q^2 = 0, \tag{23}$$

qui constitue bien une intégrale première de l'équation (22), car on tire aussi de la relation précédente :

$$rt - s^2 = 0.$$

On voit donc que l'intégrale générale de l'équation (22) se compose de surfaces enveloppes d'une sphère de rayon R, dont le centre décrit une courbe gauche arbitraire; l'intégrale singulière du premier ordre définit les surfaces développables qui passent par le cercle à l'infini.

Remarque. — L'équation (22), étant mise sous forme entière, se compose, en réalité, de deux équations linéaires en r, s, t, $rt - s^2$, que l'on obtient en prenant successivement les deux signes devant le radical $\pm\sqrt{1 + p^2 + q^2}$. Une intégrale doit annuler un de ces facteurs ; mais, si on a $1 + p^2 + q^2 = 0$, c'est-à-dire si on considère une solution singulière, ces deux facteurs linéaires sont identiques. C'est là un fait général. Reportons-nous, en effet, à la formation de l'équation du second ordre ; on tire les valeurs de a, b, c des équations

$$F = 0, \qquad F_1 = 0, \qquad F_2 = 0 \tag{24}$$

pour porter ces valeurs dans l'équation (18) (n° 8). Supposons, pour fixer les idées, que les équations (24) admettent un nombre fini de systèmes de solutions, p, par exemple. En portant ces valeurs de a, b, c dans la dernière équation (18), on obtient une équation du second ordre (E), qui est, en réalité, le produit de p facteurs linéaires en $rt - s^2$, r, s, t. Pour une intégrale quelconque, un seul de ces facteurs est nul, en général ; mais, pour une intégrale singulière, on a vu que deux des systèmes de solutions des équations (24) sont venus se confondre. Par conséquent, deux des facteurs linéaires de l'équation (E) doivent être identiques, et s'annuler en même temps.

13. Exemple III. — Prenons, d'une manière plus générale, un complexe de surfaces, se déduisant d'une surface donnée par une translation, d'ailleurs quelconque [1] ; ces surfaces sont représentées par une

[1] Monge, *Application de l'analyse à la géométrie*, § XIII.

équation de la forme

$$F(x-a,\ y-b,\ z-c)=0. \tag{25}$$

Les surfaces enveloppes de cette famille de surfaces, quand on établit entre a, b, c deux relations de forme arbitraire, satisfont à une équation aux dérivées partielles du second ordre, que l'on obtiendra par la méthode générale exposée plus haut. On remarquera que les quatre équations, entre lesquelles on doit éliminer a, b, c, ne renferment que $x-a$, $y-b$, $z-c$, de sorte que l'équation, à laquelle on parvient ainsi, ne contient que les dérivées p, q, r, s, t. Cette équation du second ordre admet une intégrale singulière du premier ordre, qui s'obtiendra comme il suit : les trois équations

$$F=0, \qquad \frac{\partial F}{\partial x}+p\frac{\partial F}{\partial z}=0, \qquad \frac{\partial F}{\partial y}+q\frac{\partial F}{\partial z}=0$$

permettent d'exprimer $x-a$, $y-b$, $z-c$ au moyen de p et q. Imaginons, par exemple, que l'on tire $x-a$ et $y-b$ de deux de ces équations, et qu'on porte ces valeurs dans la troisième; on a une équation entre p, q, $z-c$, et, pour obtenir l'intégrale singulière du premier ordre, il faudra écrire que cette équation en $z-c$ a une racine double. La condition à laquelle on arrive :

$$\Phi(p, q)=0$$

définit des surfaces développables qui coupent le plan de l'infini suivant une même courbe, qui est précisément la courbe d'intersection des surfaces du complexe avec le plan de l'infini.

14. Exemple IV. — Appliquons encore la méthode générale à la solution du problème suivant : *Déterminer une surface, connaissant une relation entre les quatre paramètres d'une des deux sphères osculatrices en chaque point* (1).

Soit

$$F=(x-\alpha)^2+(y-\beta)^2+(z-\gamma)^2-R^2=0,$$

l'équation d'une sphère osculatrice, et

$$f(\alpha, \beta, \gamma, R)=0 \tag{26}$$

la relation qui lie les quatre paramètres α, β, γ, R.

(1) Darboux, *Solutions singulières*, etc., p. 228.

Les sphères de cette espèce forment un complexe de sphères, car on peut imaginer que de l'équation $f = 0$, on ait tiré un des quatre paramètres α, β, γ, R, en fonction des trois autres. Le problème proposé n'est donc qu'un cas particulier de la question générale qui vient d'être traitée. En écrivant que les quatre paramètres d'une des sphères osculatrices à une surface satisfont à la relation $f = 0$, on est conduit à une équation aux dérivées partielles du second ordre, dont l'intégrale générale se compose de l'enveloppe des sphères :

$$(x - \alpha)^2 + (y - \beta)^2 + (z - \gamma)^2 - R^2 = 0.$$

quand on établit entre α, β, γ, R deux autres relations arbitraires

$$\varphi(\alpha, \beta, \gamma, R) = 0, \qquad \psi(\alpha, \beta, \gamma, R) = 0.$$

Cette solution était évidente *a priori*, mais l'équation du second ordre admet une *intégrale singulière* du premier ordre, qui donne la véritable solution du problème proposé. Pour obtenir cette intégrale singulière, considérons les équations

$$\begin{gathered} F = (x - \alpha)^2 + (y - \beta)^2 + (z - \gamma)^2 - R^2 = 0, \\ F_1 = (x - \alpha) + p(z - \gamma) = 0, \\ F_2 = (y - \beta) + q(z - \gamma) = 0, \\ f(\alpha, \beta, \gamma, R) = 0 \end{gathered}$$

qui déterminent α, β, γ, R en fonction de x, y, z, p, q. Imaginons, par exemple, qu'on tire β, γ, R de trois de ces relations, et qu'on porte les valeurs obtenues dans la quatrième, on a une équation entre x, y, z, p, q et α ; on aura la solution singulière du premier ordre, en écrivant que cette équation en α a une racine double.

Si la relation $f = 0$ ne contient pas R, cette équation

$$f(\alpha, \beta, \gamma) = 0 \tag{27}$$

représente une surface (Σ), et le problème proposé peut s'énoncer ainsi : *Déterminer les surfaces dont les centres de courbure de l'un des systèmes sont situés sur la surface* (Σ). L'intégrale générale est formée de surfaces enveloppes de sphères, dont les centres décrivent une courbe quelconque de la surface (Σ).

Pour avoir la signification de l'intégrale singulière du premier ordre, remarquons que les équations :

$$F_1 = (x - \alpha) + p(z - \gamma) = 0,$$
$$F_2 = (y - \beta) + q(z - \gamma) = 0,$$
$$f(\alpha, \beta, \gamma) = 0,$$

qui déterminent α, β, γ en fonction de x, y, z, p, q, sont aussi celles qui donnent les coordonnées des points de rencontre de la surface (Σ) avec la normale à l'élément (x, y, z, p, q), menée par le point (x, y, z). On obtiendra donc l'intégrale singulière du premier ordre, qui donne la véritable solution du problème, en cherchant *les surfaces dont les normales sont tangentes à la surface* (Σ). On sait que ce problème est équivalent à celui-ci : *Déterminer les lignes géodésiques de* (Σ).

15. Toute équation aux dérivées partielles du second ordre, appartenant à l'une des classes que nous venons de considérer, peut se ramener, par une transformation de contact convenable, à l'équation aux dérivées partielles des surfaces développables $s^2 - rt = 0$. On a vu, en effet (n° 7), que toute famille de multiplicités M_2 (courbes ou surfaces), dépendant de trois paramètres, se change, par une transformation de contact convenablement choisie, en une nouvelle famille de multiplicités M'_2, composée de l'ensemble des plans. Par cette transformation, toute surface osculatrice, en chacun de ses éléments, à une multiplicité M_2, se change en une surface osculatrice, en chacun de ses éléments, à un plan, c'est-à-dire en une surface développable. L'équation aux dérivées partielles du second ordre, correspondant à la famille de multiplicités M_2, devient donc, après la transformation, $s^2 - rt = 0$.

Remarque. — Il peut paraître paradoxal, au premier abord, qu'une équation du second ordre, qui admet une intégrale singulière du premier ordre, se change, par une transformation de contact, en une nouvelle équation $s^2 - rt = 0$, qui n'admet plus d'intégrale singulière du premier ordre. Cela tient à ce que les formules, qui définissent la transformation, deviennent illusoires dans le voisinage des éléments qui satisfont à l'équation du premier ordre $\Phi = 0$, qui représente l'intégrale singulière. Un fait de même nature se présente déjà pour les équations de premier ordre, puisqu'on a vu, qu'étant données deux équations quelconques du premier ordre, à un même nombre de variables indépendantes, on peut toujours passer de l'une à l'autre, par une transformation de contact (¹).

(¹) *Équations du premier ordre*, p. 296.

16. Les équations que nous venons d'étudier ne forment qu'une catégorie tout à fait particulière, parmi les équations linéaires en r, s, t, $rt - s^2$; on verra, au chapitre suivant, comment on peut reconnaître si une équation donnée de cette forme appartient à la classe précédente.

On a reconnu directement, pour ces équations, qu'il existe un ou plusieurs systèmes de formules, représentant toutes les intégrales de l'équation proposée. Mais c'est là un fait tout exceptionnel.

Étant donnée une équation quelconque du second ordre, rien ne prouve, *a priori*, qu'il existe un système de formules pouvant représenter toutes les intégrales de cette équation, quand on attribue aux fonctions arbitraires, qui figurent dans ces formules, toutes les formes possibles. Il est donc nécessaire de donner un sens précis à cette expression que l'on emploie à chaque instant dans cette théorie : Que faut-il entendre par *intégrale générale* d'une équation du second ordre

$$F(x, y, z, p, q, r, s, t) = 0; \tag{28}$$

nous adopterons la définition que M. Darboux a déduite des travaux de Cauchy.

Proposons-nous d'abord le problème suivant, que nous appellerons, pour abréger, *le problème de Cauchy*, parce qu'il est intimement lié, comme on va le voir, aux travaux de l'illustre géomètre sur l'existence des fonctions intégrales. Étant donnée une équation du second ordre de la forme (28), cherchons à déterminer une surface intégrale passant par une courbe donnée C et tangente, tout le long de cette courbe, à une développable donnée D. En un point de C, x, y, z, p, q sont des fonctions connues d'une variable auxiliaire θ ; les valeurs de r, s, t, en un point de cette courbe, doivent satisfaire à l'équation (28) et aux deux équations

$$\left\{ \begin{aligned} dp &= r\,dx + s\,dy, \\ dq &= s\,dx + t\,dy, \end{aligned} \right. \tag{29}$$

la lettre d indiquant des différentielles prises par rapport à la variable auxiliaire θ. Ces trois équations admettent, en général, un certain nombre de solutions communes en r, s, t ; supposons que, pour le système choisi, le déterminant fonctionnel des trois premiers membres par rapport à r, s, t, c'est-à dire

$$\Delta = \begin{vmatrix} dx & dy & 0 \\ 0 & dx & dy \\ R & S & T \end{vmatrix} = T\,dx^2 - S\,dx\,dy + R\,dy^2,$$

où on a posé

$$R = \frac{\partial F}{\partial r}, \qquad S = \frac{\partial F}{\partial s}, \qquad T = \frac{\partial F}{\partial t},$$

ne soit pas nul. On peut alors déterminer sans difficulté les valeurs de toutes les dérivées successives de z par rapport à x et à y, en un point quelconque de la courbe C. Ainsi, supposons qu'on ait obtenu les valeurs de toutes les dérivées jusqu'à celles de l'ordre n inclusivement. Pour calculer les dérivées d'ordre $n+1$, nous aurons $(n+2)$ équations linéaires, à savoir les n équations qu'on obtient en différentiant $n-1$ fois l'équation proposée par rapport à x et à y, et les deux équations qui donnent $d^n p$ et $d^n q$. Le déterminant de ces $(n+2)$ équations linéaires est

$$\Delta_1 = \begin{vmatrix} dx^n & ndx^{n-1}dy & \frac{n(n-1)}{2}dx^{n-2}dy^2 & \ldots\ldots & dy^n & 0 \\ 0 & dx^n & ndx^{n-1}dy & \ldots\ldots & \ldots\ldots \; ndx\,dy^{n-1} & dy^n \\ R & S & T & 0 \quad \ldots\ldots & 0 & 0 \\ 0 & R & S & T \quad \ldots\ldots & 0 & 0 \\ \cdot & \cdot & \cdot & \cdot & \cdot & \cdot \\ 0 & 0 & \ldots & \ldots & S & T \end{vmatrix}$$

on peut vérifier, comme il suit, que l'on a

$$\Delta_1 = (T dx^2 - S\, dx\, dy + R dy^2)^n;$$

désignons par α et β les racines de l'équation

$$T\alpha^2 + S\alpha + R = 0,$$

et multiplions les éléments de la deuxième colonne du déterminant Δ_1 par α, ceux de la troisième par α^2, etc., puis ajoutons à ceux de la première colonne. On voit ainsi que Δ_1 est divisible par $(dx + \alpha dy)^n$, et on verrait de même qu'il est divisible par $(dx + \beta dy)^n$. D'ailleurs, le coefficient de $(dx)^{2n}$ est le même dans Δ_1 et dans $(T dx^2 - S dx dy + R dy^2)^n$; donc les deux polynômes sont identiques. Par conséquent, si $T dx^2 - S dx dy + R dy^2$ n'est pas nul, on déterminera de proche en proche, sans ambiguïté possible, les valeurs de toutes les dérivées successives de z par rapport à x et à y pour un point de la courbe donnée. Il ne peut donc exister qu'une seule intégrale satisfaisant aux conditions précédentes, et développable en série entière dans le voisinage d'un point de la courbe donnée (nous ne considérons d'ailleurs ici que de pareilles intégrales).

17. Pour démontrer que la série entière que l'on forme ainsi est convergente, au moins dans un certain domaine, il suffit d'employer la transformation suivante. Supposons que, dans le voisinage d'un point (x_0, y_0, z_0) de la courbe donnée C, les équations de cette courbe soient mises sous la forme

$$(30) \qquad y = f(x), \qquad z = \varphi(x),$$

$f(x)$ et $\varphi(x)$ étant développables en séries entières dans le voisinage de $x = x_0$. Prenons trois nouvelles variables X, Y, Z, liées aux variables primitives x, y, z par les formules

$$(31) \qquad x = X, \qquad y = f(X) + Y, \qquad z = \varphi(X) + Z;$$

la relation $dz - pdx - qdy = 0$ devient

$$\varphi'(X)\, dX + dZ = pdX + q \{ dY + f'(X)\, dX \},$$

et on en déduit les valeurs des dérivées premières $\frac{\partial Z}{\partial X}$, $\frac{\partial Z}{\partial Y}$,

$$(32) \qquad \frac{\partial Z}{\partial X} = p + qf'(X) - \varphi'(X), \qquad \frac{\partial Z}{\partial Y} = q,$$

d'où on tire inversement

$$(33) \qquad p = \frac{\partial Z}{\partial X} + \varphi'(X) - \frac{\partial Z}{\partial Y} f'(X), \quad q = \frac{\partial Z}{\partial Y}.$$

Des relations

$$dp = rdx + sdy,$$
$$dq = sdx + tdy,$$

on tire de même

$$\frac{\partial^2 Z}{\partial X^2}, \quad \frac{\partial^2 Z}{\partial X \partial Y}, \quad \frac{\partial^2 Z}{\partial Y^2},$$

$$(34) \quad \begin{cases} \dfrac{\partial^2 Z}{\partial X^2} = r + 2sf'(X) + t\{f'(X)\}^2 + qf''(X) - \varphi''(X), \\ \dfrac{\partial^2 Z}{\partial X \partial Y} = s + tf'(X), \\ \dfrac{\partial^2 Z}{\partial Y^2} = t, \end{cases}$$

ou inversement

$$(35)\quad \begin{cases} r = \dfrac{\partial^2 Z}{\partial X^2} - 2f'(X)\dfrac{\partial^2 Z}{\partial X \partial Y} + \dfrac{\partial^2 Z}{\partial Y^2}\{f'(X)\}^2 - \dfrac{\partial Z}{\partial Y} f''(X) + \varphi''(X), \\ s = \dfrac{\partial^2 Z}{\partial X \partial Y} - f'(X)\dfrac{\partial^2 Z}{\partial Y^2}, \\ t = \dfrac{\partial^2 Z}{\partial Y^2}. \end{cases}$$

Par ce changement de variables, l'équation proposée

$$(36)\qquad F(x, y, z, p, q, r, s, t,) = 0$$

se change en une nouvelle équation

$$(37)\qquad \mathfrak{F}\left(X, Y, Z, \frac{\partial Z}{\partial X}, \frac{\partial Z}{\partial Y}, \frac{\partial^2 Z}{\partial X^2}, \frac{\partial^2 Z}{\partial X \partial Y}, \frac{\partial^2 Z}{\partial Y^2}\right) = 0,$$

et on vérifie aisément, d'après les formules précédentes, que l'on a identiquement

$$(38)\quad \frac{\partial F}{\partial r} dy^2 - \frac{\partial F}{\partial s} dxdy + \frac{\partial F}{\partial t} dx^2 = \frac{\partial \mathfrak{F}}{\partial\left(\dfrac{\partial^2 Z}{\partial X^2}\right)} dY^2 - \frac{\partial \mathfrak{F}}{\partial\left(\dfrac{\partial^2 Z}{\partial X \partial Y}\right)} dXdY + \frac{\partial \mathfrak{F}}{\partial\left(\dfrac{\partial^2 Z}{\partial Y^2}\right)} dX^2.$$

Voyons ce que deviennent les conditions aux limites; l'intégrale cherchée $z = \Phi(x, y)$ doit contenir la courbe C, représentée par les équations (30) et, par conséquent, la fonction correspondante Z doit s'annuler pour $Y = 0$. D'autre part, puisque le plan tangent est donné tout le long de la courbe C, q est une fonction connue de x, et, par suite, Q est une fonction connue de X. On est donc ramené au problème suivant :

Déterminer une intégrale de l'équation (37), *se réduisant à zéro pour* $Y = 0$, *et dont la dérivée* $\dfrac{\partial Z}{\partial Y}$ *se réduit en même temps à une fonction connue de* X.

Puisque la courbe C correspond, par la transformation employée, à l'axe des X, on a, en vertu de l'identité (38), le long de l'axe des X,

$$\frac{\partial F}{\partial r} dy^2 - \frac{\partial F}{\partial s} dxdy + \frac{\partial F}{\partial t} dx^2 = \frac{\partial \mathfrak{F}}{\partial\left(\dfrac{\partial^2 Z}{\partial Y^2}\right)} dX^2;$$

comme le premier membre de cette égalité est différent de zéro le long de la courbe C, par hypothèse, on en conclut que la dérivée

$$\frac{\partial f}{\partial\left(\frac{\partial^2 Z}{\partial Y^2}\right)}$$

n'est pas nulle non plus pour les conditions initiales. Par conséquent, on peut supposer l'équation (37) résolue par rapport à $\frac{\partial^2 Z}{\partial Y^2}$, et lui appliquer le théorème général de Cauchy [1].

Il résulte de ce théorème que l'équation (37) admet une intégrale développable en série entière, et satisfaisant aux conditions initiales; l'équation (36) admet donc aussi une intégrale holomorphe, satisfaisant aux premières conditions données.

18. Cela posé, nous dirons qu'*une intégrale est générale, si l'on peut disposer des arbitraires qui y figurent, fonctions ou constantes en nombre illimité, de manière à retrouver les solutions dont les théorèmes de Cauchy nous démontrent l'existence, c'est-à-dire de manière à attribuer à la fonction inconnue et à l'une de ses dérivées premières des valeurs se succédant suivant une loi continue quelconque, donnée à l'avance, pour tous les points d'une courbe* [2].

En langage géométrique, il est évident que les conditions précédentes reviennent à se donner une courbe, située sur la surface intégrale cherchée, et le plan tangent à cette surface tout le long de la courbe donnée. L'intégrale générale, telle qu'elle vient d'être définie, donne nécessairement toutes les intégrales de l'équation considérée, dont le théorème de Cauchy nous démontre l'existence; mais il peut arriver qu'elle ne représente pas *toutes* les intégrales de cette équation.

Pour fixer les idées, supposons que le premier membre de l'équation proposée

$$F(x, y, z, p, q, r, s, t) = 0 \tag{39}$$

soit un polynôme, ou, plus généralement, une fonction *entière*, rationnelle ou transcendante, des variables x, y, z, p, q, r, s, t. Soit

$$z = \Phi(x, y) \tag{40}$$

[1] *Équations du premier ordre*, p. 12.

[2] Darboux, *Leçons sur la théorie générale des surfaces*, t. II, p. 98.

une intégrale de cette équation. Appelons S la surface représentée par l'équation (40), et prenons sur cette surface une courbe C absolument quelconque. Le plan tangent à la surface S le long de la courbe C enveloppe une surface développable D. Le théorème de Cauchy nous apprend qu'il existe une intégrale de l'équation (39), qui contient la courbe C, et qui est tangente à la développable D, le long de cette courbe, à moins que l'on n'ait, tout le long de la courbe C,

$$\text{(41)} \qquad R\, dy^2 - S\, dx\, dy + T dx^2 = 0.$$

L'intégrale $z = \Phi(x, y)$ est donc une de celles dont le théorème de Cauchy nous démontre l'existence, sauf si la condition (41) est vérifiée, quelle que soit la courbe C située sur cette surface, c'est-à-dire si l'intégrale $\Phi(x, y)$ satisfait, en même temps, aux trois équations

$$R = 0, \qquad S = 0, \qquad T = 0.$$

De telles intégrales, s'il en existe, sont appelées *intégrales singulières.*

19. Nous allons appliquer ces généralités aux équations étudiées au début de ce chapitre. Reprenons, par exemple, les surfaces à trois paramètres (Σ), représentées par une équation

$$F(x, y, z; a, b, c) = 0.$$

Quand on établit deux relations de forme arbitraire entre ces trois paramètres

$$b = \varphi(a), \qquad c = \psi(a),$$

nous avons vu (nº 8) que les surfaces enveloppes, représentées par les formules

$$\text{(42)} \qquad \begin{cases} F[x, y, z; a, \varphi(a), \psi(a)] = 0, \\ \dfrac{\partial F}{\partial a} + \dfrac{\partial F}{\partial \varphi(a)} \varphi'(a) + \dfrac{\partial F}{\partial \psi(a)} \psi'(a) = 0, \end{cases}$$

vérifient, quelles que soient les fonctions arbitraires φ et ψ, une même équation aux dérivées partielles du second ordre (E). Les formules (42) représentent l'intégrale générale de l'équation (E), telle que nous venons de la définir. En effet, considérons une courbe gauche, tout à fait arbitraire C, et une surface développable D passant par cette courbe. Nous pouvons disposer des trois paramètres a, b, c dont dépend la surface (Σ), de façon que cette surface soit tangente à la développable D en un point donné M de la courbe C. Lorsque le point M parcourt la courbe C, la surface (Σ) ainsi déterminée ne dépend que d'un paramètre variable; la surface S qu'elle enveloppe qui est, d'après ce qu'on a vu, une intégrale de l'équation (E), satisfait évidemment aux conditions de Cauchy, c'est-à-dire qu'elle est tangente à la développable D tout le long de la courbe C.

On a vu aussi que l'équation (E) admet en général, une infinité, d'intégrales, qui ne sont pas comprises parmi les surfaces enveloppes (42), et qui vérifient une équation du premier ordre

$$(43) \qquad \Phi(x, y, z, p, q) = 0;$$

il est facile de montrer que ces intégrales satisfont bien à la définition précédente des intégrales singulières. En effet, on a remarqué que, l'équation du second ordre (E) étant mise sous forme entière, le premier membre de cette équation est le produit d'un certain nombre de facteurs linéaires en r, s, t, $rt - s^2$; pour une intégrale de l'équation du premier ordre $\Phi = 0$, deux de ces facteurs linéaires sont nuls en même temps (n° 12) et, par suite, les dérivées partielles

$$\frac{\partial F}{\partial r}, \quad \frac{\partial F}{\partial s}, \quad \frac{\partial F}{\partial t}$$

sont nulles aussi pour cette intégrale.

Remarque. — Si le premier membre d'une équation du second ordre n'est pas mis sous forme d'une fonction entière de x, y, z, p, q, r, s, t, elle peut admettre des intégrales singulières sous d'autres conditions. C'est ce qui arriverait par exemple, si dans le voisinage de tout système de valeur $(x_0, y_0, z_0, p_0, q_0, r_0, s_0, t_0)$ convenant à une intégrale, le premier membre n'était pas une fonction holomorphe. Il est clair que le théorème de Cauchy ne peut pas démontrer l'existence d'une pareille intégrale. Ainsi l'équation des surfaces canaux formée plus haut (n° 12) admet pour intégrales singulières toutes les intégrales de l'équation du premier ordre

$$1 + p^2 + q^2 = 0.$$

Dans tout le cours de cet ouvrage, nous aurons surtout en vue de rechercher les intégrales d'une équation du second ordre, dont le théorème de Cauchy nous démontre l'existence, bien plutôt que d'obtenir un symbole plus ou moins compliqué, propre à représenter toutes les intégrales, symbole dont nous ignorons *a priori* la possibilité. A un problème un peu vague, se trouve ainsi substitué un problème beaucoup plus particulier, mais qui a l'avantage d'être bien défini. Je dois ajouter que la question sera considérée comme résolue, toutes les fois qu'on aura réussi à en ramener la solution à l'intégration d'un ou de plusieurs systèmes d'équations différentielles ordinaires.

20. On dit souvent que l'intégrale générale d'une équation aux dérivées partielles du second ordre à deux variables indépendantes dépend de deux fonctions arbitraires d'une variable. Cette expression un peu vague ne doit pas être prise à la lettre. Prenons, par exemple, l'équation

$$\frac{\partial^2 z}{\partial x^2} = \frac{\partial z}{\partial y}; \tag{44}$$

une intégrale de cette équation est complètement déterminée, si elle est assujettie à se réduire, pour $x = x_0$, à une fonction donnée de y, $f(y)$, tandis que la dérivée première $\frac{\partial z}{\partial x}$ se réduit, pour la même valeur de x, à une autre fonction donnée de y, $\varphi(y)$. On peut donc dire que l'intégrale générale de l'équation (44) dépend des deux fonctions arbitraires f et φ. Mais on peut se poser la question autrement: supposons qu'on veuille obtenir une intégrale de l'équation (44), se réduisant, pour $y = y_0$, à une fonction donnée $\psi(x)$, qui est, par exemple, holomorphe dans le voisinage de la valeur $x = x_0$. Les coefficients du développement en série entière, dans le domaine du point (x_0, y_0), de l'intégrale cherchée, sont complètement déterminés par la condition initiale. En effet, on connaît immédiatement les valeurs de z et de toutes les dérivées $\frac{\partial^n z}{\partial x^n}$ pour $x = x_0$, $y = y_0$; si on différentie les deux membres de l'équation (44), un nombre quelconque de fois par rapport à x, et qu'on fasse ensuite $x = x_0$, $y = y_0$, on a toutes les dérivées

$$\left(\frac{\partial^{n+1} z}{\partial x^n \partial y}\right)_{\substack{x = x_0 \\ y = y_0}}$$

exprimées au moyen des précédentes. En différentiant les deux membres de l'équation (44), une fois par rapport à y, et un nombre quelconque de fois par rapport à x, on obtient ensuite les valeurs des dérivées

$$\left(\frac{\partial^{n+2} z}{\partial x^n \partial y^2}\right)_{\substack{x = x_0 \\ y = y_0}},$$

et ainsi de suite. On voit donc qu'en opérant de la sorte, on peut dire aussi que l'intégrale générale de l'équation (44) dépend de la seule fonction arbitraire $\psi(x)$.

Les deux résultats ne sont contradictoires qu'en apparence. En effet, se donner une fonction arbitraire d'une variable revient à se donner une suite simplement infinie de coefficients

$$(A) \qquad a_0 + a_1 + a_2 + \dots + a_n + \dots$$

puisque nous ne considérons que des fonctions analytiques, par exemple les coefficients du développement en série entière de cette fonction; se donner p fonctions arbitraires, c'est se donner p séries de cette espèce

$$(B) \qquad \begin{cases} b_0 + b_1 + \dots + b_n + \dots \\ c_0 + c_1 + \dots + c_n + \dots \\ \dots\dots\dots\dots\dots \\ l_0 + l_1 + \dots + l_n + \dots \end{cases}$$

Or, on sait qu'étant donné un tableau tel que (B), on peut toujours disposer les nombres de ce tableau en une seule série, de façon que chaque nombre de ce tableau arrive à un rang déterminé, et inversement, étant donné une série telle que (A), on peut toujours disposer les termes de cette série en un tableau tel que (B). Autrement dit, on peut toujours établir une correspondance univoque entre les termes d'une série (A) et les termes d'un tableau (B) à un nombre quelconque de lignes. Par exemple, si $p = 2$, on pourra former le tableau (B) en mettant dans une ligne tous les termes de (A) d'indice pair, et dans une autre ligne tous les termes d'indice impair. On voit donc que, se donner une fonction arbitraire, ou se donner p fonctions arbitraires, cela revient dans les deux cas à se donner les termes d'une série arbitraire; le degré de généralité est au fond le même dans les deux cas.

La seule conclusion que nous voulions déduire de là pour le moment, c'est que, pour reconnaître si une intégrale est générale, il ne suffit pas de compter le nombre de fonctions arbitraires qui y figurent. Le *criterium* qui se déduit des théorèmes de Cauchy est toujours le moyen le plus sûr de reconnaître le degré de généralité d'une intégrale donnée *a priori*. Ainsi, pour l'équation (44) citée plus haut, on connaît depuis longtemps une formule donnant l'intégrale générale

$$z = \int_{-\infty}^{+\infty} e^{-u^2} \varphi\left(x + 2u\sqrt{y}\right) du,$$

ne dépendant que d'une fonction arbitraire φ (1).

(1) Ampère, *Journal de l'École polytechnique*, XVIIe cahier, p. 43.

21. La méthode d'intégration des équations considérées au début de ce chapitre constitue, en un certain sens, une généralisation de la méthode de la variation des constantes arbitraires. Étant donnée la facilité avec laquelle la connaissance d'une intégrale complète d'une équation aux dérivées partielles du premier ordre conduit à l'intégrale générale, il semble qu'on pourrait espérer que la même théorie, convenablement généralisée, permettrait aussi d'obtenir aisément l'intégrale générale d'une équation du second ordre. Nous allons voir qu'il n'en est rien.

Toute fonction de deux variables, qui dépend de moins de cinq paramètres, satisfait à une infinité d'équations aux dérivées partielles du second ordre; par conséquent, *une intégrale complète* d'une équation du second ordre doit renfermer *cinq* paramètres. Soit donc

$$(45) \qquad \Phi(x, y, z; a_1, a_2, a_3, a_4, a_5) = 0$$

une relation définissant z en fonction des variables x, y, et dépendant de cinq constantes arbitraires a_1, a_2, a_3, a_4, a_5. De l'équation (45) on déduit, en différentiant, par rapport à x et à y, les cinq relations suivantes entre les dérivées du premier et du second ordre p, q, r, s, t,

$$(46) \quad \begin{cases} \dfrac{\partial\Phi}{\partial x} + p\dfrac{\partial\Phi}{\partial z} = 0, \qquad \dfrac{\partial\Phi}{\partial y} + q\dfrac{\partial\Phi}{\partial z} = 0, \\ \dfrac{\partial^2\Phi}{\partial x^2} + 2p\dfrac{\partial^2\Phi}{\partial x\partial z} + \dfrac{\partial^2\Phi}{\partial z^2}p^2 + \dfrac{\partial\Phi}{\partial z}r = 0, \\ \dfrac{\partial^2\Phi}{\partial x\partial y} + p\dfrac{\partial^2\Phi}{\partial y\partial z} + q\dfrac{\partial^2\Phi}{\partial x\partial z} + pq\dfrac{\partial^2\Phi}{\partial z^2} + \dfrac{\partial\Phi}{\partial z}s = 0, \\ \dfrac{\partial^2\Phi}{\partial y^2} + 2q\dfrac{\partial^2\Phi}{\partial y\partial z} + q^2\dfrac{\partial^2\Phi}{\partial z^2} + \dfrac{\partial\Phi}{\partial z}t = 0. \end{cases}$$

L'élimination des cinq paramètres a_1, a_2, a_3, a_4, a_5, entre les six équations (45) et (46), conduit en général à une seule relation entre x, y, z, p, q, r, s, t

$$(47) \qquad F(x, y, z, p, q, r, s, t) = 0;$$

la fonction définie par la relation (45), d'où on est parti, constitue une intégrale complète de cette équation. Pour en déduire toutes les autres intégrales, remarquons que l'équation (47), provenant de l'élimination des paramètres a_i entre les équations (45) et 46), exprime la propriété suivante des surfaces intégrales : en tout point d'une surface intégrale, les équations (45) et (46) admettent un système de solutions communes en a_1, a_2, a_3, a_4, a_5. En langage géométrique, cela veut dire que, par tout point d'une surface intégrale, on peut faire passer une intégrale complète, ayant un contact du second ordre avec cette surface intégrale. La question qu'il s'agit de résoudre peut donc s'énoncer ainsi : *Quelles relations faut-il établir entre les cinq paramètres a_1, a_2, a_3, a_4, a_5, pour que la surface enveloppe de la famille de surfaces ainsi obtenue ait, en chaque point, un contact du second ordre avec la surface enveloppée ?*

Nous traiterons auparavant le problème préliminaire suivant : Étant donnée une famille de surfaces à un ou deux paramètres, quelles sont les conditions nécessaires et suffisantes pour que la surface enveloppe de cette famille ait, en chaque point, un contact du second ordre avec la surface enveloppée? Prenons d'abord une famille de surfaces à un paramètre

$$V(x, y, z, a) = 0; \tag{48}$$

la caractéristique est définie par les deux relations :

$$V = 0, \qquad \frac{\partial V}{\partial a} = 0. \tag{49}$$

En un point de la surface enveloppée, les valeurs de p, q, r, s, t, sont données par les relations

$$\text{(50)} \quad \begin{cases} \dfrac{\partial V}{\partial x} + p\dfrac{\partial V}{\partial z} = 0, \qquad \dfrac{\partial V}{\partial y} + q\dfrac{\partial V}{\partial z} = 0, \\ \dfrac{\partial^2 V}{\partial x^2} + 2p\dfrac{\partial^2 V}{\partial x \partial z} + p^2\dfrac{\partial^2 V}{\partial z^2} + r\dfrac{\partial V}{\partial z} = 0, \\ \dfrac{\partial^2 V}{\partial x \partial y} + p\dfrac{\partial^2 V}{\partial y \partial z} + q\dfrac{\partial^2 V}{\partial x \partial z} + pq\dfrac{\partial^2 V}{\partial z^2} + s\dfrac{\partial V}{\partial z} = 0, \\ \dfrac{\partial^2 V}{\partial y^2} + 2q\dfrac{\partial^2 V}{\partial y \partial z} + q^2\dfrac{\partial^2 V}{\partial z^2} + t\dfrac{\partial V}{\partial z} = 0; \end{cases}$$

pour la surface enveloppe, z et a doivent être considérées comme des fonctions de x. Les dérivées partielles du premier ordre $\frac{\partial z}{\partial x}, \frac{\partial z}{\partial y}, \frac{\partial a}{\partial x}, \frac{\partial a}{\partial y}$ s'obtiennent au moyen des relations

$$\frac{\partial V}{\partial x} + \frac{\partial V}{\partial z}\frac{\partial z}{\partial x} = 0, \qquad \frac{\partial V}{\partial y} + \frac{\partial V}{\partial z}\frac{\partial z}{\partial y} = 0, \tag{51}$$

$$\text{(52)} \quad \begin{cases} \dfrac{\partial^2 V}{\partial a \partial x} + \dfrac{\partial z}{\partial x}\dfrac{\partial^2 V}{\partial a \partial z} + \dfrac{\partial^2 V}{\partial a^2}\dfrac{\partial a}{\partial x} = 0, \\ \dfrac{\partial^2 V}{\partial a \partial y} + \dfrac{\partial z}{\partial y}\dfrac{\partial^2 V}{\partial a \partial z} + \dfrac{\partial^2 V}{\partial a^2}\dfrac{\partial a}{\partial y} = 0, \end{cases}$$

dont les premières montrent que l'on a $\frac{\partial z}{\partial x} = p$, $\frac{\partial z}{\partial y} = q$. Quant aux valeurs de $\frac{\partial^2 z}{\partial x^2}$, $\frac{\partial^2 z}{\partial x \partial y}$, $\frac{\partial^2 z}{\partial y^2}$, relatives à la surface enveloppe, on les obtient en différentiant de nouveau les formules (51), ce qui donne :

$$\frac{\partial^2 V}{\partial x^2} + 2\frac{\partial^2 V}{\partial x \partial z}\frac{\partial z}{\partial x} + \frac{\partial^2 V}{\partial z^2}\left(\frac{\partial z}{\partial x}\right)^2 + \frac{\partial V}{\partial z}\frac{\partial^2 z}{\partial x^2} + \left(\frac{\partial^2 V}{\partial a \partial x} + \frac{\partial^2 V}{\partial a \partial z}\frac{\partial z}{\partial x}\right)\frac{\partial a}{\partial x} = 0,$$

$$\frac{\partial^2 V}{\partial x \partial y} + \frac{\partial^2 V}{\partial x \partial z}\frac{\partial z}{\partial y} + \frac{\partial^2 V}{\partial y \partial z}\frac{\partial z}{\partial x} + \frac{\partial^2 V}{\partial z^2}\frac{\partial z}{\partial x}\frac{\partial z}{\partial y} + \frac{\partial V}{\partial z}\frac{\partial^2 z}{\partial x \partial y} + \left(\frac{\partial^2 V}{\partial a \partial x} + \frac{\partial^2 V}{\partial a \partial z}\frac{\partial z}{\partial x}\right)\frac{\partial a}{\partial y} = 0,$$

$$\frac{\partial^2 V}{\partial y^2} + 2\frac{\partial^2 V}{\partial y \partial z}\frac{\partial z}{\partial y} + \frac{\partial^2 V}{\partial z^2}\left(\frac{\partial z}{\partial y}\right)^2 + \frac{\partial V}{\partial z}\frac{\partial^2 z}{\partial y^2} + \left(\frac{\partial^2 V}{\partial a \partial y} + \frac{\partial^2 V}{\partial a \partial z}\frac{\partial z}{\partial y}\right)\frac{\partial a}{\partial y} = 0;$$

pour que les valeurs des dérivées secondes soient les mêmes pour la surface enveloppe et la surface enveloppée, il faudra donc que l'on ait, en chaque point de contact,

$$(53) \qquad \frac{\partial^2 V}{\partial a \partial x} + \frac{\partial^2 V}{\partial a \partial z}\frac{\partial z}{\partial x} = 0, \qquad \frac{\partial^2 V}{\partial a \partial y} + \frac{\partial^2 V}{\partial a \partial z}\frac{\partial z}{\partial y} = 0,$$

car on ne peut avoir $\frac{\partial a}{\partial x} = 0$, $\frac{\partial a}{\partial y} = 0$ en tous les points de la surface enveloppe. Les deux conditions précédentes se réduisent, d'après les formules (52), à la relation unique

$$(54) \qquad \frac{\partial^2 V}{\partial a^2} = 0.$$

Pour que les deux surfaces aient un contact du second ordre en tous les points de la caractéristique, on doit donc avoir, en tous les points de cette courbe,

$$V = 0, \qquad \frac{\partial V}{\partial a} = 0, \qquad \frac{\partial^2 V}{\partial a^2} = 0;$$

l'élimination de z et de a entre ces trois équations doit conduire à une identité.

On peut remarquer que les équations (53) ont une signification géométrique évidente ; elles expriment que les deux surfaces

$$V = 0, \qquad \frac{\partial V}{\partial a} = 0,$$

où l'on regarde a comme une constante, sont tangentes tout le long de la caractéristique.

Si l'on considère maintenant une famille de surfaces à deux paramètres

$$V(x, y, z, a, b) = 0,$$

la surface enveloppe est définie par les trois équations :

$$(55) \qquad V = 0, \qquad \frac{\partial V}{\partial a} = 0, \qquad \frac{\partial V}{\partial b} = 0,$$

où l'on considère z, a et b comme des fonctions de x et de y. En reprenant les mêmes calculs que tout à l'heure, on trouve que les conditions nécessaires et suffisantes, pour que la surface enveloppe ait, en chacun de ses points, un contact du second ordre avec la surface enveloppée correspondante, sont exprimées par les trois relations suivantes :

$$(56) \begin{cases} \dfrac{\partial^2 V}{\partial a^2}\left(\dfrac{\partial a}{\partial x}\right)^2 + 2\dfrac{\partial^2 V}{\partial a \partial b}\dfrac{\partial a}{\partial x}\dfrac{\partial b}{\partial x} + \dfrac{\partial^2 V}{\partial b^2}\left(\dfrac{\partial b}{\partial x}\right)^2 = 0, \\ \dfrac{\partial^2 V}{\partial a^2}\dfrac{\partial a}{\partial x}\dfrac{\partial a}{\partial y} + \dfrac{\partial^2 V}{\partial a \partial b}\left(\dfrac{\partial a}{\partial x}\dfrac{\partial b}{\partial y} + \dfrac{\partial a}{\partial y}\dfrac{\partial b}{\partial x}\right) + \dfrac{\partial^2 V}{\partial b^2}\dfrac{\partial b}{\partial x}\dfrac{\partial b}{\partial y} = 0, \\ \dfrac{\partial^2 V}{\partial a^2}\left(\dfrac{\partial a}{\partial y}\right)^2 + 2\dfrac{\partial^2 V}{\partial a \partial b}\dfrac{\partial a}{\partial y}\dfrac{\partial b}{\partial y} + \dfrac{\partial^2 V}{\partial b^2}\left(\dfrac{\partial b}{\partial y}\right)^2 = 0. \end{cases}$$

Nous pouvons considérer ces relations comme trois équations linéaires et homogènes en $\frac{\partial^2 V}{\partial a^2}, \frac{\partial^2 V}{\partial a \partial b}, \frac{\partial^2 V}{\partial b^2}$; en développant le déterminant de ces équations, on trouve qu'il a pour valeur :

$$\left(\frac{\partial a}{\partial x}\frac{\partial b}{\partial y} - \frac{\partial a}{\partial y}\frac{\partial b}{\partial x}\right)^3,$$

et, par conséquent, il ne peut être nul dans le cas où nous nous plaçons. Les équations (56) entraînent donc les suivantes :

$$(57) \qquad \frac{\partial^2 V}{\partial a^2} = 0, \qquad \frac{\partial^2 V}{\partial a \partial b} = 0, \qquad \frac{\partial^2 V}{\partial b^2} = 0;$$

pour que la surface enveloppe ait, en chacun de ses points, un contact du second ordre avec la surface enveloppée, il faut que ces relations aient lieu en même temps que les relations (55).

Cela posé, soit

$$\Phi\,(x,\ y,\ z;\ a_1\ a_2,\ a_3,\ a_4,\ a_5) = 0 \tag{58}$$

l'équation d'une famille de surfaces à cinq paramètres. Si on établit *quatre* relations entre ces cinq paramètres, il ne reste plus qu'un paramètre variable; on peut supposer, par exemple, qu'on ait pris pour a_2, a_3, a_4, a_5, des fonctions de a_1. Pour que la famille de surfaces ainsi obtenues ait un contact du second ordre avec son enveloppe, il faut, d'après ce qui précède, que l'on ait en tous les points d'une caractéristique

$$\Phi = 0, \qquad \frac{\partial\Phi}{\partial a_1} = 0, \qquad \frac{\partial^2\Phi}{\partial {a_1}^2} = 0, \tag{59}$$

les dérivées $\frac{\partial\Phi}{\partial a_1}$, $\frac{\partial^2\Phi}{\partial a_1^2}$ étant prises en regardant a_2, a_3, a_4, a_5 comme des fonctions de a_1. Si donc on élimine deux des variables x, y, z, entre ces trois équations, x et y, par exemple, le résultat de l'élimination doit être indépendant de z. En exprimant cette condition, on obtient, en général, pour déterminer les fonctions inconnues a_2, a_3, a_4, a_5, un nombre d'équations supérieur à celui des fonctions inconnues, équations qui ne sont pas nécessairement compatibles. Ce n'est donc que dans des cas tout particuliers que l'hypothèse considérée peut conduire à des intégrales.

Supposons, en second lieu, que l'on établisse *trois* relations seulement entre a_1, a_2, a_3, a_4, a_5, par exemple, que l'on prenne pour a_3, a_4, a_5, des fonctions de a_1 et de a_2. Pour que la famille de surfaces à deux paramètres

$$\Phi\,(x,\ y,\ z;\ a_1,\ a_2,\ a_3,\ a_4,\ a_5) = 0$$

ait un contact du second ordre avec son enveloppe, il faut, nous l'avons vu, que l'on ait, pour le point de contact

$$\Phi = 0, \ \frac{\partial\Phi}{\partial a_1} = 0, \ \frac{\partial\Phi}{\partial a_2} = 0, \ \frac{\partial^2\Phi}{\partial {a_1}^2} = 0, \ \frac{\partial^2\Phi}{\partial a_1 \partial a_2} = 0, \ \frac{\partial^2\Phi}{\partial {a_2}^2} = 0, \tag{60}$$

les dérivées étant prises en regardant a_3, a_4, a_5, comme des fonctions de a_1, a_2. En éliminant x, y, z entre ces six équations, on est conduit à trois équations simultanées du second ordre pour déterminer a_3, a_4, a_5, en fonction de a_1 et a_2, c'est-à-dire à un problème plus compliqué en apparence que le problème lui-même qu'il s'agit de résoudre.

Il semble donc que la méthode précédente soit, suivant l'expression de Lagrange (1) « plus curieuse qu'utile ». Il ne faut pourtant pas en conclure que la méthode de la variation des constantes n'est d'aucune utilité dans la théorie des équations aux dérivées partielles du second ordre. En poursuivant la généralisation dans une autre voie, Ampère (2) a été conduit à une méthode générale de transformation, qui est précisément identique à celle que l'on déduit de la théorie des transformations de contact.

(1) « Sur les intégrales particulières des équations différentielles » (*Nouveaux Mémoires de l'Académie de Berlin*, 1774, p. 266).

(2) « Mémoire contenant l'application de la théorie exposée dans le *XVIIe cahier du Journal de l'Ecole polytechnique*, à l'intégration des équations aux différentielles partielles du premier et du second ordre » (*Journal de l'Ecole polytechnique*, XVIIIe cahier). Voir, en particulier, la 3e et la 4e partie du mémoire.

CHAPITRE II

LES ÉQUATIONS DE MONGE ET D'AMPÈRE [1]

Étude du problème de Cauchy pour les équations linéaires en r, s, t, $rt - s^2$. — Définition des multiplicités caractéristiques. — Généralisation de la notion d'intégrale. — Application à divers exemples. — Méthode d'intégration de Monge. — Solution du problème de Cauchy pour l'équation $s = 0$. — Recherche générale des intégrales intermédiaires. — Examen des différents cas où il existe des intégrales intermédiaires. — Méthode de transformation d'Ampère. — Remarque d'Imschenetsky. — Intégration de l'équation aux dérivées partielles des surfaces minima, d'après Ampère. — Généralisation de cette méthode. — Solution du problème de Cauchy pour les surfaces de translation.

22. Nous étudierons, dans ce chapitre, les équations du second ordre linéaires en $r, s, t, rt - s^2$, qui se présentent dans un grand nombre de questions d'analyse et de géométrie, et qui jouissent de propriétés particulières. Une équation de cette forme s'écrit, avec les notations d'Ampère,

$$Hr + 2Ks + Lt + M + N(rt - s^2) = 0, \tag{1}$$

H, K, L, M, N étant des fonctions quelconques de x, y, z, p, q.

[1] Auteurs à consulter : MONGE, « Mémoire sur le calcul intégral des équations aux différences partielles » (*Histoire de l'Académie des Sciences*, 1784); AMPÈRE, « Mémoire contenant l'application de la théorie exposée dans le XVIIe cahier », etc... (*Journal de l'École polytechnique*, XVIIIe cahier, 1820) : BOOLE, « Ueber die partielle Differentialgleichungen 2. Ordnung, $Rr + Ss + Tt + U(rt - r^2) = V$ » (*Journal de Crelle*, t. LXI, 1863); BOUR, « Sur l'intégration des équations différentielles partielles du premier et du second ordre » (*Journal de l'École polytechnique*, t. XXII); DE MORGAN (*Cambridge Philosophical transactions*, vol. IX); IMSCHENETSKY, « Étude sur les méthodes d'intégration des équations aux dérivées partielles du second ordre d'une fonction de deux variables indépendantes » (traduit du russe par Hoüel); GRAINDORGE, « Mémoire sur l'intégration des équations aux dérivées partielles des deux premiers ordres » (*Mémoires de la Société royale des Sciences de Liège*, 2e série, t. V, 1873); SOPHUS LIE, « Neue Integrations-methode der Monge-Ampereschen Gleichung » (*Archiv for Mathematik og Naturvidenskab*, t. I, 1876), « Ueber Complexe, etc... » (*Mathematische Annalen*, t. V, 1872); DARBOUX, Mémoire sur les solutions singulières des équations aux dérivées partielles du premier ordre » (*Mémoires des Savants étrangers*, t. XXVII, 1883, p. 205-238) « Théorie des surfaces », t. III, p. 263 et suivantes.

Proposons-nous de déterminer une surface intégrale de l'équation (1), passant par une courbe donnée C, et tangente, tout le long de C, à une développable donnée D, passant par cette courbe. Soient

$$(2)\qquad \begin{cases} x = f(\lambda), \\ y = \varphi(\lambda), \\ z = \psi(\lambda), \end{cases}$$

les équations qui représentent la courbe C, λ désignant un paramètre variable, p et q les coefficients angulaires du plan tangent à la surface développable D, qui passe par le point (x, y, z) de C; p et q sont aussi des fonctions de λ, et, comme le plan tangent à la surface D doit contenir la tangente à la courbe C, les cinq fonctions x, y, z, p, q du paramètre λ doivent satisfaire à la relation

$$dz = pdx + qdy.$$

Autrement dit, l'ensemble de la courbe C et des plans tangents à la développable D forme une multiplicité M_1 à une dimension [1].

Soit S une surface quelconque tangente à la développable D, le long de la courbe C, et représentée par l'équation

$$z = F(x, y);$$

quand on se déplace le long de cette courbe, les dérivées secondes

$$r = \frac{\partial^2 F}{\partial x^2}, \qquad s = \frac{\partial^2 F}{\partial x \partial y}, \qquad t = \frac{\partial^2 F}{\partial y^2}$$

satisfont aux deux relations :

$$(3)\qquad \begin{cases} dp = rdx + sdy, \\ dq = sdx + tdy, \end{cases}$$

dx, dy, dp, dq désignant toujours les différentielles relatives à un déplacement le long de C. Si on suppose, en outre, que la surface S est une intégrale de l'équation proposée, les dérivées r, s, t doivent aussi vérifier l'équation (1); et on a, pour déterminer les valeurs de ces dérivées en un point quelconque de la courbe C, les trois équations (1) et (3).

Une interprétation géométrique facilite beaucoup la discussion. La courbe C et la développable D étant données, nous pouvons considérer, dans les équations (1) et (3), x, y, z, p, q comme des quantités connues,

[1] *Équations du premier ordre*, chapitre x.

et r, s, t comme les coordonnées cartésiennes d'un point à déterminer. Or, quand on regarde r, s, t, comme des coordonnées courantes, l'équation (1) représente une surface (Σ), les équations (3) représentent une droite Δ; le point inconnu (r, s, t) est donc à l'intersection de la droite Δ et de la surface (Σ). Si N n'est pas nul, la surface (Σ) est une surface du second degré, dont les génératrices sont parallèles à celles du cône (T) qui aurait pour équation

$$s^2 - rt = 0;$$

si N est nul, la surface (Σ) se réduit à un plan. Quant à la droite Δ, elle est toujours parallèle à une génératrice du cône (T). On voit donc quels sont les différents cas qui peuvent se présenter :

1° En général, la droite Δ rencontre la surface (Σ) en un seul point à distance finie. Il est facile de le vérifier, car, si on tire deux des inconnues r, s, t des équations (3), et qu'on porte ces valeurs dans l'équation (1), on aboutit à une équation du premier degré, en général, pour déterminer la troisième inconnue. On a démontré plus haut (n° 16), d'une façon beaucoup plus générale, que les valeurs des dérivées suivantes sont aussi déterminées sans ambiguïté, et qu'il existe une surface intégrale, et une seule, satisfaisant aux conditions proposées. Cette surface est représentée par une équation

$$z = F(x, y),$$

où F est une fonction développable en série entière dans le voisinage d'un point de la courbe C [1].

2° Il peut arriver que la droite Δ ne rencontre la surface Σ en aucun point à distance finie. Dans ce cas, il est impossible de trouver pour r, s, t, des valeurs finies satisfaisant à la fois aux équations (1) et (3). S'il existe une surface intégrale satisfaisant aux conditions de l'énoncé, elle admet la courbe C pour ligne singulière. Ce fait est analogue à celui que nous avons déjà rencontré dans la théorie des équations du premier ordre, avec les courbes appelées *courbes intégrales* [2].

3° Enfin, il peut arriver que la droite Δ soit située tout entière sur la surface (Σ). Les équations (1) et (3) se réduisent alors à deux équations distinctes, et une des trois dérivées secondes r, s, t, peut être prise arbitrairement. Nous dirons, dans ce cas, que la multiplicité M_1 définie plus

(1) En effet, il est facile de vérifier que, pour les coordonnées r, s, t du point commun à la surface (Σ) et à la droite Δ, on ne peut avoir $R dy^2 - S dx dy + T dx^2 = 0$, car R, S, T sont les paramètres directeurs du plan tangent à (Σ) et dy^2, $-dx dy$, dx^2 les paramètres directeurs de la droite Δ.

(2) *Équations du premier ordre*, p. 193.

haut, est une *multiplicité caractéristique* de l'équation (1). Nous laissons de côté, pour le moment, une question qui se pose naturellement ici, et qui consisterait à rechercher s'il existe effectivement une infinité de surfaces intégrales, tangentes à la développable D, le long de la courbe C. Remarquons seulement que, s'il existe une infinité de surfaces intégrales de l'équation (1), dépendant d'un ou plusieurs paramètres arbitraires, ayant un contact *du premier ordre seulement* le long d'une courbe C, cette courbe C, et l'ensemble des plans tangents communs à toutes ces surfaces le long de cette courbe, forme nécessairement une multiplicité caractéristique de l'équation proposée.

Sur chaque surface (Σ) il existe, en général, une double infinité de génératrices parallèles aux génératrices du cône (T). Toute équation de la forme (1) admet donc, en général, deux systèmes de multiplicités caractéristiques. Nous allons former les équations qui définissent ces deux systèmes.

23. Supposons d'abord que le coefficient N ne soit pas nul; l'équation (1) représente une surface du second degré (Σ), qui admet deux systèmes de génératrices rectilignes, sauf dans le cas particulier où cette surface se réduit à un cône. Pour obtenir ces deux systèmes de génératrices, nous écrirons l'équation (1) comme il suit, en multipliant tous les coefficients par N,

$$(Nr + L)(Nt + H) - N^2s^2 + 2KNs + MN - HL = 0,$$

ou encore :

$$(4) \qquad (Nr + L)(Nt + H) - (Ns + \lambda_1)(Ns + \lambda_2) = 0;$$

λ_1, λ_2 sont les deux racines de l'équation du second degré

$$(5) \qquad \lambda^2 + 2K\lambda + HL - MN = 0;$$

$$(6)\ \lambda_1 = -K + \sqrt{K^2 - HL + MN}, \quad \lambda_2 = -K - \sqrt{K^2 - HL + MN}.$$

L'équation (4) met en évidence les deux systèmes de génératrices de la surface (Σ); on obtient toutes les génératrices d'un système, en attribuant au paramètre μ toutes les valeurs possibles dans l'un des systèmes d'équations

$$(A) \begin{cases} Nr + L = \mu(Ns + \lambda_1), \\ Ns + \lambda_2 = \mu(Nt + H), \end{cases} \qquad (B) \begin{cases} Nr + L = \mu(Ns + \lambda_2), \\ Ns + \lambda_1 = \mu(Nt + H). \end{cases}$$

Pour qu'une multiplicité M_1 formée d'une courbe, et des plans tangents à une surface développable passant par cette courbe, soit une multiplicité caractéristique, il faut que l'on puisse identifier les équations (3) avec l'un des systèmes (A) ou (B). En identifiant, par exemple, les équations (3) et (A), on a les relations

$$\frac{dx}{\mathrm{N}} = \frac{dy}{-\mu\mathrm{N}} = \frac{dp}{\mu\lambda_1 - \mathrm{L}} = \frac{dq}{\mu\mathrm{H} - \lambda_2},$$

et, en éliminant le paramètre μ, il reste les équations de condition

$$\mathrm{N}dp + \mathrm{L}dx + \lambda_1 dy = 0,$$
$$\mathrm{N}dq + \lambda_2 dx + \mathrm{H}dy = 0,$$

auxquelles il faut joindre la relation :

$$dz - pdx - qdy = 0.$$

Le second système de multiplicités caractéristiques est défini par un système d'équations qui se déduit du précédent, en permutant λ_1 et λ_2. En résumé, lorsque N n'est pas nul, toute multiplicité caractéristique de l'équation (1) doit satisfaire à l'un des deux systèmes d'équations ci-dessous :

$$(7) \qquad \begin{cases} dz - pdx - qdy = 0, \\ \mathrm{N}dp + \mathrm{L}dx + \lambda_1 dy = 0, \\ \mathrm{N}dq + \lambda_2 dx + \mathrm{H}dy = 0, \end{cases}$$

$$(8) \qquad \begin{cases} dz - pdx - qdy = 0, \\ \mathrm{N}dp + \mathrm{L}dx + \lambda_2 dy = 0, \\ \mathrm{N}dq + \lambda_1 dx + \mathrm{H}dy = 0. \end{cases}$$

Pour que ces deux familles de caractéristiques soient confondues, il faut et il suffit que l'on ait $\lambda_1 = \lambda_2$; la surface (Σ) se réduit alors à un cône. La condition, pour qu'il en soit ainsi, est exprimée par la relation

$$(9) \qquad \mathrm{K}^2 - \mathrm{HL} + \mathrm{MN} = 0.$$

Chacun des systèmes de caractéristiques dépend d'une fonction arbitraire d'une variable. Par exemple, dans le système (7), on peut prendre pour y une fonction arbitrairement choisie de x, et il reste trois équations différentielles du premier ordre, pour déterminer z, p et q en fonction de x.

24. Le rôle capital, que jouent les caractéristiques dans la théorie de l'équation (1), tient à la propriété suivante : *Étant donnée une surface* *intégrale de l'équation* (1), *par tout point de cette surface passe une caractéristique de chaque système, située tout entière sur cette surface.*

Prenons, par exemple, le système (7) ; si on y remplace dp par $rdx + sdy$ et dq par $sdx + tdy$, on obtient les deux équations

$$(10) \qquad (\mathrm{N}r + \mathrm{L})\, dx + (\mathrm{N}s + \lambda_1)\, dy = 0,$$
$$(11) \qquad (\mathrm{N}s + \lambda_2)\, dx + (\mathrm{N}t + \mathrm{H})\, dy = 0,$$

et l'élimination du rapport $\frac{dy}{dx}$ entre ces deux relations conduit à l'équation

$$(\mathrm{N}r + \mathrm{L})(\mathrm{N}t + \mathrm{H}) - (\mathrm{N}s + \lambda_1)(\mathrm{N}s + \lambda_2) = 0,$$

qui est identique à l'équation (1). Il en résulte que, si l'on a une surface intégrale S, et si on suppose qu'on ait remplacé z, p, q, r, s, t par leurs valeurs en fonction de x et de y, les deux équations (10) et (11) deviennent identiques. Elles déterminent pour chaque point de la surface S une direction située dans le plan tangent. Les courbes de la surface qui sont tangentes en chaque point à la direction correspondante sont définies par une équation différentielle du premier ordre ; par chaque point de la surface il passe donc une de ces courbes, et une seule en général. Soit C une de ces courbes, p et q les coefficients angulaires du plan tangent à la surface S. Le long de C, x, y, z, p, q sont des fonctions d'une seule variable, et comme on a toujours

$$dp = rdx + sdy, \qquad dq = sdx + tdy,$$

on peut remonter inversement des équations (10) et (11) aux équations (7), et on en conclut que *l'assemblage formé par la courbe* C *et les plans tangents à la surface* S *le long de* C *constitue une multiplicité caractéristique de l'équation* (1).

Comme la démonstration s'applique aussi au système (8), on voit que, par tout point d'une surface intégrale, il passe deux caractéristiques, une de chaque système. Les deux valeurs correspondantes de $\frac{dy}{dx}$ sont respectivement

$$\frac{dy}{dx} = -\frac{\mathrm{N}s + \lambda_1}{\mathrm{N}t + \mathrm{H}}, \qquad \frac{dy}{dx} = -\frac{\mathrm{N}s + \lambda_2}{\mathrm{N}t + \mathrm{H}},$$

λ_1 et λ_2 étant les deux racines de l'équation (5) ; on en conclut que ces deux valeurs de $\frac{dy}{dx}$ sont racines de l'équation du second degré

$$(\mathrm{N}t + \mathrm{H})\, dy^2 + 2(\mathrm{N}s - \mathrm{K})\, dxdy + (\mathrm{N}r + \mathrm{L})\, dx^2 = 0,$$

ou

$$(12) \qquad R dy^2 - S dx dy + T dx^2 = 0,$$

R, S, T désignant les dérivées partielles du premier membre de l'équation (1) par rapport à r, s, t respectivement.

Inversement, toute surface, qui est un lieu de caractéristiques, est une surface intégrale de l'équation (1). Mais il faut préciser ce qu'on doit entendre par là. Considérons, d'une manière générale, une famille de multiplicités M_1 dépendant, en outre, d'un paramètre variable λ. Chacune de ces multiplicités se compose d'une courbe C et de l'ensemble des plans tangents à une développable D, passant par cette courbe. Lorsque le paramètre λ varie, la courbe C engendre une certaine surface S ; mais, en général, le plan tangent à cette surface, le long de la courbe variable C, reste tangent à une surface développable différente de la développable D. De sorte que la multiplicité M_2, formée par la surface S et l'ensemble de ses plans tangents, n'admet pas les mêmes éléments que l'ensemble des multiplicités M_1. Mais, s'il arrive que la développable, circonscrite à la surface S tout le long de la courbe C, soit précisément la développable D, alors la multiplicité M_2 est formée par l'ensemble des éléments des multiplicités M_1, en nombre infini. C'est ce qu'on exprime en disant que *la multiplicité* M_2 *est le lieu des mulitplicités* M_1. Pour qu'il en soit ainsi, il faut et il suffit que l'on ait

$$\delta z = p \delta x + q \delta y,$$

la lettre δ désignant les différentielles prises par rapport au paramètre λ, qui varie quand on passe d'une multiplicité M_1 à une autre de la même famille.

Cela posé, supposons qu'une surface S, représentée par l'équation

$$z = F(x, y),$$

soit telle que, par tout point de cette surface, il passe une courbe C telle que, le long de C, les valeurs de x, y, z, p, q, dx, dy, dz, dp, dq vérifient le système (7). Alors les valeurs de r, s, t, en un point quelconque de cette surface, satisfont aux deux équations (10) et (11) et, par conséquent, à l'équation (1), que l'on obtient en éliminant le rapport $\frac{dy}{dx}$ entre ces deux relations.

25. Lorsque le coefficient N est nul, les calculs précédents ne s'appliquent plus. La surface (Σ), représentée par l'équation (1), quand on y regarde x, y, z, p, q comme des paramètres et r, s, t comme des coordonnées courantes, est un plan. Le plan parallèle, mené par le sommet du cône (T), coupe en général ce cône suivant deux génératrices distinctes ; la surface (Σ) admet donc encore deux familles de génératrices rectilignes, parallèles à des génératrices du cône (T).

Pour former les équations différentielles des caractéristiques, il suffit d'exprimer que les trois équations

$$\begin{aligned} &Hr + 2Ks + Lt + M = o, \\ &dp - rdx - sdy = o, \\ &dq - sdx - tdx = o, \end{aligned}$$

qui sont linéaires en r, s, t, se réduisent à deux équations distinctes. Comme les deux dernières sont évidemment distinctes, il faut pour cela que la première soit une combinaison linéaire des deux autres, ou que l'on ait

$$(13) \quad Hr + 2Ks + Lt + M \equiv A(dp - rdx - sdy) + B(dq - sdx - tdy),$$

A et B étant indépendants de r, s, t. Cette condition est équivalente aux quatre relations suivantes :

$$(14) \quad \left\{ \begin{aligned} &H + Adx = o, \\ &L + Bdy = o, \\ &2K + Ady + Bdx = o, \\ &M - Adp - Bdq = o, \end{aligned} \right.$$

qui doivent admettre un système de solutions communes en A et B. Pour qu'il en soit ainsi, il faut que tous les déterminants d'ordre 3, obtenus en supprimant une ligne du tableau

$$\left| \begin{array}{ccc} dx & 0 & H \\ 0 & dy & L \\ dy & dx & 2K \\ dp & dq & -M \end{array} \right|$$

soient nuls. On obtient ainsi les quatre relations

$$\begin{aligned} &Hdy^2 - 2Kdxdy + Ldx^2 = o, \\ &Hdpdy + Ldqdx + Mdxdy = o, \\ &Mdx^2 + 2Kdqdx + Hdpdx - Hdqdy = o, \\ &Mdy^2 + 2Kdpdy + Ldqdy - Ldpdx = o, \end{aligned}$$

qui se réduisent à deux relations distinctes. Plusieurs cas peuvent se présenter :

1° Supposons d'abord qu'aucun des coefficients H, L, ne soit nul ; les deux premières des équations (14) donnent $A = -\frac{H}{dx}$, $B = -\frac{L}{dy}$ et, en portant ces valeurs de A et B dans les deux dernières, on a, pour définir les caractéristiques, les deux équations

$$(15) \qquad \begin{cases} Hdy^2 - 2Kdxdy + Ldx^2 = 0, \\ Hdpdy + Ldqdx + Mdxdy = 0, \end{cases}$$

qui se décomposent en deux systèmes distincts :

$$(16) \qquad \begin{cases} dy - \lambda_1 dx = 0, \\ H\lambda_1 dp + Ldq + M\lambda_1 dx = 0, \end{cases}$$

$$(17) \qquad \begin{cases} dy - \lambda_2 dx = 0, \\ H\lambda_2 dp + Ldq + M\lambda_2 dx = 0, \end{cases}$$

λ_1, λ_2 désignant les deux racines de l'équation

$$(18) \qquad H\lambda^2 - 2K\lambda + L = 0 ;$$

2° Soit $H = 0$, $L \neq 0$. La première des équations (14) donne $A = 0$, ou $dx = 0$, et la seconde donne $B = -\frac{L}{dy}$. Si on prend $A = 0$, et qu'on porte la valeur de B dans les deux dernières, on trouve les deux équations

$$(19) \qquad \begin{cases} 2Kdy - Ldx = 0, \\ Mdy + Ldq = 0, \end{cases}$$

qui définissent un premier système de caractéristiques. En prenant $dx = 0$, la troisième équation donne $A = -\frac{2K}{dy}$ et, en portant A et B dans la quatrième, il vient :

$$Mdy + 2Kdp + Ldq = 0.$$

On a donc un nouveau système de caractéristiques défini par les deux équations

$$(20) \qquad \begin{cases} dx = 0, \\ Mdy + 2Kdp + Ldq = 0. \end{cases}$$

Ces deux systèmes se confondent si $K = 0$.

3° Soit $L = 0$, $H \neq 0$. Ce cas se déduit du précédent en permutant x et y. On a deux systèmes de caractéristiques, en général distincts, qui se confondent si $K = 0$.

$$(21)\qquad \begin{cases} 2Kdx - Hdy = 0, \\ Mdx + Hdp = 0; \end{cases}$$

$$(22)\qquad \begin{cases} dy = 0, \\ Mdx + 2Kdq + Hdp = 0. \end{cases}$$

4° Soit $H = L = 0$. Les deux premières des équations (14) donnent $Adx = Bdy = 0$. Il y a deux combinaisons possibles ($A = 0$, $dy = 0$), ($B = 0$, $dx = 0$) et, par suite, deux systèmes de caractéristiques, qui sont toujours distincts

$$(23)\qquad \begin{cases} dx = 0, \\ 2Kdp + Mdy = 0, \end{cases} \qquad\qquad (24)\qquad \begin{cases} dy = 0, \\ 2Kdq + Mdx = 0. \end{cases}$$

N. B. — Pour abréger, on a omis d'écrire chaque fois la relation $dz = pdx + qdy$, qui doit être ajoutée à chacun des systèmes précédents d'équations.

26. Si, dans l'un quelconque de ces systèmes d'équations, on remplace dp par $r\,dx + s\,dy$, dq par $s\,dx + t\,dy$, puis qu'on élimine le rapport $\frac{dy}{dx}$ entre les deux relations ainsi obtenues, on retrouve précisément l'équation (1). Les conséquences sont les mêmes que celles qui ont été développées au n° 24. Par chaque point de toute surface intégrale, il passe deux courbes situées tout entières sur la surface, et jouissant de la propriété suivante : l'assemblage formé par l'une de ces courbes et les plans tangents à la surface le long de cette courbe forme une multiplicité caractéristique.

Les tangentes aux deux courbes caractéristiques, qui passent par un point donné de cette surface, sont toujours données par les deux racines de l'équation

$$Hdy^2 - 2Kdxdy + Ldx^2 = 0,$$

qui peut encore s'écrire :

$$Rdy^2 - Sdxdy + Tdx^2 = 0,$$

R, S, T ayant la même signification que plus haut (p. 45) ; ces deux systèmes de caractéristiques sont confondus si l'on a

$$(24)\qquad K^2 - HL = 0.$$

Inversement, toute surface, qui est un lieu de multiplicités caractéristiques, est une surface intégrale. Nous avons expliqué précédemment (p. 45) le sens précis qu'il faut attacher à cette proposition.

On remarquera que, lorsque N n'est pas nul, les équations de l'un quelconque des systèmes de caractéristiques peuvent être résolues par rapport à dp et dq; tandis que, lorsque le terme en $rt - s^2$ manque dans l'équation (1), il y a, dans chaque système de caractéristiques, une équation ne renfermant ni dp, ni dq.

27. En suivant la voie ouverte par M. Sophus Lie, pour les équations du premier ordre, nous allons maintenant élargir la définition ordinaire de l'intégrale, pour donner plus de généralité à la théorie. Considérons une équation de la forme (1), et les équations qui définissent un des systèmes de caractéristiques, que nous écrirons pour embrasser tous les cas,

$$(25)\qquad \begin{cases} dz - p\,dx - q\,dy = 0, \\ F(x, y, z, p, q;\ dx, dy, dp, dq) = 0, \\ F_1(x, y, z, p, q;\ dx, dy, dp, dq) = 0, \end{cases}$$

F et F_1 étant des fonctions linéaires et homogènes de dx, dy, dp, dq. Nous appellerons *intégrale* de l'équation (1) *toute multiplicité d'éléments* M_2, *telle que, par tout élément de cette multiplicité, il passe une multiplicité caractéristique* M_1, *satisfaisant aux équations* (25), *et dont tous les éléments appartiennent aussi à* M_2.

Si les éléments de la multiplicité M_2 sont formés par les points d'une surface S, chacun de ces points étant associé avec le plan tangent correspondant, la surface S constitue une intégrale au sens ordinaire du mot. En effet, si r, s, t désignent les trois dérivées partielles du second ordre en un point de cette surface, les deux relations obtenues, en remplaçant dans les équations (25) dp par $r\,dx + s\,dy$, et dq par $s\,dx + t\,dy$, admettent une solution commune en $\frac{dy}{dx}$, et nous avons déjà fait observer qu'en éliminant $\frac{dy}{dx}$ entre ces deux relations on retrouve précisément l'équation (1) d'où l'on est parti.

Mais, si la multiplicité M_2, satisfaisant à la définition précédente, se compose d'une courbe et de l'ensemble de ses plans tangents, ou d'un point et de l'ensemble des plans qui passent par ce point, elle ne définit pas une intégrale, au sens ordinaire du mot. Il peut y avoir cependant avantage, dans certains cas, à ne pas négliger de pareilles solutions.

Prenons, par exemple, l'équation

$$s + f = 0,$$

où f est une fonction quelconque de x, y, z, p, q. Un des systèmes de caractéristiques est défini par les équations

$$dx = 0, \qquad dp + fdy = 0, \qquad dz - pdx - qdy = 0\,;$$

on satisfait à ces trois équations en prenant :

$$x = x_0, \qquad y = y_0, \qquad z = z_0, \qquad p = p_0,$$

x_0, y_0, z_0, p_0 désignant des constantes quelconques. Lorsque q varie, la multiplicité caractéristique M_1 décrite par l'élément (x_0, y_0, z_0, p_0, q) se compose d'un point fixe de coordonnées x_0, y_0, z_0 et de l'ensemble des plans passant par ce point, et par la droite fixe parallèle au plan des xz, qui est représentée par les deux équations

$$y = y_0,$$
$$z - z_0 = p_0(x - x_0).$$

Cela posé, considérons une courbe plane C, située dans un plan quelconque parallèle au plan des xz, et la multiplicité M_2 formée par cette courbe et l'ensemble de ses plans tangents ; M_2 est une intégrale de l'équation $s + f = 0$, au sens étendu du mot. En effet, la multiplicité M_1 formée par un point quelconque de la courbe C et l'ensemble des plans passant par la tangente en ce point constitue, d'après ce qui vient d'être dit, une multiplicité caractéristique. On peut dire encore que l'équation $s + f = 0$ admet toutes les intégrales de l'équation du premier ordre $y = y_0$, quelle que soit la constante y_0.

Il suffit de la transformation de Legendre pour ramener ces intégrales à des intégrales ordinaires, car l'équation $y = y_0$ devient alors $q = y_0$, et la nouvelle équation du second ordre doit admettre toutes les intégrales de l'équation du premier ordre $q = y_0$. Il est facile de le vérifier. La transformation de Legendre est définie par les formules

$$x = p', \qquad y = q', \qquad p = x', \qquad q = y', \qquad z = p'x' + q'y' - z';$$

on a, pour calculer les dérivées secondes r', s', t' de la nouvelle fonction z' par rapport aux variables x', y', les relations

$$dp' = r'dx' + s'dy',$$
$$dq' = s'dx' + t'dy',$$

ou

$$dx = r'dp + s'dq = r'(rdx + sdy) + s'(sdx + tdy),$$
$$dy = s'dp + t'dq = s'(rdx + sdy) + t'(sdx + tdy),$$

qui donnent

$$rr' + ss' = 1,$$
$$sr' + ts' = 0,$$
$$rs' + st' = 0,$$
$$ss' + tt' = 1.$$

On en tire

$$r = \frac{t'}{r't' - s'^2}, \qquad s = \frac{-s'}{r't' - s'^2}, \qquad t = \frac{r'}{r't' - s'^2},$$

et l'équation $s + f = 0$ devient

$$s' + (s'^2 - r't') f(p', q', x', y', p'x' + q'y' - z') = 0;$$

la nouvelle équation admet bien toutes les intégrales de l'équation $q' = c$, qui sont de véritables intégrales.

28. Dans la nouvelle définition de l'intégrale, l'équation du second ordre elle-même ne joue qu'un rôle tout à fait secondaire ; ce qu'il y a d'essentiel à considérer, ce sont les équations linéaires en dx, dy, dp, dq qui définissent les multiplicités caractéristiques. On peut se donner arbitrairement, pour définir ces multiplicités, deux équations distinctes linéaires et homogènes en dx, dy, dp, dq,

$$(26) \qquad \begin{cases} Adx + Bdy + Cdp + Ddq = 0, \\ A'dx + B'dy + C'dp + D'dq = 0, \end{cases}$$

A, B, C, D, A', B', C', D' étant des fonctions quelconques de x, y, z, p, q. Si, en effet, on remplace dans ces équations dp par $rdx + sdy$ et dq par $sdx + tdy$, puis qu'on élimine le rapport $\frac{dy}{dx}$ entre les deux relations ainsi obtenues, on aboutit toujours à une relation de la forme (1), et il résulte des développements des paragraphes précédents, que les équations (26) définissent un des systèmes de caractéristiques de l'équation du second ordre à laquelle on est conduit. Il n'y aurait d'exception possible, que si les deux équations (26) ne renfermaient ni dp, ni dq, et se réduisaient par conséquent à $dx = 0$, $dy = 0$. Nous reviendrons tout à l'heure sur ce cas singulier.

Quand on effectue sur les variables x, y, z, p, q une transformation de contact,

$$\begin{aligned} x &= f_1(x', y', z', p', q'), \\ y &= f_2(x', y', z', p', q'), \\ z &= f_3(x', y' z', p', q'), \\ p &= f_4(x', y', z', p', q'), \\ q &= f_5(x', y', z', p', q'), \end{aligned}$$

la relation $dz - pdx - qdy = 0$ se change en $dz' - p'dx' - q'dy' = 0$, et toute équation linéaire et homogène en dx, dy, dp, dq, donne une équation linéaire et homogène en dx', dy', dp', dq'. Tout système de la forme (25) se change donc en un système de même forme

$$(25\ bis)\quad \begin{cases} dz' - p'dx' - q'dy' = 0, \\ G(x', y', z', p', q';\ dx', dy', dp', dq') = 0, \\ G_1(x', y', z', p', q';\ dx', dy', dp', dq') = 0; \end{cases}$$

d'ailleurs, toute multiplicité intégrale M_2 du système (25) se change en une multiplicité intégrale M'_2 du nouveau système. Nous sommes conduits ainsi à cette propriété fondamentale des équations de Monge et d'Ampère : *quand on applique à une équation de cette espèce une transformation de contact arbitraire, on est conduit à une nouvelle équation de même forme*. Le raisonnement prouve, en outre, que *la transformation change les caractéristiques en de nouvelles caractéristiques*.

On déduit, de là, le moyen pratique le plus simple pour effectuer la transformation, une fois qu'on a formé les équations d'un des systèmes de caractéristiques. Il consiste à remplacer dans ces équations, x, y, z, p, q, dx, dy, dp, dq par leurs valeurs en fonctions de x', y', z', p', q', dx', dy', dp', dq'. On a ainsi immédiatement les relations qui définissent un des systèmes de caractéristiques de la nouvelle équation, d'où il est facile de remonter à la nouvelle équation elle-même.

Reprenons, par exemple, l'équation $s + f = 0$, pour laquelle un des systèmes de caractéristiques est donné par les relations

$$dx = 0, \qquad dp + fdy = 0, \qquad dz - pdx - qdy = 0;$$

la transformation de Legendre remplace ce système par le suivant

$$dp' = 0, \qquad dx' + fdq' = 0, \qquad dz' - p'dx' - q'dy' = 0.$$

La nouvelle équation s'obtiendra donc en éliminant $\dfrac{dy'}{dx'}$ entre les deux relations

$$r'dx' + s'dy' = 0, \qquad dx'(fs' + 1) + ft'dy' = 0,$$

ce qui donne

$$s' - f(r't' - s'^2) = 0.$$

Considérons encore l'équation

$$rt - s^2 = 0;$$

les équations différentielles des caractéristiques sont ici

$$dp = 0, \qquad dq = 0, \qquad dz - pdx - qdy = 0.$$

Si on effectue la même transformation de Legendre, on est conduit au système

$$dx' = 0, \qquad dy' = 0, \qquad dz' - p'dx' - q'dy' = 0,$$

auquel ne correspond aucune équation du second ordre. Si on applique, en effet, les formules générales de transformation obtenues plus haut (p. 51), à l'équation $rt - s^2 = 0$ elle-même, on est conduit à la nouvelle équation

$$\frac{1}{r't' - s'^2} = 0,$$

qui n'a évidemment aucun sens. Ce résultat singulier s'interprète sans difficulté avec la notion généralisée d'intégrale. Toute multiplicité M_1 satisfaisant aux relations

$$dx = 0, \quad dy = 0, \quad dz - pdx - qdy = 0$$

se compose nécessairement d'un point et de tous les plans tangents à un cône, d'ailleurs arbitraire, ayant son sommet en ce point. Si on a une famille de pareilles multiplicités M_1, dépendant d'un paramètre, et engendrant une multiplicité M_2 à deux dimensions, cette multiplicité M_2 se composera nécessairement d'une courbe et de l'ensemble de ses plans tangents, ou d'un point et de l'ensemble des plans qui passent par ce point ; mais M_2 ne pourra jamais se composer d'une surface. Quand on effectue la transformation de Legendre, à un point correspond un plan et à une courbe une surface développable. L'équation $rt - s^2 = 0$ admet donc pour intégrale générale une surface développable quelconque, résultat bien connu, que nous retrouverons d'ailleurs par l'application d'une méthode générale.

Remarquons encore que, lorsqu'une équation de la forme (1) ne renferme pas de terme en $rt - s^2$, on peut toujours lui appliquer une transformation de contact, de façon que la nouvelle équation renferme un pareil terme. Si le terme M, indépendant de r, s, t, n'est pas nul, il suffit d'employer la transformation de Legendre. Si ce terme est nul, on peut poser d'abord

$$z = \Phi(x, y) + Z,$$

Z étant la nouvelle fonction inconnue et $\Phi(x, y)$ n'étant pas une intégrale ; la nouvelle équation, n'admettant pas la solution $Z = 0$, aura forcément un terme indépendant de r, s, t, et on sera ramené au cas précédent.

29. Pour donner un exemple de ces considérations générales, reprenons les surfaces d'un complexe

$$F(x, y, z; a, b, c) = 0, \tag{27}$$

et les surfaces enveloppes de celles-là, représentées par le système des deux équations

$$\left\{\begin{aligned} &F(x, y, z; a, \varphi(a), \psi(a)) = 0, \\ &\frac{\partial F}{\partial a} + \frac{\partial F}{\partial \varphi}\varphi'(a) + \frac{\partial F}{\partial \psi}\psi'(a) = 0, \end{aligned}\right. \tag{28}$$

où $\varphi(a)$ et $\psi(a)$ désignent deux fonctions arbitraires.

Il est clair que toutes ces surfaces sont engendrées par des multiplicités M_1 définies par les équations

$$\left\{\begin{aligned} &F(x, y, z; a, b, c) = 0, \\ &\frac{\partial F}{\partial a} + \frac{\partial F}{\partial b} b_1 + \frac{\partial F}{\partial c} c_1 = 0, \\ &\frac{\partial F}{\partial x} + p\frac{\partial F}{\partial z} = 0, \\ &\frac{\partial F}{\partial y} + q\frac{\partial F}{\partial z} = 0, \end{aligned}\right. \tag{29}$$

a, b, c, b_1, c_1 désignant cinq constantes arbitraires.

Entre ces quatre équations et celles qu'on obtient par la différentiation, on peut éliminer a, b, c, b_1, c_1 et on parvient ainsi à trois relations entre x, y, z, p, q, dx, dy, dz, dp, dq, indépendantes de a, b, c,

b_1, c_1, auxquelles satisfont toutes ces multiplicités M_1. L'une de ces relations est précisément

$$dz - pdx - qdy = 0;$$

les deux autres s'obtiennent comme il suit. On tire des équations (29)

$$d\left(\frac{\partial F}{\partial x}\right) + \left(\frac{\partial F}{\partial z}\right) dp + pd\left(\frac{\partial F}{\partial z}\right) = 0,$$
$$d\left(\frac{\partial F}{\partial y}\right) + \left(\frac{\partial F}{\partial z}\right) dq + qd\left(\frac{\partial F}{\partial z}\right) = 0,$$

les différentielles étant prises en y regardant a, b, c, comme des constantes, et remplaçant dz par $pdx + qdy$; si on remplace dans ces équations a, b, c, par leurs valeurs tirées des trois relations

$$(30) \qquad F = 0, \qquad \frac{\partial F}{\partial x} + p\frac{\partial F}{\partial z} = 0, \qquad \frac{\partial F}{\partial y} + q\frac{\partial F}{\partial z} = 0,$$

on est conduit à deux équations linéaires en dx, dy, dp, dq. Par conséquent, toutes les surfaces enveloppes des surfaces du complexe satisfont bien à une équation du second ordre de la forme (1), que l'on obtiendra en éliminant a, b, c et $\frac{dy}{dx}$ entre les équations (30) et les deux équations

$$d\left(\frac{\partial F}{\partial x}\right) + \frac{\partial F}{\partial z}(rdx + sdy) + pd\left(\frac{\partial F}{\partial z}\right) = 0,$$
$$d\left(\frac{\partial F}{\partial y}\right) + \frac{\partial F}{\partial z}(sdx + tdy) + qd\left(\frac{\partial F}{\partial z}\right) = 0.$$

On remarquera que cette méthode conduit aux mêmes calculs que celle qui a été exposée plus haut (n° 8).

30. Considérons encore les *surfaces de translation*, qui sont engendrées par le mouvement de translation d'une courbe de forme constante. Une surface de translation peut encore être définie comme il suit: Soient Γ, Γ', deux courbes fixes quelconques, m un point quelconque de Γ, m' un point quelconque de Γ', et M le milieu de la droite qui joint ces deux points m, m'. Le lieu du point M est une surface de translation (Σ). On voit, en effet, que lorsque, le point m restant fixe, le point m' décrit Γ', le point M décrit une courbe γ' homothétique à Γ' avec $\frac{1}{2}$ pour rapport d'homothétie; la surface (Σ) est donc engendrée par la translation d'une courbe γ' de forme invariable. De même, lorsque, le point m' restant fixe, le point m décrit la courbe Γ, le point M décrit une courbe γ homothétique à Γ avec $\frac{1}{2}$ pour rapport d'homothétie. Toute surface de translation peut donc être engendrée *de deux manières différentes* par la translation d'une courbe de forme invariable.

Supposons maintenant que les tangentes à la courbe Γ soient parallèles aux génératrices d'un certain cône, c'est-à-dire que l'on ait pour cette courbe une relation de la forme

$$\varphi(dx, dy, dz) = 0$$

entre les paramètres directeurs de la tangente, et une relation de même forme pour la courbe Γ'

$$\psi(dx, dy, dz) = 0.$$

Chacune de ces courbes Γ et Γ' dépend d'une fonction arbitraire; les surfaces (Σ) de translation, obtenues en prenant pour Γ une courbe quelconque satisfaisant à la condition $\varphi(dx, dy, dz) = 0$, et pour Γ' une autre courbe satisfaisant à la condition $\psi(dx, dy, dz) = 0$, dépendent donc de deux fonctions arbitraires. Toutes ces surfaces sont des intégrales d'une même équation du second ordre de la forme (1). Par tout point de l'une de ces surfaces, passe une courbe γ homothétique à Γ; considérons les multiplicités M_1 formées par une courbe γ et les plans tangents à la surface (Σ) le long de cette courbe. La surface (Σ) est engendrée par la translation de la courbe γ, chacun des points de γ décrivant une courbe γ' homothétique à Γ'. Il en résulte que les plans tangents à la surface (Σ) le long de γ, enveloppent un cylindre ayant ses génératrices parallèles à une tangente à Γ'. On déduit de là que ces multiplicités M_1 satisfont à deux équations de la forme (25). D'abord, en écrivant que la tangente à γ est parallèle à une génératrice du premier cône donné, on a une première relation

$$\varphi(dx, dy, dz) = 0;$$

écrivons, d'autre part, que la droite d'intersection de deux plans tangents infiniment voisins le long de γ est parallèle à une génératrice du second cône. Cette droite est définie par les deux équations

$$Z - z = p(X - x) + q(Y - y)$$
$$(X - x)\,dp + (Y - y)\,dq = 0,$$

et les paramètres directeurs sont respectivement

$$dq, \qquad -dp, \qquad pdq - qdp,$$

et on a une seconde relation

$$\psi(dq, \ -dp, \ pdq - qdp) = 0.$$

De l'équation

$$\varphi(dx, dy, pdx + qdy) = 0$$

on tire pour $\frac{dy}{dx}$ une expression de la forme

$$\frac{dy}{dx} = \pi(p, q);$$

de la seconde équation on tire de même

$$\frac{dp}{dq} = \chi(p, q).$$

Remplaçons dp par $rdx + sdy$, dq par $sdx + tdy$, et éliminons ensuite $\frac{dy}{dx}$; nous sommes conduits à une équation de la forme

$$Er + 2Fs + Gt = 0,$$

où E, F, G sont des fonctions de p et de q seulement, à laquelle satisfont toutes les surfaces de translation (Σ) considérées [1].

On verra plus loin comment on peut reconnaître si une équation de la forme précédente est susceptible d'être intégrée de cette façon.

31. La méthode d'intégration de Monge et d'Ampère consiste essentiellement à rechercher s'il existe des combinaisons intégrables des équations qui définissent un des systèmes de caractéristiques de l'équation (1). Supposons, pour fixer les idées, que le coefficient N ne soit pas nul, et considérons un des systèmes de caractéristiques

$$(7) \qquad \begin{cases} dz - pdx - qdy = 0, \\ Ndp + Ldx + \lambda_1 dy = 0, \\ Ndq + \lambda_2 dx + Hdy = 0; \end{cases}$$

[1] On obtient immédiatement cette équation en écrivant que les tangentes aux deux courbes γ, γ', qui passent par un point de la surface, sont conjuguées.

soient λ, μ, ν, trois coefficients, fonctions de x, y, z, p, q, tels que

$$\lambda(dz - pdx - qdy) + \mu(Ndp + Ldx + \lambda_1 dy) + \nu(Ndq + \lambda_2 dx + Hdy)$$

soit une différentielle totale exacte dV. Nous allons montrer que *toutes les intégrales de l'équation du premier ordre*

$$V = \text{const.}$$

satisfont à l'équation proposée. Soit, en effet, M_2 une multiplicité d'éléments satisfaisant à la relation $dV = 0$. D'après l'identité précédente, les deux dernières des équations (7) se réduisent à une seule. On peut donc trouver sur cette multiplicité M_2 une suite de multiplicités M_1 satisfaisant aux équations (7), car on aura, pour déterminer ces multiplicités, une seule équation différentielle du premier ordre ; M_2 est donc une intégrale de l'équation proposée. Le raisonnement ne pourrait être en défaut que si, pour l'intégrale considérée, un des facteurs λ, ν, μ, devenait indéterminé.

Si l'un des systèmes de caractéristiques admet deux combinaisons intégrales du, dv, il admet aussi la combinaison intégrable

$$du - \varphi'(v)\, dv = d[u - \varphi(v)],$$

où $\varphi(v)$ désigne une fonction arbitraire de v ; par suite, toutes les solutions de l'équation du premier ordre $u - \varphi(v) = 0$ appartiennent aussi à la proposée. Il est, du reste, facile de vérifier que le premier membre de cette équation est identique, à un facteur près, au déterminant fonctionnel $\frac{D(u, v)}{D(x, y)}$. Cherchons d'abord à quelles relations doit satisfaire une fonction $V(x, y, z, p, q)$ pour que dV soit une combinaison intégrable des équations (7). On a, en remplaçant dz, dp, dq par leurs valeurs tirées de ces équations dans dV,

$$\begin{aligned} N dV = &\left\{ N\left(\frac{\partial V}{\partial x} + p\frac{\partial V}{\partial z}\right) - L\frac{\partial V}{\partial p} - \lambda_2 \frac{\partial V}{\partial q} \right\} dx \\ &+ \left\{ N\left(\frac{\partial V}{\partial y} + q\frac{\partial V}{\partial z}\right) - \lambda_1 \frac{\partial V}{\partial p} - H\frac{\partial V}{\partial q} \right\} dy ; \end{aligned}$$

la fonction V doit donc satisfaire aux deux équations linéaires simultanées

$$(31) \quad \left\{ \begin{aligned} &N\left(\frac{\partial V}{\partial x} + p\frac{\partial V}{\partial z}\right) - L\frac{\partial V}{\partial p} - \lambda_2 \frac{\partial V}{\partial q} = 0, \\ &N\left(\frac{\partial V}{\partial y} + q\frac{\partial V}{\partial z}\right) - \lambda_1 \frac{\partial V}{\partial p} - H\frac{\partial V}{\partial q} = 0, \end{aligned} \right.$$

et ces conditions nécessaires sont aussi suffisantes.

On remarquera que les équations précédentes s'obtiennent en remplaçant dans les relations (8) qui définissent le second système de caractéristiques dx, dy, dp, dq, respectivement par

$$\frac{\partial V}{\partial p}, \frac{\partial V}{\partial q}, -\left(\frac{\partial V}{\partial x} + p\frac{\partial V}{\partial z}\right), -\left(\frac{\partial V}{\partial y} + q\frac{\partial V}{\partial z}\right).$$

Cela posé, soient u et v deux intégrales communes aux deux équations (31) ; en tenant compte de ces relations, on vérifie aisément que l'on a

$$\frac{D(u, v)}{D(x, y)} = \frac{(L + Nr)(H + Nt) - (\lambda_1 + Ns)(\lambda_2 + Ns)}{N^2}\left(\frac{\partial u}{\partial p}\frac{\partial v}{\partial q} - \frac{\partial u}{\partial p}\frac{\partial v}{\partial q}\right),$$

c'est-à-dire, en se reportant au n° 23,

$$\frac{D(u, v)}{D(x, y)} = \frac{N(rt - s^2) + Hr + 2Ks + Lt + M}{N}\left(\frac{\partial u}{\partial p}\frac{\partial v}{\partial q} - \frac{\partial u}{\partial q}\frac{\partial v}{\partial p}\right).$$

On voit donc qu'en négligeant certaines solutions exceptionnelles qui pourraient rendre le facteur précédent nul ou infini, l'équation proposée est équivalente à l'équation du premier ordre $u - \varphi(v) = 0$. Donc, *si l'un des systèmes de caractéristiques admet deux combinaisons intégrables u et v, l'intégration de l'équation proposée est ramenée à l'intégration d'une équation du premier ordre avec une fonction arbitraire*

$$u - \varphi(v) = 0.$$

On remarquera qu'inversement, si on se donne arbitrairement deux fonctions u et v de x, y, z, p, q, toutes les intégrales de l'équation du premier ordre $u - \varphi(v) = 0$, satisfont, quelle que soit la fonction φ, à une équation du second ordre de la forme (1), qui n'est autre que $\frac{D(u, v)}{D(x, y)} = 0$.

32. Lorsqu'une équation du second ordre possède une *intégrale intermédiaire du premier ordre*, telle que $u - \varphi(v) = 0$, on ne pourra pas, en général, achever l'intégration de cette équation, tant qu'on n'aura pas particularisé la fonction φ. Mais la solution du *problème de Cauchy*, tel qu'il a été posé au chapitre précédent, peut toujours se ramener à l'intégration d'une équation déterminée du premier ordre. Supposons, en effet, qu'on veuille obtenir une surface intégrale passant par une courbe C, et tangente le long de cette courbe à une développable donnée ; les coordonnées x, y, z d'un point de C, et les coefficients angulaires p, q du plan tangent en un point de cette courbe, sont des fonctions d'une seule variable auxiliaire θ, et quand on remplace x, y, z, p, q par leurs valeurs, u et v deviennent des fonctions de θ, $u = F(\theta)$, $v = F_1(\theta)$, et l'équation de condition

$$F(\theta) = \varphi[F_1(\theta)]$$

détermine la fonction arbitraire φ. Cette fonction φ ainsi déterminée, nous n'avons plus qu'à rechercher une intégrale d'une équation du premier ordre passant par la courbe C.

Prenons, par exemple, l'équation élémentaire

$$s = 0,$$

et proposons-nous de déterminer une intégrale de cette équation passant par une courbe donnée, et tangente à une développable donnée le long de cette courbe. Soient

$$x = f_1(\theta), \quad y = f_2(\theta), \quad z = f_3(\theta), \quad p = \psi_1(\theta), \quad q = \psi_2(\theta),$$

les équations qui définissent cette courbe et la développable ; les cinq fonctions f_1, f_2, f_3, ψ_1, ψ_2 vérifient identiquement la relation

$$f_3'(\theta) = \psi_1(\theta) f_1'(\theta) + \psi_2(\theta) f_2'(\theta).$$

Un des systèmes de caractéristiques de l'équation proposée est fourni par les relations

$$dz - p\,dx - q\,dy = 0, \quad dx = 0, \quad dp = 0,$$

dont les deux dernières sont intégrables. On a donc l'intégrale intermédiaire

$$p = \varphi(x)$$

et la fonction φ est déterminée par la condition que l'on ait

$$\psi_1(\theta) = \varphi[f_1(\theta)]$$

L'intégrale cherchée est donc

$$z = \int_{x_0}^{x} \varphi(x)\,dx + Y$$

ou, en posant $x = f_1(\theta)$,

$$z = \int_{\theta_0}^{\theta} \psi_1(\theta) f_1(\theta)\, d\theta + Y,$$

Y étant une fonction de y seulement. On pourrait se servir des conditions initiales pour déterminer cette fonction Y, mais il vaut mieux employer la seconde intégrale intermédiaire

$$q = \varphi_1(y),$$

qui est fournie par le second système de caractéristiques : on trouve ainsi que la surface cherchée est représentée par le système des trois équations

$$\left\{\begin{aligned} x &= f_1(\theta), \\ y &= f_2(\tau), \\ z &= \int_{\theta_0}^{\theta} \psi_1(\theta) f_1'(\theta)\, d\theta + \int_{\theta_0}^{\tau} \psi_2(\tau) f_2'(\tau)\, d\tau + z_0, \end{aligned}\right.$$

θ et τ désignant deux variables auxiliaires, et (x_0, y_0, z_0) les coordonnées du point de la courbe donnée qui correspond à la valeur θ_0 du paramètre. Si l'on fait dans ces formules $\tau = \theta$, on retrouve bien la courbe donnée.

Remarque. — La formule $\psi_1(\theta) = \varphi[f_1(\theta)]$, qui détermine la fonction arbitraire φ, devient illusoire lorsque $f_1(\theta)$ se réduit à une constante, et on voit que le problème est impossible, à moins que $\psi_1(\theta)$ ne soit aussi indépendant de θ ; dans ce dernier cas, il y a indétermination, car la fonction φ est assujettie à la seule condition de prendre une valeur donnée pour une valeur donnée de la variable. Géométriquement, cela signifie que le problème est impossible lorsque la courbe donnée C est située dans un plan $x = x_0$ parallèle au plan des yz, à moins que la surface développable, circonscrite à la surface le long de cette courbe, ne soit un cylindre ayant ses génératrices parallèles au plan des x, z. Il est facile de voir que le problème est bien indéterminé dans ce dernier cas ; soient, en effet,

$$x = x_0 \qquad z = \psi(y)$$

les équations de la courbe C, et p_0, 0, 1, les paramètres directeurs des génératrices du cylindre circonscrit. La surface

$$z = \Phi(x) + \psi(y)$$

satisfait aux conditions initiales, pourvu que la fonction $\Phi(x)$ soit nulle pour $x = x_0$ et que sa dérivée première $\Phi'(x)$ prenne la valeur p_0 pour $x = x_0$. Tous ces résultats sont bien conformes à ce qui sera établi plus loin sur les caractéristiques.

33. Nous allons retrouver et compléter les résultats qui précèdent, par une autre méthode. Étant donnée une équation du second ordre, de forme quelconque, nous appellerons, en général, intégrale intermédiaire du premier ordre, toute équation du premier ordre

$$V(x, y, z, p, q) = \text{const.},$$

dont toutes les intégrales, sauf peut-être quelques intégrales exceptionnelles, appartiennent à l'équation proposée. Pour trouver ces fonctions $V(x, y, z, p, q)$, remarquons que les caractéristiques de l'équation $V = C$ satisfont au système d'équations différentielles

$$\frac{dx}{\frac{\partial V}{\partial p}} = \frac{dy}{\frac{\partial V}{\partial q}} = \frac{dz}{p\frac{\partial V}{\partial p} + q\frac{\partial V}{\partial q}} = \frac{-dp}{\frac{\partial V}{\partial x} + p\frac{\partial V}{\partial z}} = \frac{-dq}{\frac{\partial V}{\partial y} + q\frac{\partial V}{\partial z}},$$

et inversement, par toute caractéristique de l'équation du premier ordre, il passe une infinité d'intégrales de cette équation, ayant un contact du premier ordre tout le long de cette courbe. Ces caractéristiques de l'équation du premier ordre doivent donc faire partie de l'un des systèmes de caractéristiques de l'équation du second ordre (p. 42); par conséquent, *la fonction* $V(x, y, z, p, q)$ *doit satisfaire à l'un des systèmes d'équations linéaires que l'on obtient en remplaçant dans l'un des systèmes qui définissent les caractéristiques de l'équation du second ordre proposée,* dx, dy, dp, dq, *par*

$$\frac{\partial V}{\partial p}, \frac{\partial V}{\partial q}, -\left(\frac{\partial V}{\partial x} + p\frac{\partial V}{\partial z}\right), -\left(\frac{\partial V}{\partial y} + q\frac{\partial V}{\partial z}\right) \text{ respectivement (n° 31).}$$

Inversement, si $V(x, y, z, p, q)$ est une intégrale commune de ces deux équations, toutes les caractéristiques de l'équation du premier ordre $V = C$ font partie des caractéristiques de l'équation du second ordre et, comme toute intégrale de l'équation du premier ordre est un lieu de caractéristiques, elle satisfait aussi à l'équation du second ordre. On voit que le théorème ne peut souffrir d'exception que pour les solutions singulières, s'il en existe, de l'équation du premier ordre.

On arrive encore au même résultat de la façon suivante. Si une fonction $z = f(x, y)$ satisfait à l'équation du premier ordre

$$V(x, y, z, p, q) = C,$$

les dérivées partielles du second ordre r, s, t, vérifient les deux relations

$$(32) \qquad \left\{ \begin{array}{l} \dfrac{\partial V}{\partial x} + p\dfrac{\partial V}{\partial z} + \dfrac{\partial V}{\partial p} r + \dfrac{\partial V}{\partial q} s = 0, \\ \dfrac{\partial V}{\partial y} + q\dfrac{\partial V}{\partial z} + \dfrac{\partial V}{\partial p} s + \dfrac{\partial V}{\partial q} t = 0. \end{array} \right.$$

Si les trois équations (1) et (32) peuvent être résolues par rapport à r, s, t, on en tirera

$$r = \varphi_1(x, y, z, p, q), \quad s = \varphi_2(x, y, z, p, q), \quad t = \varphi_3(x, y, z, p, q),$$

et toute intégrale de l'équation $V = C$, qui satisfait aussi à l'équation proposée du second ordre, doit être une intégrale du système d'équations aux différentielles totales

$$\begin{aligned} dz &= pdx + qdy, \\ dp &= \varphi_1 dx + \varphi_2 dy, \\ dq &= \varphi_2 dx + \varphi_3 dy, \end{aligned}$$

dont la solution dépend au plus de trois constantes arbitraires, puisque toutes les dérivées successives de z, p, q, peuvent être calculées de proche en proche, si on se donne les valeurs initiales z_0, p_0, q_0 pour des valeurs initiales x_0, y_0 de x et y. Il suit de là que $V = C$ ne peut être une intégrale intermédiaire que si les trois équations (1) et (32) admettent une infinité de systèmes de solutions communes en r, s, t. Or, les équations (32) deviennent identiques aux équations (3) si on y remplace

$$\frac{\partial V}{\partial x} + p\frac{\partial V}{\partial z}, \qquad \frac{\partial V}{\partial y} + q\frac{\partial V}{\partial z}, \qquad \frac{\partial V}{\partial p}, \frac{\partial V}{\partial q},$$

par $-dp$; $-dq$, dx, dy respectivement; ce qui conduit aux mêmes résultats que par la première méthode.

Nous allons maintenant passer en revue les différentes circonstances qui peuvent se présenter dans la recherche des intégrales intermédiaires; mais nous ferons remarquer d'abord qu'on peut se borner au cas où le coefficient de $rt - s^2$ n'est pas nul, car une transformation de contact ramène toujours à ce cas, et il est clair qu'une pareille transformation change toujours une intégrale intermédiaire en une intégrale intermédiaire; avec la notion généralisée d'intégrale, cette propriété est absolument générale.

La détermination des intégrales intermédiaires se ramenant à une question que l'on sait traiter, la recherche des intégrales communes à deux équations linéaires du premier ordre, je supposerai toujours, par la suite, que le lecteur est en possession de cette théorie. Je ne donnerai, dans ce chapitre, qu'un petit nombre d'exemples, réservant les plus intéressants pour un autre chapitre. Dans la plupart de ces exemples, on aperçoit immédiatement les combinaisons intégrables des équations différentielles des caractéristiques.

34. On vient de voir que, si le coefficient N est différent de zéro, toute intégrale intermédiaire de l'équation (1) doit satisfaire à l'un ou l'autre des systèmes d'équations

$$(33)\quad \begin{cases} A(V) = N\left(\dfrac{\partial V}{\partial x} + p\dfrac{\partial V}{\partial z}\right) - L\dfrac{\partial V}{\partial p} - \lambda_1\dfrac{\partial V}{\partial q} = 0, \\ B(V) = N\left(\dfrac{\partial V}{\partial y} + q\dfrac{\partial V}{\partial z}\right) - \lambda_2\dfrac{\partial V}{\partial p} - H\dfrac{\partial V}{\partial q} = 0; \end{cases}$$

$$(34)\quad \begin{cases} A_1(V) = N\left(\dfrac{\partial V}{\partial x} + p\dfrac{\partial V}{\partial z}\right) - L\dfrac{\partial V}{\partial p} - \lambda_2\dfrac{\partial V}{\partial q} = 0, \\ B_1(V) = N\left(\dfrac{\partial V}{\partial y} + q\dfrac{\partial V}{\partial z}\right) - \lambda_1\dfrac{\partial V}{\partial p} - H\dfrac{\partial V}{\partial q} = 0. \end{cases}$$

Soit $[u, v]$ le crochet de Jacobi

$$\begin{aligned}[u, v] = \frac{\partial u}{\partial p}\left(\frac{\partial v}{\partial x} + p\frac{\partial v}{\partial z}\right) + \frac{\partial u}{\partial q}\left(\frac{\partial v}{\partial y} + q\frac{\partial v}{\partial z}\right) \\ - \frac{\partial v}{\partial p}\left(\frac{\partial u}{\partial x} + p\frac{\partial u}{\partial z}\right) - \frac{\partial v}{\partial q}\left(\frac{\partial u}{\partial y} + q\frac{\partial u}{\partial z}\right);\end{aligned}$$

si u, v désignent deux fonctions quelconques de x, y, z, p, q, on vérifie aisément que l'on a identiquement

$$N[u, v] = \frac{\partial u}{\partial p}A_1(v) + \frac{\partial u}{\partial q}B_1(v) - \frac{\partial v}{\partial p}A(u) - \frac{\partial v}{\partial q}B(u).$$

Par conséquent, si u est une intégrale du système (33) et v une intégrale du système (34), on a toujours

$$[u, v] = 0;$$

si on convient de dire que deux fonctions u, v, pour lesquelles le crochet $[u, v]$ est nul, sont en involution, on voit donc que *deux intégrales intermédiaires, appartenant à deux systèmes de caractéristiques différents, sont toujours en involution*. Le théorème s'étend évidemment aux équations qui ne renferment pas de terme en $rt - s^2$, car le crochet $[u, v]$ est un invariant, relativement à toute transformation de contact. Il est, du reste, aisé de démontrer directement cette propriété. Si, en particulier, $\lambda_1 = \lambda_2$, les deux systèmes (33) et (34) sont identiques, et on en conclut que, *lorsque les deux systèmes de caractéristiques sont confondus, deux intégrales intermédiaires quelconques sont toujours en involution.*

Chacun des systèmes (33) et (34) admet au plus trois intégrales distinctes. Nous allons d'abord chercher les conditions pour que le système (33), par exemple, possède ce nombre maximum d'intégrales, c'est-à-dire soit un système complet. Pour simplifier les calculs, imaginons qu'on divise tous les coefficients par N, et soit

$$A'(V) = \frac{\partial V}{\partial x} + p\frac{\partial V}{\partial z} - \frac{L}{N}\frac{\partial V}{\partial p} - \frac{\lambda_1}{N}\frac{\partial V}{\partial q} = 0.$$

$$B'(V) = \frac{\partial V}{\partial y} + q\frac{\partial V}{\partial z} - \frac{\lambda_2}{N}\frac{\partial V}{\partial p} - \frac{H}{N}\frac{\partial V}{\partial q} = 0;$$

toute intégrale commune à ces deux équations satisfait aussi à l'équation

$$A'[B'(V)] - B'[A'(V)] = 0,$$

c'est-à-dire (¹)

$$\left\{A'(q) - B'(p)\right\}\frac{\partial V}{\partial z} + \left\{B'\left(\frac{L}{N}\right) - A'\left(\frac{\lambda_2}{N}\right)\right\}\frac{\partial V}{\partial p} + \left\{B'\left(\frac{\lambda_1}{N}\right) - A'\left(\frac{H}{N}\right)\right\}\frac{\partial V}{\partial q} = 0.$$

Cette équation ne peut être une conséquence *algébrique* des deux équations $A(V) = 0$, $B(V) = 0$, puisqu'elle ne renferme ni $\frac{\partial V}{\partial x}$, ni $\frac{\partial V}{\partial y}$. Pour que le système proposé soit jacobien, il faudra donc que l'on ait

$$A'(q) - B'(p) = 0,$$

$$A'\left(\frac{\lambda_2}{N}\right) - B'\left(\frac{L}{N}\right) = 0,$$

$$A'\left(\frac{H}{N}\right) - B'\left(\frac{\lambda_1}{N}\right) = 0.$$

(¹) *Équations du premier ordre*, p. 48.

La première relation donne $\lambda_2 = \lambda_1$, et nous voyons déjà que, *si l'un des systèmes de caractéristiques admet trois combinaisons intégrables, les deux systèmes de caractéristiques sont confondus.*

Si les trois conditions précédentes sont remplies, le système (33) est un système complet, et admet trois intégrales distinctes u, v, w. L'équation du second ordre proposée admet donc deux intégrales intermédiaires distinctes, dépendant chacune d'une fonction arbitraire

$$(35) \qquad u = \varphi(w), \qquad v = \psi(w),$$

car cette équation du second ordre peut s'écrire (n° 31)

$$\frac{D(u, w)}{D(x, y)} = 0, \qquad \frac{D(v, w)}{D(x, y)} = 0.$$

Nous allons montrer que *l'on peut obtenir l'intégrale générale de ce système d'équations du premier ordre, par de simples éliminations, quelles que soient les fonctions* φ *et* ψ. En effet, les deux systèmes de caractéristiques étant confondus, on a

$$[u, v] = 0, \qquad [u, w] = 0, \qquad [v, w] = 0,$$

et les trois équations

$$w = a, \qquad u = \varphi(a), \qquad v = \psi(a),$$

où a est une constante arbitraire, représentent une multiplicité M_2, dont tous les éléments satisfont aux équations (35), c'est-à-dire une intégrale complète de ce système (¹) ; on en déduira les autres intégrales par la méthode ordinaire. Supposons que cette intégrale complète se compose d'une famille de surfaces; on obtiendra l'équation de cette famille de surfaces en éliminant p et q entre les trois équations

$$w = a, \qquad u = \varphi(a), \qquad v = \psi(a),$$

ce qui conduit à une équation de la forme

$$\Phi[x, y, z; a, \varphi(a), \psi(a)] = 0.$$

L'intégrale générale du système (35), qui se confond ici avec l'intégrale complète, est représentée par l'équation précédente. Mais le

(¹) *Équations du premier ordre*, p. 290.

système (35) admet une autre intégrale, qui est l'enveloppe de l'intégrale complète, et qui s'obtient en éliminant a entre les deux équations

$$(36)\qquad \begin{cases} \Phi\,[x, y, z\,;\, a, \varphi(a), \psi(a)] = 0, \\ \dfrac{\partial\Phi}{\partial a} + \dfrac{\partial\Phi}{\partial\varphi(a)}\varphi'(a) + \dfrac{\partial\Phi}{\partial\psi(a)}\psi'(a) = 0\,; \end{cases}$$

ces deux équations, où $\varphi(a)$ et $\psi(a)$ désignent des fonctions arbitraires, représentent, par conséquent, l'intégrale générale de l'équation du second ordre proposée. Nous retrouvons ainsi les équations considérées au premier chapitre, dont l'intégrale générale est formée par les surfaces enveloppes des surfaces d'un complexe.

L'équation générale des surfaces de ce complexe

$$\Phi\,(x, y, z\,;\, a, b, c) = 0$$

s'obtient, d'après ce qui précède, en éliminant p et q entre les trois équations

$$w = a, \qquad u = b, \qquad v = c.$$

On a donc la règle pratique suivante : *Lorsque les équations différentielles des caractéristiques présentent trois combinaisons intégrables distinctes : $du = 0$, $dv = 0$, $dw = 0$, on élimine p et q entre les trois équations*

$$w = a, \qquad u = b, \qquad v = c,$$

et on obtient l'équation d'une famille de surfaces dépendant de trois paramètres, a, b, c. On a l'intégrale générale de l'équation proposée, en établissant entre ces trois paramètres deux relations de forme arbitraire, et en prenant l'enveloppe des surfaces ainsi obtenues.

On peut encore présenter le raisonnement comme il suit. Toute intégrale de l'équation proposée satisfait à une équation du premier ordre de la forme

$$u - \varphi\,(w) = 0\,;$$

or, on a une intégrale complète de cette équation en posant

$$w = a, \qquad v = b, \qquad u = \varphi\,(a)$$

et le raisonnement s'achève comme plus haut.

Lorsque l'élimination de p et de q entre les trois équations précédentes conduit à deux relations distinctes entre x, y, z, a, $\varphi(a)$, b, l'équation $u - \varphi(w) = 0$ admet une intégrale complète formée d'une famille de courbes. C'est donc une équation linéaire, et l'intégrale générale se compose des surfaces engendrées par les courbes de cette famille. Par conséquent, *lorsque l'élimination de p et q entre les trois équations*

$$w = a, \qquad u = b, \qquad v = c$$

conduit à deux relations distinctes

$$\Phi(x, y, z, a, b, c) = 0,$$
$$\Phi_1(x, y, z, a, b, c) = 0,$$

ces deux équations représentent un complexe de courbes, et l'intégrale générale se compose des surfaces engendrées par les courbes de ce complexe, associées suivant une loi arbitraire.

Nous retrouvons encore une classe d'équations étudiées au début de l'ouvrage. Nous savons que, dans ce cas, l'équation ne présente pas de terme en $rt - s^2$, tandis qu'elle a un terme de cette espèce, lorsque l'élimination de p et q entre les trois équations $w = a$, $u = b$, $v = c$, conduit à une seule relation.

85. Appliquons cette méthode à quelques exemples.

Exemple I. — Soit à intégrer l'équation

$$rt - s^2 = 0;$$

on a ici

$$H = K = L = M = 0, \qquad N = 1.$$

Les deux systèmes de caractéristiques sont confondus, et leurs équations se réduisent à $dp = 0$, $dq = 0$, $dz - p dx - q dy = 0$. On aperçoit immédiatement trois combinaisons intégrables

$$dp = 0, \qquad dq = 0, \qquad d(z - px - qy) = 0;$$

conformément à la règle générale, si on élimine p et q entre les trois relations

$$p = a, \qquad q = b, \qquad z - px - qy = c,$$

on est conduit à l'équation d'un plan

$$z = ax + by + c.$$

L'intégrale générale se compose donc des surfaces enveloppes d'un plan mobile, dont l'équation renferme un paramètre variable, c'est-à-dire des surfaces développables.

Remarquons que toute équation de la forme

$$F(p, q, z - px - qy) = 0$$

est une intégrale intermédiaire de l'équation $rt - s^2 = 0$.

Or, cette équation du premier ordre admet une intégrale singulière qui est l'enveloppe du plan mobile

$$F(a, b, z - ax - by) = 0,$$

lorsque a et b varient indépendamment l'un de l'autre. Cette solution singulière, n'étant pas une surface développable, n'appartient pas à l'équation du second ordre (n° 33).

Exemple II. — Soit à intégrer l'équation

$$q^2r - 2\,pqs + p^2t = 0\,;$$

on a

$$H = q^2, \qquad K = -pq, \qquad L = p^2, \qquad M = N = 0.$$

Les deux systèmes de caractéristiques sont confondus, et les équations différentielles sont (page 47)

$$\begin{gathered} dz - pdx - qdy = 0, \\ pdx + qdy = 0, \\ qdp - pdq = 0\,; \end{gathered}$$

elles présentent trois conbinaisons intégrables

$$d\left(\frac{p}{q}\right) = 0, \qquad dz = 0, \qquad d\left(y + x\frac{p}{q}\right) = 0.$$

Posons, d'après la règle générale,

$$z = a, \qquad \frac{p}{q} = b, \qquad y + x\frac{p}{q} = c\,;$$

l'élimination de $\frac{p}{q}$ conduit aux deux équations

$$z = a, \qquad y + bx = c,$$

qui représentent une droite parallèle au plan des xy. L'intégrale générale de l'équation du second ordre se compose donc des surfaces engendrées par une droite variable, qui reste parallèle au plan des xy. Soit $b = \varphi(a)$, $c = \psi(a)$; l'équation de cette surface sera

$$y + x\varphi(z) = \psi(z),$$

$\varphi(z)$ et $\psi(z)$ étant deux fonctions arbitraires.

36. On a déjà fait remarquer (nº 15) que toutes les équations précédentes peuvent se ramener à l'une d'elles, par exemple, à l'équation $s^2 - rt = 0$, par une transformation de contact. Ce point peut encore s'établir comme il suit ; les trois fonctions u, v, w étant en involution deux à deux, on peut trouver deux autres fonctions ρ et σ donnant lieu à l'identité (1) :

$$dw - \rho du - \sigma dv = K(dz - pdx - qdy),$$

ou

$$d(w - \rho u - \sigma v) + ud\rho + vd\sigma = K(dz - pdx - qdy).$$

Les formules

$$X = -\rho, \quad Y = -\sigma, \quad Z = w - \rho u - \sigma v, \quad P = u, \quad Q = v$$

définissent une transformation de contact ; si on l'applique à l'équation proposée, dont les équations différentielles des caractéristiques admettent les trois combinaisons intégrables : $du = 0$, $dv = 0$, $dw = 0$, on est conduit à une nouvelle équation du second ordre, pour laquelle les équations différentielles des caractéristiques admettent les combinaisons intégrables $dP = 0$, $dQ = 0$. Ces équations différentielles peuvent donc s'écrire

$$dZ - PdX - QdY = 0, \qquad dP = 0, \qquad dQ = 0,$$

et l'équation du second ordre est, par conséquent,

$$S^2 - RT = 0.$$

Inversement, étant données trois fonctions u, v, w, deux à deux en involution, la transformation inverse de la précédente conduira de l'équation des surfaces développables à une équation du second ordre

(1) *Équations du premier ordre*, p. 273.

pour laquelle les équations différentielles des caractéristiques admettent trois combinaisons intégrables $du = 0$, $dv = 0$, $dw = 0$. Cette équation admet les deux intégrales premières

$$u = \varphi(w), \qquad v = \psi(w),$$

et est équivalente à l'une ou l'autre des deux équations

$$\frac{D(u,w)}{D(x,y)} = 0, \qquad \frac{D(v,w)}{D(x,y)} = 0;$$

il suit de là que ces deux déterminants fonctionnels ne peuvent différer que par un facteur, indépendant de r, s, t, ce qu'il est facile de vérifier [1].

Remarque I. — Au lieu d'adopter l'équation $s^2 - rt = 0$ comme forme canonique, pour la classe d'équations que nous venons de considérer, on pourrait prendre, comme forme canonique, toute autre équation appartenant à la même classe, par exemple, l'équation $r = 0$. Pour cette équation, les équations différentielles des caractéristiques sont

$$dy = 0, \qquad dp = 0, \qquad dz - p\,dx - q\,dy = 0;$$

la transformation d'Ampère

$$X = x, \qquad Y = -q, \qquad Z = z - qy, \qquad P = p, \qquad Q = y$$

appliquée au système

$$dP = 0, \qquad dQ = 0, \qquad dZ - P\,dX - Q\,dY = 0,$$

conduit bien au système précédent, et, par conséquent, ramène l'équation des surfaces développables à l'équation $r = 0$. Comme vérification, il est aisé de déduire la solution générale de l'équation $s^2 - rt = 0$ de celle de l'équation $r = 0$, qui est

$$z = x\varphi(y) + \psi(y).$$

Remarque II. — Si une équation du second ordre possède une inté-

[1] Les équations du second ordre, pour lesquelles les équations différentielles des caractéristiques admettent trois combinaisons intégrables, ont été déterminées par M. Sophus Lie (*Archiv for Mathematik og Naturvidenskab*, t. I) et par M. Darboux (*Mémoire sur les solutions singulières des équations aux dérivées partielles du premier ordre*; *Journal des Savants étrangers*, t. XXVII, p. 212).

grale première de la forme

$$u = \varphi(v),$$

où $[u, v] = 0$, on peut trouver trois autres fonctions w, ρ, σ, telles que l'on ait identiquement (¹)

$$dw - \rho du - \sigma dv = K(dz - pdx - qdy),$$

et les raisonnements précédents s'appliquent sans modification : on peut ramener l'équation proposée à la forme $s^2 - rt = 0$ par une transformation de contact. Il suit de là et d'une remarque faite plus haut (p. 65) que, si les deux systèmes de caractéristiques sont confondus, il ne peut y avoir deux combinaisons intégrables seulement ; s'il y en a deux, il y en a nécessairement une troisième, et l'équation appartient à la classe que nous venons d'étudier.

Remarque III. — Les équations du second ordre qui ne renferment que les dérivées de la fonction inconnue, par rapport à une seule des variables indépendantes, peuvent être intégrées comme des équations différentielles ordinaires, à une seule variable indépendante. Par exemple, soit l'équation

$$r + M(x, y, z, p) = 0;$$

nous pouvons intégrer l'équation différentielle du second ordre

$$\frac{\partial^2 z}{\partial x^2} + M\left(x, y, z, \frac{\partial z}{\partial x}\right) = 0$$

comme une équation différentielle ordinaire, en y regardant y comme un paramètre. Soit

$$z = F(x, y, C, C_1)$$

l'intégrale générale, C, C_1 étant deux constantes arbitraires ; il suffit d'y remplacer C et C_1 par deux fonctions arbitraires de y, pour obtenir l'intégrale générale de l'équation proposée, considérée comme une équation aux dérivées partielles. Cette intégrale est donc engendrée par les courbes du complexe

$$z = F(x, y, a, b), \qquad y = c,$$

(¹) *Équations du premier ordre*, chapitre XI.

associées suivant une loi arbitraire. Notre équation appartient, par conséquent, à la classe précédente ; il n'est pas sans intérêt de vérifier que l'application de la méthode générale d'intégration conduit précisément aux mêmes calculs que la méthode qui s'offre d'elle-même.

Les caractéristiques de l'équation

$$r + M(x, y, z, p) = 0$$

doivent satisfaire aux deux relations

$$dy = 0, \qquad M dx + dp = 0;$$

toute intégrale intermédiaire V doit donc être une intégrale commune aux deux équations

$$\frac{\partial V}{\partial q} = 0, \qquad \frac{\partial V}{\partial x} + p\frac{\partial V}{\partial z} - M\frac{\partial V}{\partial p} = 0.$$

Ces équations forment bien un système complet ; la première montre que V ne dépend pas de q, et l'intégration de la seconde revient à l'intégration du système

$$\frac{dx}{1} = \frac{dz}{p} = \frac{dp}{-M},$$

c'est-à-dire à l'intégration de l'équation différentielle du second ordre

$$\frac{d^2z}{dx^2} + M\left(x, y, z, \frac{dz}{dx}\right) = 0.$$

37. Soit

$$Hr + 2Ks + Lt + M + N(rt - s^2) = 0$$

une équation, *où N n'est pas nul*, et pour laquelle les équations différentielles des caractéristiques présentent trois combinaisons intégrables $du = 0$, $dv = 0$, $dw = 0$. Les trois équations

$$u = a, \qquad v = b, \qquad w = c$$

représentent une famille de multiplicités M_2, formées de surfaces, dont on obtiendra l'équation en éliminant p et q entre les trois équations précédentes ; soit

$$\Phi(x, y, z, a, b, c) = 0$$

l'équation de ce complexe de surfaces. Toute courbe C située sur une surface S de ce complexe, jointe aux plans tangents à S le long de cette courbe, forme une multiplicité M_1 qui satisfait aux équations $u=a$, $v=b$, $w=c$ et, par suite, aux relations

$$du = 0, \qquad dv = 0, \qquad dw = 0;$$

c'est donc une multiplicité caractéristique. Si on se propose de déterminer une surface intégrale passant par la courbe C, et tangente à la surface S tout le long de cette courbe, on ne peut jamais appliquer le théorème général de Cauchy, quelle que soit la courbe C choisie sur la surface S, puisqu'on se trouve toujours dans le cas d'indétermination. *Les surfaces* S *du complexe sont donc des intégrales singulières de l'équation du second ordre.*

Cette remarque permet de retrouver les équations de condition obtenues plus haut. Sur une surface intégrale, il existe, en général, deux familles de caractéristiques; les tangentes aux deux caractéristiques qui passent par un point sont déterminées par l'équation du second degré (n° 24)

$$R dy^2 - S dx dy + T dx^2 = 0.$$

Si la surface est une intégrale singulière, toute courbe de cette surface doit être une caractéristique, et l'équation précédente doit se réduire à une identité, c'est-à-dire que l'intégrale singulière doit être une intégrale commune aux trois équations

$$R = H + Nt = 0, \qquad S = K - Ns = 0, \qquad T = L + Nr = 0.$$

L'intégration de ce système revient à l'intégration du système d'équations aux différentielles totales

$$(37) \quad \begin{cases} dz = p dx + q dy, \\ dp = -\dfrac{L}{N} dx + \dfrac{K}{N} dy, \\ dq = \dfrac{K}{N} dx - \dfrac{H}{N} dy. \end{cases}$$

L'intégrale générale de ce système contient au plus *trois* constantes arbitraires, à savoir les valeurs initiales de z, p, q, pour un système de valeurs données de x et de y. Or, le complexe de surfaces précédent dépend bien de trois constantes; il faut donc que le système (37) soit *complètement intégrable.* En posant

$$A(V) = \frac{\partial V}{\partial x} + p\frac{\partial V}{\partial z} - \frac{L}{N}\frac{\partial V}{\partial p} + \frac{K}{N}\frac{\partial V}{\partial q},$$
$$B(V) = \frac{\partial V}{\partial y} + q\frac{\partial V}{\partial z} + \frac{K}{N}\frac{\partial V}{\partial p} - \frac{H}{N}\frac{\partial V}{\partial q},$$

les conditions d'intégrabilité sont

$$(38)\quad \begin{cases} A\left(\frac{K}{N}\right) + B\left(\frac{L}{N}\right) = 0, \\ A\left(\frac{H}{N}\right) + B\left(\frac{K}{N}\right) = 0; \end{cases}$$

ces équations jointes à la relation

$$(9)\qquad K^2 - HL + MN = 0,$$

qui exprime que les deux systèmes de caractéristiques sont confondus, sont bien équivalentes aux conditions trouvées plus haut (n° 34).

Toute multiplicité M_1, composée d'une courbe C située sur une surface S du complexe et des plans tangents à la surface le long de C, satisfait aux équations différentielles des caractéristiques. Cependant, ce n'est pas en général une caractéristique, au sens géométrique du mot, car les courbes, suivant lesquelles les surfaces du complexe touchent leurs enveloppes, sont représentées par les deux équations

$$\Phi\,[x, y, z\,;\, a, \varphi(a), \psi(a)] = 0,$$
$$\frac{\partial\Phi}{\partial a} + \frac{\partial\Phi}{\partial\varphi(a)}\varphi'(a) + \frac{\partial\Phi}{\partial\psi(a)}\psi'(a) = 0,$$

et dépendent seulement de cinq paramètres a, $\varphi(a)$, $\varphi'(a)$, $\psi(a)$, $\psi'(a)$. Ainsi, dans le cas de l'équation $rt - s^2 = 0$, toute courbe plane est une caractéristique au sens analytique, mais les véritables caractéristiques sont des lignes droites.

38. Nous avons toujours supposé jusqu'ici que le coefficient N n'était pas nul. Proposons-nous encore de former explicitement les conditions pour que les équations des caractéristiques admettent trois combinaisons intégrables, lorsque N est nul. Nous savons déjà que les deux systèmes de caractéristiques doivent être confondus, ce qui prouve que l'équation contiendra au moins une des dérivées r et t. On peut supposer, par exemple, que le terme en r ne manque pas, et écrire l'équation

$$r + 2Ks + K^2t + M = 0;$$

les équations différentielles des caractéristiques sont alors

$$dy - Kdx = 0,$$
$$dp + Kdq + Mdx = 0.$$

Toute intégrale intermédiaire V doit satisfaire aux deux équations

$$A(V) = \frac{\partial V}{\partial q} - K\frac{\partial V}{\partial p} = 0$$
$$B(V) = \frac{\partial V}{\partial x} + p\frac{\partial V}{\partial z} + K\left(\frac{\partial V}{\partial y} + q\frac{\partial V}{\partial z}\right) - M\frac{\partial V}{\partial p} = 0;$$

pour que ce système soit un système jacobien, il faut et il suffit que l'on ait

$$(39) \qquad \begin{cases} A(K) = \dfrac{\partial K}{\partial q} - K\dfrac{\partial K}{\partial p} = 0, \\ A(M) - B(K) = 0. \end{cases}$$

39. Nous allons continuer l'examen des divers cas qui peuvent se présenter dans l'intégration des deux systèmes qui donnent les intégrales intermédiaires, et nous achèverons d'abord l'étude des équations où les deux systèmes de caractéristiques sont confondus. On a déja fait remarquer qu'elles ne peuvent admettre deux intégrales intermédiaires distinctes seulement (n° 36). Il ne reste donc à examiner que le cas où les deux équations du système (33) ont *une seule* intégrale commune. Soit u cette intégrale commune; l'équation du second ordre proposée admet toutes les intégrales de l'équation du premier ordre

$$u(x, y, z, p, q) = \text{const.}$$

On obtiendra ainsi une intégrale dépendant d'une fonction arbitraire, mais non pas l'intégrale générale, puisqu'une intégrale d'une équation du premier ordre est, en général, déterminée, si on l'assujettit à passer par une courbe donnée, tandis qu'il n'en est pas de même pour une équation du second ordre.

Dans ce cas, la méthode de Monge ne permet donc pas d'obtenir l'intégrale générale d'une équation du second ordre. Ampère a démontré, par des calculs assez pénibles, qu'*on peut alors ramener l'équation à une autre ne contenant que r comme dérivée du second ordre*. Avec la théorie des transformations de contact, cette propriété s'établit aisément. Soient v, w deux autres fonctions de x, y, z, p, q formant avec u un système en involution, c'est-à-dire telles que l'on ait

$$[u, v] = 0, \qquad [u, w] = 0, \qquad [v, w] = 0;$$

il existe alors deux autres fonctions ρ et σ donnant lieu à l'identité

$$dw - \rho du - \sigma dv = k(dz - pdx - qdy).$$

Cela posé, appliquons à l'équation du second ordre proposée la transformation de contact

$$x' = v, \quad y' = u, \quad z' = w, \quad p' = \sigma, \quad q' = \rho;$$

elle se change en une nouvelle équation du second ordre, dont les deux systèmes de caractéristiques sont encore confondus et admettent la combinaison intégrable $dy' = 0$. On peut donc prendre $dy' = 0$ pour une des équations différentielles des caractéristiques, et, par conséquent, la nouvelle équation du second ordre ne contient pas de terme en $rt - s^2$ (n° 26, p. 49). Elle est donc de la forme

$$H'r' + 2K's' + L't' + M' = 0;$$

en posant

$$r' = \frac{\partial^2 z'}{\partial x'^2}, \qquad s' = \frac{\partial^2 z'}{\partial x' \partial y'}, \qquad t' = \frac{\partial^2 z'}{\partial y'^2},$$

on a, pour les caractéristiques, la relation

$$H'dy'^2 - 2K'dx'dy' + L'dx'^2 = 0,$$

qui doit être satisfaite en prenant $dy' = 0$, ce qui exige que l'on ait $L' = 0$. Comme les deux systèmes de caractéristiques doivent être confondus, il faut que l'on ait aussi $K' = 0$, et la nouvelle équation ne contient que r', comme nous l'avions annoncé.

La recherche de deux fonctions v, w, formant avec u un système en involution, revient à intégrer l'équation

$$u = \alpha,$$

car les trois équations

$$u = \alpha, \qquad v = \beta, \qquad w = \gamma,$$

où β, η sont deux nouvelles constantes arbitraires, représentent alors une intégrale complète de l'équation $u = \alpha$. Inversement, soit :

$$F(x, y, z, \alpha, \beta, \eta) = 0$$

une intégrale complète de l'équation $u = \alpha$; si on résout les trois équations

$$\begin{gathered} F(x, y, z, \alpha, \beta, \eta) = 0, \\ \frac{\partial F}{\partial x} + p\frac{\partial F}{\partial z} = 0, \\ \frac{\partial F}{\partial y} + q\frac{\partial F}{\partial z} = 0, \end{gathered}$$

par rapport à α, β, η, on en tire

$$\alpha = u(x, y, z, p, q), \qquad \beta = v(x, y, z, p, q), \qquad \eta = w(x, y, z, p, q),$$

et les trois fonctions u, v, w ainsi obtenues sont deux à deux en involution ([1]).

40. Nous allons appliquer cette transformation à quelques exemples.

Exemple I. — Soit l'équation ([2])

$$(40) \qquad x^4r - 4x^2qs + 4q^2t + 2px^3 = 0;$$

les deux systèmes de caractéristiques sont confondus, et leurs équations différentielles sont

$$\begin{gathered} x^2dp - 2qdq + 2pxdx = 0, \\ x^2dy + 2qdx = 0. \end{gathered}$$

La première est une différentielle exacte, et donne l'intégrale

$$x^2p - q^2 = 2\alpha;$$

d'ailleurs, il n'existe pas d'autre combinaison intégrable, comme on s'en assure aisément, en appliquant la méthode générale. L'équation $x^2p - q^2 = 2\alpha$ s'intègre facilement en séparant les variables et posant

$$q = \beta, \qquad px^2 = 2\alpha + \beta^2,$$

([1]) *Équations du premier ordre*, p. 261.
([2]) Ampère, *Journal de l'École polytechnique*, XVIIIe cahier, p. 128.

et on en déduit l'intégrale complète

$$z = \eta + \beta y - \frac{2\alpha + \beta^2}{x}.$$

La transformation de contact déduite de la relation

$$z = Z + Yy - \frac{2X + Y^2}{x},$$

est définie par les formules

$$(41) \quad \left\{ \begin{array}{l} x = \dfrac{2}{P}, \quad y = PY - Q, \quad z = Z + \dfrac{PY^2}{2} - PX - QY, \\ p = \dfrac{P^2}{4}(2X + Y^2), \quad q = Y; \end{array} \right.$$

Les équations différentielles des caractéristiques deviennent

$$dX = 0, \qquad dQ - PdY = 0.$$

La nouvelle équation aux dérivées partielles sera donc

$$(42) \qquad \frac{\partial^2 Z}{\partial Y^2} - \frac{\partial Z}{\partial X} = 0;$$

par suite, l'intégrale générale de l'équation (40) est représentée par les formules (41), où Z désigne l'intégrale générale de l'équation (42) et où on pose

$$P = \frac{\partial Z}{\partial X}, \qquad Q = \frac{\partial Z}{\partial Y}.$$

On verra plus loin comment on peut intégrer l'équation (42), au moyen de quadratures partielles.

Exemple II. — Prenons encore l'équation (¹)

$$(43) \qquad r + 2(q - x)s + (q - x)^2 t - q = 0.$$

Les équations différentielles des caractéristiques sont

$$dy + (x - q)\,dx = 0,$$
$$dp + (q - x)\,dq - q\,dx = 0;$$

(¹) Ampère, *loc. cit.*, p. 131.

on a une seule intégrale intermédiaire

$$p + \frac{q^2}{2} - qx = \alpha,$$

qu'il est facile d'intégrer et qui admet l'intégrale complète

$$z = \left(\alpha - \frac{\beta^2}{2}\right) x + \frac{\beta x^2}{2} + \beta y + \eta.$$

La transformation de contact déduite de la relation

$$z = Z + Xx + Yy + \frac{Yx^2 - xY^2}{2},$$

est définie par les formules

$$x = -P, \quad y = -\left(Q + PY + \frac{P^2}{2}\right), \quad z = Z - PX - QY - \frac{PY^2}{2},$$
$$p = X - PY - \frac{Y^2}{2}, \quad q = Y.$$

Appliquons-la à l'équation (43); les équations différentielles des caractéristiques deviennent

$$dX = 0, \qquad PdY + dQ = 0$$

et la nouvelle équation est, par conséquent,

$$\frac{\partial^2 Z}{\partial Y^2} + \frac{\partial Z}{\partial X} = 0.$$

On la ramène à l'équation (42) en changeant X en — X.

Ampère applique encore sa méthode à l'équation

$$(x+q)^2 r + 2(x+q)(y+p) s + (y+p)^2 t + 2(x+q)(y+p) = 0,$$

que l'on peut ramener à l'équation

$$\frac{\partial^2 Z}{\partial Y^2} - \frac{2X}{Y^2}\frac{\partial Z}{\partial X} = 0$$

par une transformation de contact ([1]).

([1]) Ampère simplifie ensuite cette équation en posant $X = x'$, $Y = \sqrt{x'e^{y'}}$; ce qui conduit à l'équation $\frac{\partial^2 Z}{\partial y'^2} - 2x'\frac{\partial Z}{\partial x'} = 0.$

41. Lorsque les deux systèmes de caractéristiques de l'équation (1) sont distincts, chacun d'eux admet au plus deux combinaisons intégrables distinctes, ou, ce qui revient au même, chacun des systèmes d'équations linéaires (33) et (34) admet au plus deux intégrales. Considérons d'abord le cas où ce nombre maximum est atteint pour chacun des systèmes. Soient : u et v, deux intégrales distinctes du système (33); u_1, et v_1 deux intégrales distinctes du système (34). L'équation du second ordre proposée est équivalente à chacune des équations

$$\frac{D(u, v)}{D(x, y)} = 0, \qquad \frac{D(u_1, v_1)}{D(x, y)} = 0;$$

elle admet donc deux intégrales intermédiaires du premier ordre, renfermant chacune une fonction arbitraire

$$(44) \qquad u = \varphi(v), \qquad u_1 = \psi(v_1);$$

ces deux équations (44) sont, d'ailleurs, compatibles, quelles que soient les fonctions φ et ψ, à cause des relations (n° 34)

$$[u, u_1] = 0, \qquad [u, v_1] = 0, \qquad [v, u_1] = 0, \qquad [v, v_1] = 0,$$

qui entraînent la suivante

$$[u - \varphi(v), u_1 - \psi(v_1)] = 0.$$

Si donc on tire les valeurs de p et q des équations (44), et qu'on les porte dans la relation

$$dz - pdx - qdy = 0$$

on est conduit à une équation *complètement* intégrable, quelles que soient φ et ψ. Comme on ne peut pas, en général, tirer p et q des équations (44), lorsque les fonctions φ et ψ sont quelconques, nous prendrons deux nouvelles variables indépendantes α et β en posant

$$v = \alpha, \qquad v_1 = \beta, \qquad u = \varphi(\alpha), \qquad u_1 = \psi(\beta);$$

de ces quatre équations, on peut tirer quatre des variables x, y, z, p, q en fonction de α, β, $\varphi(\alpha)$, $\psi(\beta)$ et de la cinquième. En portant ces valeurs dans la relation $dz = pdx + qdy$, nous sommes conduits à une équation complètement intégrable, quelles que soient les fonctions φ et ψ. Nous allons montrer que l'*intégration de cette équation se ramène à des quadratures.*

Nous nous appuierons pour cela sur le lemme suivant, qui sera souvent utile par la suite :

Lemme. — *Pour qu'une équation de la forme* (1) *puisse être ramenée à la forme*

$$(45) \qquad s - \lambda(x, y, z, p, q) = 0$$

par une transformation de contact, il faut et il suffit que les deux systèmes de caractéristiques soient distincts, et que les équations de chacun d'eux admettent au moins une combinaison intégrable.

D'abord, ces conditions sont nécessaires, car les deux systèmes de caractéristiques de l'équation (45) sont distincts, et admettent respectivement les combinaisons intégrables $dx = 0$ et $dy = 0$. Il en sera donc de même de toute équation déduite de celle-là par une transformation de contact. Inversement, soient $du = 0$, $dv = 0$, deux combinaisons intégrables des équations différentielles des deux systèmes de caractéristiques, supposés distincts, d'une équation du second ordre. On a vu que l'on avait $[u, v] = 0$. On peut donc trouver trois autres fonctions w, ρ, σ de x, y, z, p, q donnant lieu à l'identité

$$dw - \rho du - \sigma dv = k(dz - pdx - qdy)$$

et les formules

$$x' = u, \qquad y' = v, \qquad z' = w, \qquad p' = \rho, \qquad q' = \sigma$$

définissent une transformation de contact. Si on l'applique à l'équation considérée, elle se change en une nouvelle équation, pour laquelle les équations différentielles des caractéristiques admettent respectivement les deux combinaisons intégrables

$$dx' = 0, \qquad dy' = 0.$$

Cette nouvelle équation est nécessairement de la forme (45).

Revenons maintenant aux équations qui admettent les deux intégrales intermédiaires

$$u = \varphi(v), \qquad u_1 = \psi(v_1);$$

si on applique à cette équation une transformation de contact telle que v et v_1 se changent en x et y respectivement, la nouvelle équation est de la forme (45) et admet deux intégrales intermédiaires

$$(46) \qquad U = \varphi(x), \qquad V = \psi(y).$$

Les deux fonctions U et V doivent satisfaire aux deux conditions

$$[U, y] = 0, \qquad [V, x] = 0,$$

ce qui montre que U ne dépend pas de q et que V ne dépend pas de p. On doit avoir aussi

$$[U, V] = 0,$$

c'est-à-dire

$$\frac{\partial U}{\partial p}\left(\frac{\partial V}{\partial x} + \frac{\partial V}{\partial z} p\right) = \frac{\partial V}{\partial q}\left(\frac{\partial U}{\partial y} + q\frac{\partial U}{\partial z}\right),$$

ou

$$\frac{\dfrac{\partial U}{\partial y} + q\dfrac{\partial U}{\partial z}}{\dfrac{\partial U}{\partial p}} = \frac{\dfrac{\partial V}{\partial x} + p\dfrac{\partial V}{\partial z}}{\dfrac{\partial V}{\partial q}};$$

U ne dépendant pas de q, et V ne dépendant pas de p, la valeur commune de ces rapports est une fonction linéaire de p, et une fonction linéaire de q. Elle est donc de la forme

$$Mpq + Nq + N'p + P,$$

M, N, N', P ne dépendant pas de p et de q, et on doit avoir

$$\frac{\partial U}{\partial y} = \frac{\partial U}{\partial p}(N'p + P), \qquad \frac{\partial V}{\partial x} = \frac{\partial V}{\partial q}(Nq + P),$$

$$\frac{\partial U}{\partial z} = \frac{\partial U}{\partial p}(Mp + N), \qquad \frac{\partial V}{\partial z} = \frac{\partial V}{\partial q}(Mq + N').$$

On déduit aisément de là que U et V sont respectivement de la forme

$$U = F(Ap + B, x),$$
$$V = F_1(Cq + D, y),$$

où A, B, C, D ne dépendent que de x, y, z. Prenons, par exemple, le premier système ; il admet l'intégrale $U = x$. Pour démontrer qu'il en admet une autre qui est de la forme $Ap + B$, remarquons que ce système complet est équivalent à l'équation complètement intégrable

$$dp = -(N'p + P)\,dy - (Mp + N)\,dz,$$

dont l'intégration se ramène à l'intégration de deux équations linéaires successives, et dont l'intégrale générale est, par conséquent, de la forme

$$Ap + B = \text{const.}$$

Les deux équations (46) peuvent donc s'écrire

$$(47) \qquad \begin{cases} Ap + B = F\,[x, \varphi(x)] = \Phi(x), \\ Cq + D = F_1\,[y, \psi(y)] = \Psi(y). \end{cases}$$

La condition d'intégrabilité

$$[Ap + B, \quad Cq + D] = 0$$

nous donne alors les relations suivantes

$$A\frac{\partial C}{\partial z} = C\frac{\partial A}{\partial z}, \quad A\frac{\partial C}{\partial x} = C\frac{\partial B}{\partial z}, \quad A\frac{\partial D}{\partial z} = C\frac{\partial A}{\partial y}, \quad A\frac{\partial D}{\partial x} = C\frac{\partial B}{\partial y};$$

la première montre que le rapport $\frac{C}{A}$ est indépendant de z. Posons $C = Ae^{\lambda}$; les suivantes deviennent

$$A\frac{\partial \lambda}{\partial x} + \frac{\partial A}{\partial x} = \frac{\partial B}{\partial z},$$
$$\frac{\partial D}{\partial z} = e^{\lambda}\frac{\partial A}{\partial y},$$
$$\frac{\partial D}{\partial x} = e^{\lambda}\frac{\partial B}{\partial y}.$$

Différentions la seconde par rapport à x, la troisième par rapport à z et éliminons $\frac{\partial^2 D}{\partial x \partial z}$, il vient

$$\frac{\partial^2 A}{\partial x \partial y} + \frac{\partial A}{\partial y}\frac{\partial \lambda}{\partial x} = \frac{\partial^2 B}{\partial y \partial z}.$$

Enfin, si l'on différentie la première par rapport à y et qu'on compare à celle-ci, il reste

$$A\frac{\partial^2 \lambda}{\partial x \partial y} = 0.$$

On voit donc que le rapport $\frac{C}{A}$ est de la forme $\frac{\theta(x)}{\theta_1(y)}$, $\theta(x)$ ne dépendant que de x, et $\theta_1(y)$ ne dépendant que de y. Multiplions la première des équations (47) par $\theta(x)$, la seconde par $\theta_1(y)$, on a deux nouvelles équations de même forme où $A = C$

$$(48)\qquad \begin{cases} Ap + B = \theta(x)\,\Phi(x), \\ Aq + D = \theta_1(y)\,\Psi(y), \end{cases}$$

et les conditions d'intégrabilité sont

$$\frac{\partial A}{\partial x} = \frac{\partial B}{\partial z}, \quad \frac{\partial D}{\partial z} = \frac{\partial A}{\partial y}, \quad \frac{\partial D}{\partial x} = \frac{\partial B}{\partial y}.$$

On voit que A, B, C sont les trois dérivées partielles d'une même fonction $W(x, y, z)$

$$W(x, y, z) = \int A dz + B dx + D dy,$$

et les équations (48) peuvent s'écrire

$$\frac{\partial W}{\partial z} p + \frac{\partial W}{\partial x} = \theta(x)\,\Phi(x),$$
$$\frac{\partial W}{\partial z} q + \frac{\partial W}{\partial y} = \theta_1(y)\,\Psi(y).$$

L'intégrale générale est donc donnée par la formule

$$(49)\qquad W(x, y, z) = \int \theta(x)\,\Phi(x)\,dx + \int \theta_1(y)\,\Psi(y)\,dy;$$

on est bien ramené à des quadratures, comme nous l'avions annoncé.

42. Si on veut obtenir une surface intégrale passant par une courbe donnée et tangente à une développable donnée le long de cette courbe, les fonctions φ et ψ sont déterminées par là même, et les équations (46) auxquelles le problème est ramené en définitive s'intègrent par des quadratures. Donc, pour les équations du second ordre considérées ici, *la solution du problème de Cauchy se ramène à des quadratures.* On suppose, bien entendu, que l'on a obtenu les deux intégrales intermédiaires $u = \varphi(v)$, $u_1 = \psi(v_1)$, ce qui exige l'intégration préalable de deux systèmes complets.

Mais il est possible d'obtenir, pour l'intégrale générale de l'équation du second ordre, des formules où les fonctions arbitraires ne figurent sous aucun signe d'intégration. En effet, φ et ψ étant des fonctions arbitraires, il en est de même de $\theta(x)\,\Phi(x)$, et de $\theta_1(y)$, $\Psi(y)$, et on peut poser

$$\theta(x)\,\Phi(x)=\frac{dX}{dx},\quad \theta_1(y)\,\Psi(y)=\frac{dY}{dy},$$

X étant une fonction arbitraire de x, et Y une fonction arbitraire de y; l'intégrale générale des équations (48) est alors

$$W(x, y, z)=X+Y,$$

et renferme explicitement les deux fonctions arbitraires X et Y. Il en sera, par conséquent, de même pour les formules qui représentent l'intégrale générale de l'équation du second ordre.

48. On peut arriver au même résultat par une étude directe des équations de la forme (45)

$$(45\ bis)\qquad s-\lambda(x, y, z, p, q)=0.$$

Les équations différentielles des deux systèmes de caractéristiques sont respectivement

$$\begin{cases} dz-pdx-qdy=0,\\ dx=0,\\ dp=\lambda\,dy,\end{cases}\qquad \begin{cases} dz-pdx-qdy=0,\\ dy=0,\\ dq=\lambda\,dx.\end{cases}$$

Les équations linéaires, qui déterminent les intégrales intermédiaires correspondantes, sont

$$\begin{cases}\dfrac{\partial V}{\partial p}=0,\\[2mm] \dfrac{\partial V}{\partial x}+p\dfrac{\partial V}{\partial z}+\lambda\dfrac{\partial V}{\partial q}=0;\end{cases}\qquad \begin{cases}\dfrac{\partial V}{\partial q}=0,\\[2mm] \dfrac{\partial V}{\partial y}+q\dfrac{\partial V}{\partial z}+\lambda\dfrac{\partial V}{\partial p}=0.\end{cases}$$

Prenons, par exemple, le premier système. Il doit admettre une intégrale différente de $V=y$. La première équation montre que cette intégrale ne dépend pas de p; il en est donc de même de

$$\frac{\partial V}{\partial x},\quad \frac{\partial V}{\partial z},\quad \frac{\partial V}{\partial q},$$

et, par suite, λ doit être une fonction linéaire de p. On verra de même que, si le second système admet une autre intégrale que $V = y$, λ doit être une fonction linéaire de q ; λ doit donc être de la forme

$$\lambda = Apq + Bp + Cq + D,$$

A, B, C, D étant des fonctions de x, y, z seulement. Remplaçons λ par cette valeur dans le premier système ; la seconde équation devient

$$\frac{\partial V}{\partial x} + (Cq + D)\frac{\partial V}{\partial q} + p\left\{\frac{\partial V}{\partial z} + (Aq + B)\frac{\partial V}{\partial q}\right\} = 0$$

et, comme V ne dépend pas de p, on doit avoir séparément

$$\frac{\partial V}{\partial x} + (Cq + D)\frac{\partial V}{\partial q} = 0, \qquad \frac{\partial V}{\partial z} + (Aq + B)\frac{\partial V}{\partial q} = 0.$$

Pour que ces deux équations forment un système complet, il faut que l'on ait

$$\frac{\partial A}{\partial x} q + \frac{\partial B}{\partial x} + A(Cq + D) = \frac{\partial C}{\partial z} q + \frac{\partial D}{\partial z} + C(Aq + B),$$

c'est-à-dire :

$$\frac{\partial A}{\partial x} = \frac{\partial C}{\partial z}, \qquad \frac{\partial B}{\partial x} + AD = \frac{\partial D}{\partial z} + BC.$$

En exprimant de même que le second système admet une autre intégrale que $V = x$, on trouve les conditions

$$\frac{\partial A}{\partial y} = \frac{\partial B}{\partial z}, \qquad \frac{\partial C}{\partial y} + AD = \frac{\partial D}{\partial z} + BC;$$

on a donc à la fois

$$\frac{\partial A}{\partial x} = \frac{\partial C}{\partial z}, \qquad \frac{\partial A}{\partial y} = \frac{\partial B}{\partial z}, \qquad \frac{\partial C}{\partial y} = \frac{\partial B}{\partial x},$$

ce qui montre que A, B, C sont les trois dérivées partielles d'une fonction $-U(x, y, z)$

$$A = -\frac{\partial U}{\partial z}, \qquad B = -\frac{\partial U}{\partial y}, \qquad C = -\frac{\partial U}{\partial x};$$

on a ensuite

$$\frac{\partial D}{\partial z} + \frac{\partial U}{\partial z} D + \frac{\partial U}{\partial x}\frac{\partial U}{\partial y} + \frac{\partial^2 U}{\partial x \partial y} = 0,$$

d'où on tire

$$D = -e^{-U}\int e^{U}\left(\frac{\partial U}{\partial x}\frac{\partial U}{\partial y} + \frac{\partial^2 U}{\partial x\partial y}\right)dz - e^{-U}W(x, y$$

L'équation (45) *bis* est donc de la forme

$$s + \frac{\partial U}{\partial z}pq + \frac{\partial U}{\partial y}p + \frac{\partial U}{\partial x}q + e^{-U}\left\{W(x,y) + \int e^{U}\left(\frac{\partial U}{\partial x}\frac{\partial U}{\partial y} + \frac{\partial^2 U}{\partial x\partial y}\right)dz\right\} = 0,$$

U étant une fonction de x, y, z, et W une fonction de x et de y.

Soit maintenant V (x, y, z) une fonction indéterminée de x, y, z. Prenons-la pour nouvelle fonction inconnue ; on a

$$Z = V(x, y, z), \qquad P = \frac{\partial V}{\partial x} + \frac{\partial V}{\partial z}p,$$

$$S = \frac{\partial^2 Z}{\partial x\partial y} = \frac{\partial^2 V}{\partial x\partial y} + \frac{\partial^2 V}{\partial x\partial z}q + \frac{\partial^2 V}{\partial y\partial z}p + \frac{\partial^2 V}{\partial z^2}pq + \frac{\partial V}{\partial z}s.$$

L'équation $\frac{\partial^2 Z}{\partial x\partial y} = 0$ sera donc identique à l'équation précédente, pourvu que l'on ait

$$\frac{\frac{\partial^2 V}{\partial z^2}}{\frac{\partial V}{\partial z}} = \frac{\partial U}{\partial z}, \qquad \frac{\frac{\partial^2 V}{\partial y\partial z}}{\frac{\partial V}{\partial z}} = \frac{\partial U}{\partial y}, \qquad \frac{\frac{\partial^2 V}{\partial x\partial z}}{\frac{\partial V}{\partial z}} = \frac{\partial U}{\partial x},$$

$$\frac{\partial^2 V}{\partial x\partial y} = \frac{\partial V}{\partial z}e^{-U}\left\{W(x, y) + \int e^{U}\left(\frac{\partial U}{\partial x}\frac{\partial U}{\partial z} + \frac{\partial^2 U}{\partial x\partial y}\right)dz\right\}.$$

Il suffira de prendre pour cela

$$V = \int e^{U}dz + V_1(x,y),$$

$V_1(x, y)$ étant une intégrale de l'équation

$$\frac{\partial^2 V_1}{\partial x\partial y} = W(x, y).$$

On voit donc qu'il suffit d'un simple changement de fonction inconnue pour que l'équation prenne la forme

$$\frac{\partial^2 Z}{\partial x \partial y} = 0.$$

Nous pouvons, par conséquent, énoncer le théorème suivant : *Toutes les équations du second ordre qui admettent deux intégrales intermédiaires du premier ordre, contenant chacune une fonction arbitraire et appartenant à des caractéristiques différentes, peuvent se ramener, par une transformation de contact, à l'équation $s = 0$* (¹).

44. Appliquons les méthodes précédentes à l'équation

(50) $$(1 + q^2)s - pqt = 0,$$

qui définit les surfaces, pour lesquelles les sections faites par des plans parallèles au plan des yz sont des lignes de courbure. Les deux systèmes de caractéristiques sont définis par les équations

$$\begin{aligned} dz - pdx - qdy &= 0, \\ dx &= 0, \\ (1 + q^2)\,dp - pqdq &= 0, \end{aligned} \qquad \begin{aligned} dz - pdx - qdy &= 0, \\ pqdx + (1 + q^2)\,dy &= 0, \\ dq &= 0. \end{aligned}$$

On aperçoit immédiatement deux combinaisons intégrables dans chacun de ses systèmes, sans qu'il soit nécessaire de former les systèmes complets correspondants. Ces combinaisons sont, pour le premier système

$$dx = 0, \qquad d\left(\frac{p^2}{1 + q^2}\right) = 0$$

et, pour le second système

$$dq = 0, \qquad d(y + qz) = 0;$$

l'équation du second ordre admet donc les deux intégrales intermédiaires

$$\frac{p^2}{1 + q^2} = \varphi(x), \qquad y + qz = \psi(q).$$

(¹) Ce résultat a été obtenu par M. Sophus Lie et par M. Darboux dans les mémoires cités plus haut.

Pour appliquer la première méthode, prenons pour variables indépendantes x et q ; on tire des équations précédentes

$$p = \sqrt{1+q^2}\sqrt{\varphi(x)}, \qquad y = \psi(q) - zq,$$

et en les portant dans l'équation

$$dz = pdx + qdy,$$

il vient

$$dz = \sqrt{1+q^2}\sqrt{\varphi(x)}\,dx + q\psi'(q)\,dq - q^2dz - zqdq,$$

ou

$$d\left(z\sqrt{1+q^2}\right) = \sqrt{\varphi(x)}\,dx + \frac{q\psi'(q)}{\sqrt{1+q^2}}\,dq.$$

Comme φ et ψ sont deux fonctions arbitraires, on peut remplacer $\varphi(x)$ par $\varphi'^2(x)$ et effectuer le changement de variable

$$\frac{q}{\sqrt{1+q^2}} = \alpha, \qquad q = \frac{\alpha}{\sqrt{1-\alpha^2}}$$

en posant $\psi(q) = \theta'(\alpha)$. La formule qui donne z devient

$$d\left(z\sqrt{1+q^2}\right) = \varphi'(x)dx + \alpha\theta''(\alpha)\,d\alpha,$$

$$\frac{z}{\sqrt{1-\alpha^2}} = \varphi(x) + \alpha\theta'(\alpha) - \theta(\alpha).$$

Cette formule, jointe à la relation

$$y + qz = \psi(q)$$

ou

$$y + \frac{\alpha z}{\sqrt{1-\alpha^2}} = \theta'(\alpha),$$

représentent l'intégrale générale de l'équation proposée.

Pour ramener l'équation (50) à la forme canonique $s = 0$, il suffit de lui appliquer la transformation d'Ampère

$$x = x', \qquad y = q', \qquad z = z' - q'y', \qquad p = p', \qquad q = -y';$$

le premier système de caractéristiques devient

$$dx' = 0, \qquad (1 + y'^2)\,dp' - p'y'dy' = 0.$$

La nouvelle équation est donc

$$(1+y'^2)\,s'-p'y'=0,$$

et il suffit de poser $z'=\sqrt{1+y'^2}\,u$ pour avoir l'équation

$$\frac{\partial^2 u}{\partial x'\partial y'}=0,$$

45. L'équation $s=0$ admet les deux intégrales intermédiaires

$$p=\varphi(x), \qquad q=\psi(y).$$

Soient X, Y, Z, P, Q, cinq fonctions de x, y, z, p, q donnant lieu à l'identité

$$dZ-PdX-QdY=\rho\,(dz-pdx-qdy);$$

la transformation de contact

$$x'=X, \quad y'=Y, \quad z'=Z, \quad p'=P, \quad q'=Q,$$

appliquée à l'équation $s'=0$ conduit donc à une équation qui admet les deux intégrales intermédiaires

$$P=\varphi(X), \quad Q=\psi(Y),$$

et inversement, on obtient ainsi toutes les équations du second ordre, admettant deux intégrales intermédiaires, appartenant à des caractéristiques différentes, et dépendant chacune d'une fonction arbitraire. Comme exercice, on peut vérifier que les deux équations

$$\frac{D(P,X)}{D(x,y)}=0, \qquad \frac{D(Q,Y)}{D(x,y)}=0$$

sont équivalentes.

Remarque. — Étant données quatre fonctions *distinctes* de x, y, z, p, q, satisfaisant aux relations

$$[u,u_1]=0,\ [u,v_1]=0,\ [v,u_1]=0,\ [v,v_1]=0,\ [u,v]\gtreqless 0,\ [u_1,v_1]\gtreqless 0,$$

il existe toujours une équation du second ordre admettant les deux intégrales intermédiaires

$$u=\varphi(v), \quad u_1=\psi(v_1).$$

Considérons, en effet, l'équation du second ordre

$$\frac{D(u, v)}{D(x, y)} = 0,$$

qui est équivalente à l'équation du premier ordre $u - \varphi(v) = 0$ avec une fonction arbitraire φ. Les caractéristiques de cette équation du premier ordre sont données par l'intégration de l'équation linéaire

$$[u - \varphi(v), f] = 0,$$

qui admet les deux intégrales u_1 et v_1, quelle que soit φ. Toute intégrale de l'équation $u - \varphi(v) = 0$ satisfait donc aussi à une équation de la forme $u_1 - \psi(v_1) = 0$.

46. Considérons maintenant le cas où un seul des systèmes de caractéristiques admet deux combinaisons intégrables $du = 0$, $dv = 0$, tandis que le second système de caractéristiques admet une seule combinaison intégrable $dw = 0$. Les trois fonctions u, v, w sont distinctes, et on a

$$[u, v] \gtrless 0, \qquad [u, w] = 0, \qquad [v, w] = 0.$$

L'équation du second ordre admet l'intégrale intermédiaire

$$u - \varphi(v) = 0,$$

dont l'*intégration se ramène, quelle que soit la fonction arbitraire* φ, *à l'intégration d'une équation différentielle ordinaire du premier ordre.* On a, en effet, quelle que soit la fonction φ,

$$[u - \varphi(v), w] = 0;$$

si des deux équations

$$u - \varphi(v) = 0, \qquad w = a,$$

où a est une constante arbitraire, on tire deux des variables x, y, z, p, q en fonction des trois autres et qu'on porte ces valeurs dans l'équation

$$dz - pdx - qdy = 0,$$

on trouvera une équation aux différentielles totales complètement intégrable, dont l'intégration donnera une intégrale complète de l'équation

$u - \varphi(v) = 0$. Il sera commode d'introduire une nouvelle variable α en posant :

$$v = \alpha, \quad u = \varphi(\alpha), \quad w = a,$$

et de tirer trois des variables x, y, z, p, q en fonction des deux dernières et de la nouvelle variable α, puis de porter dans l'équation $dz - pdx - qdy = 0$.

La solution du problème de Cauchy est donc ramenée à l'intégration d'une équation différentielle du premier ordre ; mais il est, en général, impossible d'obtenir, pour l'intégrale générale, des formules où les fonctions arbitraires ne figurent sous aucun signe d'intégration, comme cela est possible dans les deux cas déjà examinés.

On peut encore opérer comme il suit. Imaginons qu'on ait effectué une transformation de contact de façon à ramener l'équation à la forme

$$(51) \qquad s = \lambda(x, y, z, p, q),$$

ce qui est possible, puisque chacun des systèmes de caractéristiques admet une combinaison intégrable. L'un des deux systèmes de caractéristiques de la nouvelle équation doit admettre deux combinaisons intégrables ; supposons que ce soit le système

$$dz - pdx - qdy = 0, \qquad dx = 0, \qquad dp - \lambda dy = 0.$$

Les équations linéaires correspondantes

$$(52) \qquad \begin{cases} \dfrac{\partial V}{\partial q} = 0, \\ \dfrac{\partial V}{\partial y} + q\dfrac{\partial V}{\partial z} + \lambda\dfrac{\partial V}{\partial p} = 0 \end{cases}$$

doivent admettre une autre intégrale commune que $V = x$; la première équation montre que cette intégrale sera indépendante de q. Elle sera donc de la forme $V = f(x, y, z, p)$, et l'équation (51) aura une intégrale intermédiaire de la forme

$$f(x, y, z, p) = \varphi(x),$$

que l'on peut intégrer comme une équation différentielle ordinaire à deux variables x et z.

Si les équations (52) admettent une intégrale, autre que $V = x$, ne dépendant pas de q, la seconde équation montre que λ sera de la forme

$$\lambda = Aq + B,$$

A et B étant des fonctions de x, y, z, p et la seconde équation (52) se dédouble en deux équations distinctes :

$$\frac{\partial V}{\partial y} + B\frac{\partial V}{\partial p} = 0, \qquad \frac{\partial V}{\partial z} + A\frac{\partial V}{\partial p} = 0,$$

qui doivent former un système jacobien ; ce qui exige que l'on ait

$$\frac{\partial B}{\partial z} + A\frac{\partial B}{\partial p} = \frac{\partial A}{\partial y} + B\frac{\partial A}{\partial p}.$$

On voit de même que la condition nécessaire et suffisante pour que l'équation

$$s = Cp + D,$$

où C et D sont des fonctions de x, y, z, q, admette une intégrale intermédiaire de la forme $f_1(x, y, z, q) = \psi(y)$, est exprimée par la relation

$$\frac{\partial D}{\partial z} + C\frac{\partial D}{\partial q} = \frac{\partial C}{\partial x} + D\frac{\partial C}{\partial q}.$$

Considérons, par exemple, une équation *linéaire* de la forme

$$s + ap + bq + cz = 0 \tag{53}$$

où a, b, c sont des fonctions de x, y seulement.

Écrivons-la

$$s = Cp + D$$

en posant

$$C = -a, \qquad D = -bq - cz;$$

la condition pour qu'elle admette une intégrale intermédiaire du premier ordre avec une fonction arbitraire de y est ici

$$\frac{\partial a}{\partial x} + ab - c = 0.$$

Si cette condition est remplie, l'équation peut en effet s'écrire

$$\frac{\partial}{\partial x}\left(\frac{\partial z}{\partial y} + az\right) + b\left(\frac{\partial z}{\partial y} + az\right) = 0;$$

elle admet par conséquent l'intégrale intermédiaire

(54) $$\frac{\partial z}{\partial y} + az = Ye^{-\int bdx},$$

Y désignant une fonction arbitraire de y. L'équation (54) peut être intégrée comme une équation linéaire du premier ordre ordinaire, et l'intégrale générale est donnée par la formule

$$z = e^{-\int ady}\left\{ X + \int Ye^{\int ady - \int bdx} dy \right\},$$

X étant une fonction arbitraire de x. On voit que l'une des fonctions arbitraires X figure explicitement dans cette formule, tandis que la seconde fonction arbitraire Y est engagée sous le signe $\int$. Tout pareillement, si on a

$$\frac{\partial b}{\partial y} + ab - c = 0,$$

l'équation proposée (53) admet l'intégrale intermédiaire

$$\frac{\partial z}{\partial x} + bz = Xe^{-\int ady},$$

et l'intégrale générale est

$$z = e^{-\int bdx}\left\{ Y + \int Xe^{\int bdx - \int ady} dx \right\}.$$

47. Prenons encore l'équation

(55) $$s - kpz = 0,$$

où k désigne une constante ; elle peut s'écrire

$$\frac{\partial}{\partial x}\left(\frac{\partial z}{\partial y} - \frac{kz^2}{2}\right) = 0$$

et admet, par conséquent, l'intégrale intermédiaire

$$\frac{\partial z}{\partial y} - \frac{kz^2}{2} = \varphi(y),$$

φ étant une fonction arbitraire. L'application de la méthode générale montre, d'ailleurs, qu'il n'en existe pas d'autre. Pour intégrer cette équation différentielle, remarquons qu'on peut poser

$$\varphi(y) = \psi'(y) - \frac{k}{2}\psi^2(y),$$

$\psi(y)$ étant aussi une fonction arbitraire de y, et, en faisant le changement de variable

$$z = \psi(y) + u,$$

l'équation devient

$$\frac{\partial u}{\partial y} - k\psi(y)\,u - \frac{k}{2}u^2 = 0.$$

Représentons $k\psi(y)$ par $\frac{\theta'(y)}{\theta(y)}$, et posons encore

$$u = v\theta(y)\,;$$

l'équation prend la forme

$$\frac{\partial v}{\partial y} - \frac{k}{2}\theta(y)\,v^2 = 0,$$

dont l'intégrale générale est

$$v = \frac{-2}{k(X+Y)},$$

X étant une fonction arbitraire de x, et Y une fonction arbitraire de y, égale à $\int \theta(y)\,dy$. On en déduit successivement

$$\theta(y) = Y', \quad \psi(y) = \frac{1}{k}\frac{Y''}{Y'},$$

$$u = \frac{-2Y'}{k(X+Y)},$$

de sorte que l'intégrale générale de l'équation proposée est donnée par la formule

$$z = \frac{1}{k}\frac{Y''}{Y'} - \frac{2Y'}{k(X+Y)}.$$

On ramène à l'équation (55) l'équation suivante

$$\frac{\partial^2 u}{\partial x \partial y} = e^{ku},$$

intégrée par Liouville [1] à l'aide de considérations géométriques. Si on pose en effet

$$\frac{\partial u}{\partial y} = z,$$

l'équation précédente peut s'écrire

$$\frac{\partial z}{\partial x} = e^{ku}.$$

Pour éliminer u entre ces deux relations, il suffit de différentier la seconde par rapport à y, ce qui nous donne

$$\frac{\partial^2 z}{\partial x \partial y} = ke^{ku}\frac{\partial u}{\partial y} = kz\,\frac{\partial z}{\partial x};$$

on retrouve bien l'équation (55) et on en conclut que l'intégrale générale de l'équation de Liouville est donnée par la formule [2]

$$e^{ku} = \frac{2X'Y'}{k\,(X+Y)^2}.$$

48. Lorsqu'un seul des systèmes de caractéristiques admet deux combinaisons intégrables $du = 0$, $dv = 0$, et que l'autre n'en admet aucune, l'équation du second ordre proposée admet l'intégrale intermé-

(1) MONGE, *Application de l'analyse à la géométrie*, 5e édition, corrigée par Liouville. Note IV, p. 591.

(2) On voit de même que l'intégrale générale de l'équation $\frac{\partial^2 u}{\partial x^2} + \frac{\partial^2 u}{\partial y^2} = e^{ku}$ est donnée par la formule

$$u = \frac{1}{k}\log\left(\frac{\left(\frac{\partial z}{\partial x}\right)^2 + \left(\frac{\partial z}{\partial y}\right)^2}{k\,\frac{z^2}{2}}\right)$$

z désignant une intégrale quelconque de l'équation de Laplace

$$\frac{\partial^2 z}{\partial x^2} + \frac{\partial^2 z}{\partial y^2} = 0.$$

diaire

$$u = \varphi(v),$$

mais les fonctions u et v peuvent être absolument quelconques. Tant qu'on ne particularisera pas la fonction φ, on ne pourra pas, en général, achever l'intégration. La solution du problème de Cauchy sera ramenée à l'intégration d'un système d'équations différentielles ordinaires.

Si aucun des systèmes d'équations différentielles qui définissent les caractéristiques n'offre deux combinaisons intégrables, la méthode de Monge ne permet pas d'obtenir l'intégrale générale de l'équation proposée. Elle permet seulement d'obtenir des intégrales dépendant d'une fonction arbitraire, lorsque l'un ou l'autre des systèmes admet une combinaison intégrable.

Nous avons déjà vu que, lorsque les deux systèmes offrent chacun une combinaison intégrable, l'équation est réductible à la forme simple

$$s = \lambda(x, y, z, p, q)$$

par une transformation de contact. Si un seul des systèmes de caractéristiques présente une combinaison intégrable, on peut toujours faire une transformation de contact, de façon que cette combinaison intégrable soit $dy = 0$. L'équation n'aura donc pas de terme en $rt - s^2$ (n° 26, p. 49) et sera de la forme

$$\mathrm{H}r + 2\mathrm{K}s + \mathrm{L}t + \mathrm{M} = 0.$$

Une des équations différentielles des caractéristiques est

$$\mathrm{H}dy^2 - 2\mathrm{K}\,dxdy + \mathrm{L}dx^2 = 0;$$

il faudra donc que l'on ait $\mathrm{L} = 0$, et la nouvelle équation aura la forme simple

$$\mathrm{H}r + 2\mathrm{K}s + \mathrm{M} = 0.$$

Nous allons appliquer ces transformations à quelques exemples.

49. Considérons l'équation [1]

$$x^4r - 4x^2qs + 3q^2t + 2x^3p = 0;$$

les équations différentielles des deux systèmes de caractéristiques sont

[1] Ampère, *Journal de l'École polytechnique*, 18e cahier, p. 174.

respectivement

$$dz - pdx - qdy = 0, \qquad dz - pdx - qdy = 0,$$
$$x^2dy + qdx = 0, \qquad x^2dy + 3qdx = 0,$$
$$x^2dp - 3qdq + 2pxdx = 0, \qquad x^2dp - qdq + 2pxdx = 0.$$

Les dernières équations de ces deux systèmes donnent, immédiatement, deux intégrales premières

$$px^2 - \frac{q^2}{2} = a, \qquad px^2 - \frac{3q^2}{2} = b,$$

et il est facile de vérifier, en appliquant la méthode générale, qu'il n'y en a pas d'autre. Pour avoir une troisième fonction en involution avec ces deux-là, il suffit d'intégrer le système formé par les deux équations précédentes. On en tire

$$p = \frac{a+b}{2x^2}, \qquad q = \sqrt{b-a},$$

et par suite

$$z = -\frac{a+b}{2x} + \sqrt{b-a}\, y + c.$$

Remplaçons a et b par leurs valeurs, les trois fonctions

$$X = px^2 - \frac{q^2}{2}, \qquad Y = px^2 - \frac{3q^2}{2}, \qquad Z = z + px - qy$$

forment un système en involution. Si nous portons ces valeurs de X, Y, Z dans la relation

$$dZ - PdX - QdY = \rho\,(dz - pdx - qdy),$$

nous trouvons

$$P = \frac{3}{2x} - \frac{y}{2q}, \qquad Q = \frac{y}{2q} - \frac{1}{2x}.$$

Inversement, en résolvant par rapport à x, y, z, p, q, on a les formules

$$x = \frac{1}{P+Q}, \quad y = (P+3Q)\sqrt{X-Y}, \quad q = \sqrt{X-Y}, \quad p = \frac{(3X-Y)(P+Q)^2}{2},$$
$$z = Z - \frac{(3X-Y)(P+Q)}{2} + (P+3Q)(X-Y)$$

qui définissent une transformation de contact. Appliquons-la à l'équation proposée ; le second système de caractéristiques devient

$$dZ - PdX - QdY = 0, \qquad dX = 0, \qquad 4(X - Y)dP + (P + 3Q)dY = 0.$$

La nouvelle équation est donc

$$4(X - Y)\frac{\partial^2 Z}{\partial X \partial Y} + \frac{\partial Z}{\partial X} + 3\frac{\partial Z}{\partial Y} = 0.$$

50. Étant donnée une équation

$$Hr + 2Ks + Lt = 0,$$

où les coefficients H, K, L ne dépendent que de p et q, les équations différentielles des caractéristiques sont, en désignant par λ_1 et λ_2 les deux racines de l'équation,

$$H\lambda^2 - 2K\lambda + L = 0,$$

$$\begin{array}{ll} dz - pdx - qdy = 0, & dz - pdx - qdy = 0, \\ dy - \lambda_1 dx = 0, & dy - \lambda_2 dx = 0, \\ H\lambda_1 dp + Ldq = 0, & H\lambda_2 dp + Ldq = 0. \end{array}$$

Comme H, L, λ_1, λ_2 ne dépendent que de p et de q, les deux équations

$$H\lambda_1 dp + Ldq = 0, \qquad H\lambda_2 dp + Ldq = 0.$$

donneront deux combinaisons intégrables

$$\mu_1 (H\lambda_1 dp + Ldq) = du(p, q) = 0,$$
$$\mu_2 (H\lambda_2 dp + Ldq) = dv(p, q) = 0,$$

μ_1 et μ_2 désignant deux facteurs intégrants. Les formules

$$X = u(p, q), \qquad Y = v(p, q), \qquad Z = z - px - qy$$

définissent une transformation de contact qui, appliquée à l'équation proposée, conduira à une équation ne renfermant que $\frac{\partial^2 Z}{\partial X \partial Y}$ comme dérivée de second ordre; il est facile de voir qu'elle contiendra linéairement les dérivées du premier ordre.

Appliquons ceci à l'équation aux dérivées partielles des *surfaces minima*

$$(56) \qquad (1 + q^2)r - 2pqs + (1 + p^2)t = 0.$$

Les équations différentielles des caractéristiques sont respectivement

$$\text{(A)}\quad \begin{cases} dz - pdx - qdy = 0, \\ (1+q^2)\,dy + \left(pq - i\sqrt{1+p^2+q^2}\right)dx = 0, \\ (1+q^2)\,dp - \left(pq + i\sqrt{1+p^2+q^2}\right)dq = 0; \end{cases}$$

$$\text{(B)}\quad \begin{cases} dz - pdx - qdy = 0, \\ (1+q^2)\,dy + \left(pq + i\sqrt{1+p^2+q^2}\right)dx = 0, \\ (1+q^2)\,dp - \left(pq - i\sqrt{1+p^2+q^2}\right)dq = 0. \end{cases}$$

La dernière des équations (A), résolue par rapport à p, donne

$$p = q\frac{dp}{dq} \pm i\sqrt{1+\left(\frac{dp}{dq}\right)^2}.$$

C'est une équation de Clairaut, dont l'intégrale générale est donnée par la formule

$$p = Cq \pm i\sqrt{1+C^2}$$

ou, en résolvant par rapport à C,

$$\frac{pq \pm i\sqrt{1+p^2+q^2}}{1+q^2} = C.$$

Si on a égard au signe du radical, on voit aisément que l'intégrale générale de la dernière des équations (A) est

$$\frac{pq - i\sqrt{1+p^2+q^2}}{1+q^2} = u\,(p, q) = C';$$

de même, l'intégrale générale de la dernière des équations (B) est

$$\frac{pq + i\sqrt{1+p^2+q^2}}{1+q^2} = v\,(p, q) = C''.$$

L'équation aux dérivées partielles des surfaces minima admet donc toutes les intégrales des équations du premier ordre

$$u\,(p, q) = C, \qquad v\,(p, q) = C'.$$

Le lecteur vérifiera facilement que les surfaces ainsi obtenues sont des cônes, ayant leur sommet en un point imaginaire du cercle de l'infini. Il y a aussi une intégrale intermédiaire singulière

$$1 + p^2 + q^2 = 0,$$

qui donne toutes les surfaces développables, circonscrites au cercle de l'infini.

Si on effectue la transformation de contact, définie par la formule

$$X = \frac{pq - i\sqrt{1 + p^2 + q^2}}{1 + q^2}, \ Y = \frac{pq + i\sqrt{1 + p^2 + q^2}}{1 + q^2}, \ Z = z - px - qy,$$

on est conduit à une équation ne renfermant qu'une dérivée du second ordre $\frac{\partial^2 Z}{\partial X \partial Y}$. Nous ne développerons pas le calcul, qui sera effectué tout à l'heure d'une façon plus générale. Remarquons seulement que, si on emploie la transformation de Legendre, l'équation (56) devient

$$(57) \qquad (1 + y^2) r + 2xys + (1 + x^2) t = 0$$

51. Soit encore

$$(58) \qquad Ar + 2Bs + Ct + Dp + Eq + Fz + G = 0$$

une équation linéaire du second ordre, où A, B, C, D, E, F, G, sont des fonctions quelconques de x, y.

D'une manière générale, supposons que l'on substitue aux variables x, y, deux nouvelles variables ξ, η, liées aux premières par les formules

$$x = \varphi(\xi, \eta), \qquad y = \psi(\xi, \eta);$$

on a

$$\frac{\partial z}{\partial x} = \frac{\partial z}{\partial \xi}\frac{\partial \xi}{\partial x} + \frac{\partial z}{\partial \eta}\frac{\partial \eta}{\partial x},$$

$$\frac{\partial z}{\partial y} = \frac{\partial z}{\partial \xi}\frac{\partial \xi}{\partial y} + \frac{\partial z}{\partial \eta}\frac{\partial \eta}{\partial y},$$

$$\frac{\partial^2 z}{\partial x^2} = \frac{\partial^2 z}{\partial \xi^2}\left(\frac{\partial \xi}{\partial x}\right)^2 + 2\frac{\partial^2 z}{\partial \xi \partial \eta}\frac{\partial \xi}{\partial x}\frac{\partial \eta}{\partial x} + \frac{\partial^2 z}{\partial \eta^2}\left(\frac{\partial \eta}{\partial x}\right)^2 + \frac{\partial z}{\partial \xi}\frac{\partial^2 \xi}{\partial x^2} + \frac{\partial z}{\partial \eta}\frac{\partial^2 \eta}{\partial x^2},$$

$$\frac{\partial^2 z}{\partial x \partial y} = \frac{\partial^2 z}{\partial \xi^2}\frac{\partial \xi}{\partial x}\frac{\partial \xi}{\partial y} + \frac{\partial^2 z}{\partial \xi \partial \eta}\left(\frac{\partial \xi}{\partial x}\frac{\partial \eta}{\partial y} + \frac{\partial \xi}{\partial y}\frac{\partial \eta}{\partial x}\right) + \frac{\partial^2 z}{\partial \eta^2}\frac{\partial \eta}{\partial x}\frac{\partial \eta}{\partial y} + \frac{\partial z}{\partial \xi}\frac{\partial^2 \xi}{\partial x \partial y} + \frac{\partial z}{\partial \eta}\frac{\partial^2 \eta}{\partial x \partial y},$$

$$\frac{\partial^2 z}{\partial y^2} = \frac{\partial^2 z}{\partial \xi^2}\left(\frac{\partial \xi}{\partial y}\right)^2 + 2\frac{\partial^2 z}{\partial \xi \partial \eta}\frac{\partial \xi}{\partial y}\frac{\partial \eta}{\partial y} + \frac{\partial^2 z}{\partial \eta^2}\left(\frac{\partial \eta}{\partial y}\right)^2 + \frac{\partial z}{\partial \xi}\frac{\partial^2 \xi}{\partial y^2} + \frac{\partial z}{\partial \eta}\frac{\partial^2 \eta}{\partial y^2},$$

et l'équation (58) se change en une nouvelle équation

$$(59)\quad A_1 \frac{\partial^2 z}{\partial \xi^2} + 2B_1 \frac{\partial^2 z}{\partial \xi \partial \eta} + C_1 \frac{\partial^2 z}{\partial \eta^2} + D_1 \frac{\partial z}{\partial \xi} + E_1 \frac{\partial z}{\partial \eta} + Fz + G = 0,$$

où on a

$$\begin{aligned}
A_1 &= A\left(\frac{\partial \xi}{\partial x}\right)^2 + 2B\frac{\partial \xi}{\partial x}\frac{\partial \xi}{\partial y} + C\left(\frac{\partial \xi}{\partial y}\right)^2,\\
B_1 &= A\frac{\partial \xi}{\partial x}\frac{\partial \eta}{\partial x} + B\left(\frac{\partial \xi}{\partial x}\frac{\partial \eta}{\partial y} + \frac{\partial \xi}{\partial y}\frac{\partial \eta}{\partial x}\right) + C\frac{\partial \xi}{\partial y}\frac{\partial \eta}{\partial y},\\
C_1 &= A\left(\frac{\partial \eta}{\partial x}\right)^2 + 2B\frac{\partial \eta}{\partial x}\frac{\partial \eta}{\partial y} + C\left(\frac{\partial \eta}{\partial y}\right)^2,\\
D_1 &= A\frac{\partial^2 \xi}{\partial x^2} + 2B\frac{\partial^2 \xi}{\partial x \partial y} + C\frac{\partial^2 \xi}{\partial y^2} + D\frac{\partial \xi}{\partial x} + E\frac{\partial \xi}{\partial y},\\
E_1 &= A\frac{\partial^2 \eta}{\partial x^2} + 2B\frac{\partial^2 \eta}{\partial x \partial y} + C\frac{\partial^2 \eta}{\partial y^2} + D\frac{\partial \eta}{\partial x} + E\frac{\partial \eta}{\partial y}.
\end{aligned}$$

Les coefficients A_1 et C_1 seront nuls si l'on prend pour ξ, η deux intégrales distinctes de l'équation

$$A\left(\frac{\partial \varphi}{\partial x}\right)^2 + 2B\frac{\partial \varphi}{\partial x}\frac{\partial \varphi}{\partial y} + C\left(\frac{\partial \varphi}{\partial y}\right)^2 = 0.$$

Si on a $B^2 - AC \neq 0$, l'équation

$$A\lambda^2 + 2B\lambda + C = 0$$

a ses deux racines distinctes λ_1 et λ_2 ; il suffira de prendre pour $\xi(x, y)$ une intégrale de l'équation

$$\frac{\partial \varphi}{\partial x} - \lambda_1 \frac{\partial \varphi}{\partial y} = 0;$$

et pour η une intégrale de l'équation

$$\frac{\partial \varphi}{\partial x} - \lambda_2 \frac{\partial \varphi}{\partial y} = 0.$$

Ceci est bien d'accord avec la théorie générale, car $d\xi(x, y) = 0$ et $d\eta(x, y) = 0$ sont alors deux combinaisons intégrables des équations différentielles des caractéristiques.

Ce calcul ne s'applique plus, lorsque $B^2 - AC = 0$. On peut alors prendre pour $\eta(x, y)$ une intégrale de l'équation

$$A \frac{\partial \varphi}{\partial x} + B \frac{\partial \varphi}{\partial y} = 0$$

et pour $\xi(x, y)$ une fonction quelconque distincte de celle-là. On aura alors pour la nouvelle équation

$$B_1 = C_1 = 0.$$

52. Lorsque les équations différentielles des caractéristiques n'admettent aucune combinaison intégrable, les méthodes précédentes ne permettent plus de ramener l'équation proposée à une forme plus simple. M. Imschenetsky a remarqué que, quand on connaît une intégrale d'une équation du second ordre, renfermant trois constantes arbitraires, on peut, par une transformation de contact, en déduire une autre équation ne renfermant pas de terme en $rt - s^2$. La proposition est facile à établir *a priori*.

En effet, si une équation du second ordre ne contient pas de terme en $rt - s^2$, l'équation qu'on en déduit par la transformation de Legendre ne renferme pas de terme indépendant de r, s, t, et inversement (p. 51). Or, une équation qui ne renferme pas de terme indépendant est caractérisée par la propriété suivante : elle admet pour intégrale une fonction linéaire quelconque de x et de y, $z = ax + by + c$. Cela posé, supposons qu'une équation de la forme (1) admette une famille d'intégrales dépendant de trois paramètres

$$\omega(x, y, z ; a, b, c) = 0 ; \tag{60}$$

on peut effectuer une transformation de contact, telle que ce complexe de surfaces devienne l'ensemble des plans de l'espace. Si on applique cette transformation à l'équation proposée, la nouvelle équation admettra donc, pour intégrale, une fonction linéaire quelconque, et il suffira de la transformation de Legendre pour être conduit à une équation linéaire en r, s, t.

L'ensemble de ces deux transformations équivaut à une transformation unique, qu'il est facile de définir. Considérons, en effet, la transformation de contact déduite de la relation fondamentale

$$\omega(x, y, z ; X, Y, Z) = 0. \tag{61}$$

Lorsque le point x, y, z décrit une surface S du complexe, correspondante aux valeurs a, b, c des paramètres, la surface Σ représentée par l'équation (61), où on regarde X, Y, Z comme les coordonnées courantes, passe constamment par le point

$$X = a, \quad Y = b, \quad Z = c.$$

A une surface du complexe correspond donc un point; si on effectue maintenant la transformation de Legendre, un point se change en un plan. La transformation de contact cherchée est donc celle qui est déduite de la relation fondamentale (61).

58. La détermination des intégrales intermédiaires donne lieu à une observation que nous avons laissée de côté, pour ne pas multiplier les remarques secondaires. Soient

$$\begin{gathered} dz = p\,dx + q\,dy, \\ H(x, y, z, p, q;\, dx, dy, dp, dq) = 0, \\ H_1(x, y, z, p, q;\, dx, dy, dp, dq) = 0, \end{gathered}$$

les équations différentielles de l'un des systèmes de caractéristiques, qui sont linéaires en dx, dy, dp, dq; si toutes les intégrales de l'équation du premier ordre

$$V = C^{te}.$$

satisfont à l'équation du second ordre proposée, la fonction V doit satisfaire à un système d'équations linéaires et homogènes, que l'on obtient en remplaçant dx, dy, dp, dq par

$$\frac{\partial V}{\partial p}, \frac{\partial V}{\partial q}, -\left(\frac{\partial V}{\partial x} + p\frac{\partial V}{\partial z}\right), -\left(\frac{\partial V}{\partial y} + q\frac{\partial V}{\partial z}\right)$$

respectivement, dans le système précédent, ou dans le système analogue relatif au second système de caractéristiques. Toutes les fois qu'une équation du second ordre admet des intégrales intermédiaires, dépendant d'une constante arbitraire, on les obtiendra certainement de cette façon. Mais, si une équation du second ordre admet une intégrale intermédiaire $V = 0$, ne dépendant pas d'une constante arbitraire, il n'est pas nécessaire que les relations linéaires obtenues en

$$\frac{\partial V}{\partial x}, \frac{\partial V}{\partial y}, \ldots$$

soient vérifiées identiquement, il suffira qu'elles le soient en tenant compte de la relation $V = 0$. On évite cette difficulté en supposant que de l'équation

$$V = 0$$

on ait tiré une des inconnues, z par exemple, en fonction des autres variables x, y, p, q,

$$z = \varphi(x, y, p, q).$$

Les équations obtenues pour V se changent en un système d'équations linéaires, mais non homogènes, qui déterminent la fonction $\varphi(x, y, p, q)$.

Reprenons, par exemple, l'équation des surfaces minima ; les équations auxquelles doit satisfaire une intégrale intermédiaire sont les suivantes

$$(1 + q^2)\left(\frac{\partial V}{\partial q}\right)^2 + 2pq\frac{\partial V}{\partial p}\frac{\partial V}{\partial q} + (1 + p^2)\left(\frac{\partial V}{\partial p}\right)^2 = 0$$
$$(1 + q^2)\frac{\partial V}{\partial q}\left(\frac{\partial V}{\partial x} + p\frac{\partial V}{\partial z}\right) + (1 + p^2)\frac{\partial V}{\partial p}\left(\frac{\partial V}{\partial y} + q\frac{\partial V}{\partial z}\right) = 0.$$

Si on y remplace V par $1 + p^2 + q^2$, le résultat de la substitution dans la première est

$$4(p^2 + q^2)(1 + p^2 + q^2);$$

ce résultat n'est pas identiquement nul, mais il est nul en tenant compte de la relation $V = 0$. L'équation des surfaces minima admet donc l'intégrale intermédiaire

$$1 + p^2 + q^2 = 0,$$

résultat déjà signalé plus haut (n° 50).

54. La méthode d'Ampère est, à certains égards, plus générale que celle de Monge ; elle se rattache aussi à la théorie des caractéristiques. Considérons, d'une manière générale, une équation du second ordre de la forme (1), et soient

$$(62)\qquad \left\{\begin{array}{l} dz - p\,dx - q\,dy = 0, \\ A\,dx + B\,dy + C\,dp + D\,dq = 0, \\ A'dx + B'dy + C'dp + D'dq = 0, \end{array}\right.$$

les équations différentielles d'un des systèmes de caractéristiques.

Soit S une surface intégrale; rapportons cette surface à un système de coordonnées curvilignes (α, β), les courbes $\beta = C^{te}$ étant précisément les caractéristiques de cette surface qui satisfont aux équations (62), et les courbes $\alpha = C^{te}$ étant absolument quelconques. Alors les coordonnées x, y, z d'un point de cette surface sont des fonctions des deux variables indépendantes α et β,

$$(63) \qquad x = f(\alpha, \beta), \qquad y = \varphi(\alpha, \beta), \qquad z = \psi(\alpha, \beta),$$

et ces trois fonctions doivent satisfaire aux conditions suivantes. Les valeurs de p et de q étant déterminées par les relations

$$(64) \qquad \left\{ \begin{aligned} \frac{\partial\psi}{\partial\alpha} &= p\frac{\partial f}{\partial\alpha} + q\frac{\partial\varphi}{\partial\alpha}, \\ \frac{\partial\psi}{\partial\beta} &= p\frac{\partial f}{\partial\beta} + q\frac{\partial\varphi}{\partial\beta}, \end{aligned} \right.$$

lorsque le paramètre β reste constant et que α varie seul, l'élément (x, y, z, p, q) doit décrire une multiplicité caractéristique, satisfaisant aux équations (62). On doit donc avoir

$$(65) \qquad \left\{ \begin{aligned} A\frac{\partial x}{\partial\alpha} + B\frac{\partial y}{\partial\alpha} + C\frac{\partial p}{\partial\alpha} + D\frac{\partial q}{\partial\alpha} &= 0, \\ A'\frac{\partial x}{\partial\alpha} + B'\frac{\partial y}{\partial\alpha} + C'\frac{\partial p}{\partial\alpha} + D'\frac{\partial q}{\partial\alpha} &= 0; \end{aligned} \right.$$

si on imagine qu'on ait remplacé x, y, z, p, q par leurs valeurs tirées des formules (63) et (64), on a ainsi deux équations simultanées, renfermant les dérivées partielles du second ordre, entre les trois fonctions f, φ, ψ. Inversement, si ces trois fonctions vérifient les deux relations (65), la surface représentée par les formules (63) est un lieu de multiplicités caractéristiques et, par suite, une surface intégrale (n° 24).

En appliquant ce procédé, on a donc seulement *deux* équations pour déterminer *trois* fonctions inconnues. Ceci tient à l'indétermination de la seconde famille de courbes coordonnées $\alpha = C^{te}$; on pourra, dans chaque cas particulier, choisir ces courbes coordonnées, de façon à simplifier les équations (65), si c'est possible. Par exemple, si les deux systèmes de caractéristiques de l'équation proposée sont distincts, on peut supposer que les courbes $\alpha = C^{te}$ représentent les caractéristiques du second système. On est ainsi conduit à ajouter aux équations (65) deux nouvelles équations de même forme, ce qui fait en tout *quatre* équations pour déterminer trois fonctions inconnues f, φ, ψ. Nous savons *a priori* que ces quatre équations sont compatibles, mais le problème paraît s'être compliqué.

Comme on peut changer α en $\pi(\alpha)$, β en $\chi(\beta)$, π et χ étant des fonctions arbitraires, les équations auxquelles on est conduit doivent conserver la même forme par ce changement, mais on peut quelquefois profiter de l'indétermination des fonctions $\pi(\alpha)$ et $\chi(\beta)$ pour simplifier le problème. Par exemple, lorsque l'un des systèmes de caractéristiques admet une combinaison intégrable

$$u(x, y, z, p, q) = \beta,$$

on peut prendre β pour paramètre correspondant de ce système de caractéristiques, et remplacer l'une des équations différentielles des caractéristiques par l'équation précédente. On procédera de la même façon si le second système de caractéristiques admet aussi une combinaison intégrable.

Considérons enfin le cas où les équations différentielles de l'un des systèmes de caractéristiques admettent deux combinaisons intégrables $du = 0$, et $dv = 0$, de sorte que l'équation du second ordre admet une intégrale intermédiaire avec une fonction arbitraire

$$v = \psi(u).$$

Pour fixer les idées, supposons que l'équation du second ordre renferme un terme en $rt - s^2$; si nous désignons par α, β les paramètres des deux systèmes de caractéristiques d'une surface intégrale, les coordonnées x, y, z d'un point de cette surface et les coefficients p, q du plan tangent doivent satisfaire aux six équations (n° 24)

$$\text{(A)} \quad \left\{ \begin{aligned} &\frac{\partial z}{\partial \alpha} - p\frac{\partial x}{\partial \alpha} - q\frac{\partial y}{\partial \alpha} = 0, \\ &N\frac{\partial p}{\partial \alpha} + L\frac{\partial x}{\partial \alpha} + \lambda_1\frac{\partial y}{\partial \alpha} = 0, \\ &N\frac{\partial q}{\partial \alpha} + \lambda_2\frac{\partial x}{\partial \alpha} + H\frac{\partial y}{\partial \alpha} = 0; \end{aligned} \right.$$

$$\text{(B)} \quad \left\{ \begin{aligned} &\frac{\partial z}{\partial \beta} - p\frac{\partial x}{\partial \beta} - q\frac{\partial y}{\partial \beta} = 0, \\ &N\frac{\partial p}{\partial \beta} + L\frac{\partial x}{\partial \beta} + \lambda_2\frac{\partial y}{\partial \beta} = 0, \\ &N\frac{\partial q}{\partial \beta} + \lambda_1\frac{\partial x}{\partial \beta} + H\frac{\partial y}{\partial \beta} = 0. \end{aligned} \right.$$

Si le système (B) admet les deux combinaisons intégrables $du = 0$, $dv = 0$, on peut remplacer les équations (B) par les suivantes

$$\text{(B')} \qquad \frac{\partial z}{\partial \beta} - p\frac{\partial x}{\partial \beta} - q\frac{\partial y}{\partial \beta} = 0, \quad \frac{\partial u}{\partial \beta} = 0, \quad \frac{\partial v}{\partial \beta} = 0;$$

le long d'une caractéristique du second système, u et v restent constants. On peut donc supposer que l'on a pris $u = \alpha$, et alors on a nécessairement $v = \psi(\alpha)$. Si des deux équations

$$u(x, y, z, p, q) = \alpha, \qquad v(x, y, z, p, q) = \psi(\alpha),$$

on tire deux des variables x, y, z, p, q en fonction des trois autres et de α, puis, qu'on porte ces expressions dans les équations (A), on est conduit à un système d'équations différentielles ordinaires, où n'entrent que des dérivées par rapport à la variable α. Ces équations étant intégrées, il restera à choisir les constantes arbitraires qui figurent dans l'intégrale, et qui dépendent de β, de façon à satisfaire à la dernière relation

$$\frac{\partial z}{\partial \beta} - p\frac{\partial x}{\partial \beta} - q\frac{\partial y}{\partial \beta} = 0.$$

Les calculs auxquels on est conduit sont identiques, il est aisé de s'en assurer, à ceux que l'on aurait à effectuer pour intégrer l'équation du premier ordre $v - \psi(u) = 0$ par la méthode de Cauchy. En effet, les équations différentielles des caractéristiques de cette équation sont

$$\frac{dx}{\frac{\partial v}{\partial p} - \psi'(u)\frac{\partial u}{\partial p}} = \frac{dy}{\frac{\partial v}{\partial q} - \psi'(u)\frac{\partial u}{\partial q}} = \frac{dz}{p\frac{\partial v}{\partial p} + q\frac{\partial v}{\partial q} - \psi'(u)\left\{p\frac{\partial u}{\partial p} + q\frac{\partial u}{\partial q}\right\}}$$
$$= \frac{-dp}{\frac{\partial v}{\partial x} + p\frac{\partial v}{\partial z} - \psi'(u)\left\{\frac{\partial u}{\partial x} + p\frac{\partial u}{\partial z}\right\}} = \frac{-dq}{\frac{\partial v}{\partial y} + q\frac{\partial v}{\partial z} - \psi'(u)\left\{\frac{\partial u}{\partial y} + q\frac{\partial u}{\partial z}\right\}};$$

ces équations admettent l'intégrale première

$$v - \psi(u) = 0;$$

prenons pour variable indépendante $u = \alpha$, et, par suite, posons $v = \psi(\alpha)$. Si de ces deux relations on tire deux des variables x, y, z, p, q, on peut remplacer les équations différentielles précédentes par trois des équations

$$\frac{\partial z}{\partial \alpha} - p\frac{\partial x}{\partial \alpha} - q\frac{\partial y}{\partial \alpha} = 0,$$

$$\frac{\frac{\partial x}{\partial \alpha}}{\frac{\partial v}{\partial p} - \psi'(u)\frac{\partial u}{\partial p}} = \frac{\frac{\partial y}{\partial \alpha}}{\frac{\partial v}{\partial q} - \psi'(u)\frac{\partial u}{\partial q}} = \frac{-\frac{\partial p}{\partial \alpha}}{\frac{\partial v}{\partial x} + p\frac{\partial v}{\partial z} - \psi'(u)\left\{\frac{\partial u}{\partial x} + p\frac{\partial u}{\partial z}\right\}}$$

$$= \frac{-\frac{\partial q}{\partial \alpha}}{\frac{\partial v}{\partial y} + q\frac{\partial v}{\partial z} - \psi'(u)\left\{\frac{\partial u}{\partial y} + q\frac{\partial u}{\partial z}\right\}};$$

mais u et v (n° 31) vérifient les deux équations simultanées

$$N\left(\frac{\partial f}{\partial x} + p\frac{\partial f}{\partial z}\right) - L\frac{\partial f}{\partial p} - \lambda_1\frac{\partial f}{\partial q} = 0,$$

$$N\left(\frac{\partial f}{\partial y} + q\frac{\partial f}{\partial z}\right) - \lambda_2\frac{\partial f}{\partial p} - H\frac{\partial f}{\partial q} = 0,$$

à l'aide desquelles on voit que les équations différentielles des caractéristiques entraînent les suivantes

$$N\frac{\partial p}{\partial \alpha} + L\frac{\partial x}{\partial \alpha} + \lambda_1\frac{\partial y}{\partial \alpha} = 0,$$

$$N\frac{\partial q}{\partial \alpha} + \lambda_2\frac{\partial x}{\partial \alpha} + H\frac{\partial y}{\partial \alpha} = 0.$$

Par suite, l'intégration de l'équation du premier ordre $v - \psi(u) = 0$ se ramène, au fond, à l'intégration des équations (A), et la méthode d'Ampère conduit, dans ce cas, aux mêmes calculs que celle de Monge. Mais cette méthode s'applique aussi quelquefois à des équations auxquelles la méthode de Monge est inapplicable. Ampère en a donné un exemple remarquable avec l'équation aux dérivées partielles des surfaces minima. Nous allons exposer rapidement ce calcul.

55. Soit à intégrer l'équation aux dérivées partielles

$$(1 + q^2)r - 2pqs + (1 + p^2)t = 0;$$

les équations différentielles des caractéristiques sont respectivement

$$(\mathrm{A})\quad \begin{cases} dz - p\,dx - q\,dy = 0, \\ dy + \dfrac{pq - i\sqrt{1+p^2+q^2}}{1+q^2}\,dx = 0, \\ dp - \dfrac{pq + i\sqrt{1+p^2+q^2}}{1+q^2}\,dq = 0; \end{cases}$$

$$(\mathrm{B})\quad \begin{cases} dz - p\,dx - q\,dy = 0, \\ dy + \dfrac{pq + i\sqrt{1+p^2+q^2}}{1+q^2}\,dx = 0, \\ dp - \dfrac{pq - i\sqrt{1+p^2+q^2}}{1+q^2}\,dq = 0; \end{cases}$$

le système (A) admet la combinaison intégrable

$$d\left(\frac{pq + i\sqrt{1+p^2+q^2}}{1+q^2}\right) = 0,$$

et le système (B) la combinaison intégrable

$$d\left(\frac{pq - i\sqrt{1+p^2+q^2}}{1+q^2}\right) = 0.$$

Imaginons que les coordonnées x, y, z d'un point d'une surface minima soient exprimées au moyen des deux paramètres α et β [1]

$$(66)\qquad \alpha = \frac{pq + i\sqrt{1+p^2+q^2}}{1+q^2}, \qquad \beta = \frac{pq - i\sqrt{1+p^2+q^2}}{1+q^2}$$

dont chacun correspond à un système de caractéristiques différent. Les équations différentielles des caractéristiques deviennent respectivement

$$(\mathrm{A}')\begin{cases} \dfrac{\partial z}{\partial \beta} - p\dfrac{\partial x}{\partial \beta} - q\dfrac{\partial y}{\partial \beta} = 0, \\ \dfrac{\partial y}{\partial \beta} + \beta\dfrac{\partial x}{\partial \beta} = 0, \\ pq + i\sqrt{1+p^2+q^2} - \alpha(1+q^2) = 0, \end{cases} \qquad (\mathrm{B}')\begin{cases} \dfrac{\partial z}{\partial \alpha} - p\dfrac{\partial x}{\partial \alpha} - q\dfrac{\partial y}{\partial \alpha} = 0, \\ \dfrac{\partial y}{\partial \alpha} + \alpha\dfrac{\partial x}{\partial \alpha} = 0, \\ pq - i\sqrt{1+p^2+q^2} - \beta(1+q^2) = 0, \end{cases}$$

α restant constant pour une caractéristique du premier système, et β,

[1] Les calculs du texte paraissent plus simples que ceux d'Ampère, parce qu'on a pris tout de suite α et β pour variables indépendantes.

pour une caractéristique du second système. Les trois fonctions x, y, z de α, β doivent donc satisfaire aux quatre équations

$$(67)\qquad \left\{\begin{aligned} &\frac{\partial z}{\partial\alpha} - p\frac{\partial x}{\partial\alpha} - q\frac{\partial y}{\partial\alpha} = 0,\\ &\frac{\partial z}{\partial\beta} - p\frac{\partial x}{\partial\beta} - q\frac{\partial y}{\partial\beta} = 0,\\ &\frac{\partial y}{\partial\alpha} + \alpha\frac{\partial x}{\partial\alpha} = 0,\\ &\frac{\partial y}{\partial\beta} + \beta\frac{\partial x}{\partial\beta} = 0, \end{aligned}\right.$$

les valeurs de p et de q étant déduites des dernières équations (A′) et (B′) qui donnent

$$p = \alpha q + i\sqrt{\alpha^2+1}, \qquad p = \beta q + i\sqrt{\beta^2+1},$$

ou

$$p = i\,\frac{\beta\sqrt{\alpha^2+1} - \alpha\sqrt{\beta^2+1}}{\beta-\alpha}, \qquad q = i\,\frac{\sqrt{\alpha^2+1} - \sqrt{\beta^2+1}}{\beta-\alpha}.$$

En différentiant les deux dernières équations (67) par rapport à α et β respectivement, il vient

$$\frac{\partial^2 y}{\partial\alpha\partial\beta} + \alpha\frac{\partial^2 x}{\partial\alpha\partial\beta} = 0, \qquad \frac{\partial^2 y}{\partial\alpha\partial\beta} + \beta\frac{\partial^2 x}{\partial\alpha\partial\beta} = 0,$$

et, par suite,

$$\frac{\partial^2 x}{\partial\alpha\partial\beta} = \frac{\partial^2 y}{\partial\alpha\partial\beta} = 0.$$

On voit que x, par exemple, est la somme d'une fonction de α et d'une fonction de β; soit

$$x = \varphi'(\alpha) + \psi'(\beta).$$

Il vient ensuite

$$\frac{\partial y}{\partial\alpha} = -\alpha\varphi''(\alpha), \qquad \frac{\partial y}{\partial\beta} = -\beta\psi''(\beta),$$

d'où on tire

$$y = \varphi(\alpha) - \alpha\varphi'(\alpha) + \psi(\beta) - \beta\psi'(\beta);$$

enfin la valeur de z est donnée par la formule

$$dz = pdx + qdy,$$

qui devient, en remplaçant x, y, p, q par leurs valeurs et en réduisant,

$$dz = i\sqrt{\alpha^2+1}\,\varphi''(\alpha)\,d\alpha + i\sqrt{\beta^2+1}\,\psi''(\beta)d\beta.$$

On a donc

$$z = i\int\sqrt{1+\alpha^2}\,\varphi''(\alpha)\,d\alpha + i\int\sqrt{1+\beta^2}\,\psi''(\beta)\,d\beta,$$

et il suffit de poser, avec Legendre,

$$\varphi(\alpha) = (1+\alpha^2)^{\frac{3}{2}}\,\Phi'(\alpha), \qquad \psi(\beta) = (1+\beta^2)^{\frac{3}{2}}\,\Psi'(\beta)$$

pour aboutir à des formules débarrassées de tout signe d'intégration [1].

56. Prenons encore l'équation plus générale

$$\text{(68)} \qquad Hr + 2Ks + Lt = 0,$$

où H, K et L sont des fonctions de p et q seulement, et soient λ_1, λ_2 les deux racines de l'équation

$$H\lambda^2 - 2K\lambda + L = 0;$$

les équations différentielles des deux systèmes de caractéristiques sont respectivement (n° 25)

$$\text{(A)} \qquad \begin{cases} dz - pdx - qdy = 0, \\ dy - \lambda_1\,dx = 0, \\ dp + \lambda_2\,dq = 0; \end{cases}$$

$$\text{(B)} \qquad \begin{cases} dz - pdx - qdy = 0, \\ dy - \lambda_2\,dx = 0, \\ dp + \lambda_1\,dq = 0; \end{cases}$$

comme λ_1 et λ_2 ne dépendent que de p et de q, on peut intégrer les deux dernières équations de chaque groupe comme des équations différentielles ordinaires à deux variables p et q. Soient $u(p, q) = C^{te}$ l'intégrale générale de l'équation $dp + \lambda_2\,dq = 0$, et $v(p, q) = C^{te}$ l'intégrale générale de l'équation $dp + \lambda_1\,dq = 0$. Étant donnée une surface inté-

[1] DARBOUX, *Théorie des surfaces*, t. I, p. 287.

grale de l'équation (68); imaginons, comme plus haut, qu'on ait exprimé x, y, z au moyen des deux paramètres $\alpha = u(p, q)$ et $\beta = v(p, q)$ qui conviennent aux deux systèmes de caractéristiques respectivement. Ces trois fonctions x, y, z de α, β doivent satisfaire aux quatre relations

$$(69) \quad \left\{ \begin{aligned} & \frac{\partial z}{\partial \alpha} - p\frac{\partial x}{\partial \alpha} - q\frac{\partial y}{\partial \alpha} = 0, \\ & \frac{\partial z}{\partial \beta} - p\frac{\partial x}{\partial \beta} - q\frac{\partial y}{\partial \beta} = 0, \\ & \frac{\partial y}{\partial \beta} - \mu\frac{\partial x}{\partial \beta} = 0, \\ & \frac{\partial y}{\partial \alpha} - \nu\frac{\partial x}{\partial \alpha} = 0; \end{aligned} \right.$$

p et q sont supposés remplacés par leurs valeurs déduites des formules

$$u(p, q) = \alpha, \qquad v(p, q) = \beta,$$

et μ, ν désignent ce que deviennent λ_1 et λ_2 quand on remplace p et q par leurs expressions. Le problème est donc ramené à l'intégration des équations (69). En égalant les deux valeurs de $\frac{\partial^2 y}{\partial \alpha \partial \beta}$ déduites des deux dernières relations (69), on parvient à l'équation

$$(70) \qquad (\mu - \nu)\frac{\partial^2 x}{\partial \alpha \partial \beta} + \frac{\partial \mu}{\partial \alpha}\frac{\partial x}{\partial \beta} - \frac{\partial \nu}{\partial \beta}\frac{\partial x}{\partial \alpha} = 0;$$

connaissant x, les formules (69) permettront ensuite de déterminer y et z par des quadratures. L'intégration d'une équation de la forme (68) est donc ramenée à l'intégration d'une équation de la forme (70); on a vu plus haut (n° 50) qu'une transformation de contact conduit à un résultat analogue, mais les équations obtenues par les deux méthodes sont différentes, comme on peut le voir déjà par l'exemple des surfaces minima.

Pour que le procédé qui a réussi pour l'intégration de l'équation aux dérivées partielles des surfaces minima s'applique avec le même succès à l'équation plus générale (68), il faut et il suffit que l'équation (70) se réduise à

$$\frac{\partial^2 x}{\partial \alpha \partial \beta} = 0,$$

c'est-à-dire que μ soit une fonction de la seule variable β, et ν une fonction de α. S'il en est ainsi, on a d'abord

$$x = \varphi(\alpha) + \psi(\beta), \tag{71}$$

puis

$$y = \int \nu\varphi'(\alpha)\, d\alpha + \int \mu\psi'(\beta)\, d\beta, \tag{72}$$

et z est donnée par l'équation

$$dz = p dx + q dy,$$

ou

$$dz = (p + q\nu)\, \varphi'(\alpha)\, d\alpha + (p + q\mu)\, \psi'(\beta)\, d\beta.$$

Pour que le second membre soit une différentielle exacte, quelles que soient les fonctions arbitraires φ et ψ, on doit avoir identiquement

$$\left(\frac{\partial p}{\partial \beta} + \frac{\partial q}{\partial \beta}\nu\right)\varphi'(\alpha) = \left(\frac{\partial p}{\partial \alpha} + \frac{\partial q}{\partial \alpha}\mu\right)\psi'(\beta)$$

et, par suite,

$$\frac{\partial p}{\partial \beta} + \frac{\partial q}{\partial \beta}\nu = \frac{\partial q}{\partial \alpha} + \frac{\partial p}{\partial \alpha}\mu = 0;$$

$p + q\nu$ est donc une fonction de α, $\varphi_1(\alpha)$, et $p + q\mu$ une fonction de β, $\psi_1(\beta)$. Il vient alors

$$z = \int \varphi_1(\alpha)\, \varphi'(\alpha)\, d\alpha + \int \psi_1(\beta)\, \psi'(\beta)\, d\beta; \tag{73}$$

les formules (71), (72), (73) représentent l'intégrale générale de l'équation proposée.

On peut obtenir pour cette intégrale des formules débarrassées de tout signe de quadrature. Remarquons d'abord que les formules précédentes mettent en évidence que les surfaces intégrales sont des *surfaces de translation*. Les courbes Γ, Γ' qui servent à définir la surface sont représentées respectivement par les équations (n° 30)

$$(\Gamma)\ \begin{cases} x = 2\varphi(\alpha), \\ y = 2\int \nu\varphi'(\alpha)\, d\alpha, \\ z = 2\int \varphi_1(\alpha)\, \varphi'(\alpha)\, d\alpha; \end{cases} \qquad (\Gamma')\ \begin{cases} x = 2\psi(\beta), \\ y = 2\int \mu\psi'(\beta)\, d\beta, \\ z = 2\int \psi_1(\beta)\, \psi'(\beta)\, d\beta; \end{cases}$$

quelles que soient les fonctions arbitraires φ et ψ, les tangentes aux courbes Γ et Γ' sont parallèles aux génératrices de deux cônes fixes. Prenons, par exemple, la courbe Γ, on a

$$\frac{dy}{dx} = \nu, \qquad \frac{dz}{dx} = \varphi_1(\alpha),$$

et l'élimination de α entre ces deux relations conduit à une équation indépendante de la forme de la fonction φ

$$F\left(\frac{dy}{dx}, \frac{dz}{dx}\right) = 0.$$

On voit donc que les tangentes à la courbe (Γ) sont parallèles aux génératrices du cône qui a pour équation

$$F\left(\frac{y}{x}, \frac{z}{x}\right) = 0;$$

on verrait de même que les tangentes à la courbe (Γ') sont parallèles aux génératrices d'un second cône, qui peut, du reste, être identique au premier, comme dans le cas des surfaces minima. Comme on peut obtenir pour ces courbes (Γ) et (Γ') des formules où ne figure aucun signe de quadrature [1], il en sera de même pour les formules qui représentent l'intégrale générale de l'équation considérée, qui appartient à la catégorie du n° 30.

Il est facile d'obtenir les conditions pour qu'une équation de la forme (68) puisse être intégrée de cette façon. Pour que λ_1 se réduise à une fonction de $v(p, q)$, il faut que $\lambda_1 = C^{te}$ représente l'intégrale générale de l'équation

$$dp + \lambda_1 dq = 0,$$

ou que cette équation soit une équation de Clairaut; il doit en être de même de la seconde équation

$$dp + \lambda_2 dq = 0,$$

et, par conséquent, l'équation

$$\text{(74)} \qquad H\,dp^2 + 2K\,dp\,dq + L\,dq^2 = 0,$$

qui est équivalente à l'ensemble des deux équations précédentes, doit

(1) *Équations du premier ordre*, p. 191.

se décomposer en deux équations de Clairaut. Le premier membre doit donc être une fonction de dp, dq, $qdp - pdq$, et cette condition nécessaire est suffisante.

Remarque. — Dans le cas où nous nous plaçons, l'intégrale générale de l'équation (74) peut être représentée par une ou plusieurs formules linéaires en p et q

$$p = Cq + f(C),$$

C désignant une constante arbitraire. La relation précédente est une intégrale intermédiaire de l'équation du second ordre ; cette équation linéaire du premier ordre, qui s'intègre immédiatement, admet pour intégrale générale les surfaces cylindriques dont les génératrices sont parallèles à une génératrice du cône dont il a été question plus haut, cette génératrice étant variable avec la constante C. Il y a aussi une intégrale du premier ordre, qui définit les surfaces développables dont les génératrices sont parallèles à celles du même cône (Cf. n° 50).

57. On peut reconnaître d'une autre manière si une équation de la forme

$$Hr + 2Ks + Lt = 0,$$

où H, K, L sont des fonctions de p, q, seulement, appartient à la catégorie précédente [1]. Considérons les deux directions situées dans un plan de coefficients angulaires p, q, définies par la relation

$$Hdy^2 - 2Kdxdy + Ldx^2 = 0;$$

l'équation du second ordre exprime que les deux directions précédentes sont conjuguées relativement à toutes les surfaces intégrales tangentes au plan de coefficients angulaires p, q. Si l'équation du second ordre appartient à la classe précédente, ces deux directions devront être parallèles aux génératrices d'un cône. Par conséquent, lorsque le plan de coefficients angulaires (p, q) tournera autour d'un point fixe de l'espace, de l'origine, par exemple, il y aura un lieu pour les droites précédentes ; on pourra donc éliminer p et q entre les deux équations

$$dz - pdx - qdy = 0,$$
$$Hdy^2 - 2Kdxdy + Ldx^2 = 0,$$

ce qui n'a pas lieu, en général, si les fonctions H, K, L sont quelconques.

[1] Sophus Lie, *Untersuchungen über translationflächen*, 1892 (*Berichte der Königl. Sächs. Gesellschaft der Wissenschaften*).

Lorsque cette condition est remplie, l'élimination de p et de q conduit à une relation homogène

$$F(dx, dy, dz) = 0$$

qui définit le cône ou les cônes dont les génératrices sont parallèles aux tangentes des courbes Γ et Γ'. On pourra donc obtenir sous forme explicite les formules qui représentent l'intégrale générale de l'équation du second ordre, sans avoir aucune intégration à effectuer.

On peut encore raisonner comme il suit. Si l'équation du second ordre définit des surfaces de translation, les plans tangents le long d'une caractéristique de l'un quelconque des systèmes enveloppent un cylindre et, par conséquent, tout le long d'une caractéristique, il doit y avoir une relation *linéaire* entre p et q. Par suite, l'équation différentielle

$$\mathrm{H}dp^2 + 2\mathrm{K}dpdq + \mathrm{L}dq^2 = 0,$$

qui est une conséquence des équations différentielles des caractéristiques, doit être une équation de Clairaut ; c'est le résultat trouvé au paragraphe précédent.

58. L'équation (70) s'intègre par des quadratures lorsque μ ne dépend que de β, ou lorsque ν ne dépend que de α. Supposons, par exemple, que μ ne dépende que de β : l'équation (70) devient, en posant

$$\frac{\partial \nu}{\partial \beta} = h(\mu - \nu),$$

$$(75) \qquad \frac{\partial^2 x}{\partial \alpha \partial \beta} = h \frac{\partial x}{\partial \alpha},$$

et on en tire successivement

$$\frac{\partial x}{\partial \alpha} = \Phi(\alpha) e^{\int h d\beta}$$

$$x = \int \Phi(\alpha) e^{\int h d\beta} d\alpha + \Psi(\beta),$$

$\Phi(\alpha)$ et $\Psi(\beta)$ étant des fonctions arbitraires. On a ensuite y et z par deux nouvelles quadratures [1].

Pour que μ ne dépende que de β, il faut et il suffit que l'intégrale

[1] Nous appliquons plus loin cette méthode à un exemple d'Ampère.

générale de l'équation

$$dp + \lambda_1 dq = 0$$

soit $\lambda_1 = C^{te}$, c'est-à-dire que l'équation différentielle

$$Hdp^2 + 2Kdpdq + Ldq^2 = 0$$

se dédouble en une équation de Clairaut et en une équation de forme quelconque. Géométriquement, cela signifie que *les développables circonscrites le long des caractéristiques de l'un des systèmes doivent être des cylindres ayant leurs génératrices parallèles à celles d'un certain cône.*

59. Nous terminerons ce chapitre en montrant comment on peut résoudre le problème de Cauchy pour les équations du second ordre considérées aux paragraphes précédents [1]. Les données sont les suivantes : on a deux cônes (T), (T') qui ne sont pas nécessairement distincts, une courbe gauche C dont chaque point M est associé à un plan P passant par la tangente en ce point. Il s'agit de trouver deux courbes gauches (Γ), (Γ'), dont les tangentes sont respectivement parallèles aux génératrices des deux cônes (T) et (T') et qui sont telles que la surface (Σ) décrite par le milieu d'un segment, dont une extrémité est sur la courbe (Γ) et l'autre extrémité sur (Γ'), passe par la courbe C et soit tangente en chaque point M de cette courbe au plan P corespondant. Supposons le problème résolu : soient *m*, *m'* les points des deux courbes (Γ), (Γ'), tels que le milieu du segment *m m'* soit le point M de la courbe C ; d'après le mode de génération de la surface (Σ), le plan tangent en M à cette surface est parallèle à la fois à la tangente en *m* à la courbe (Γ) et à la tangente en *m'* à la courbe (Γ') (n° 30). Il résulte de là que les directions de ces deux tangentes peuvent être regardées comme connues. Coupons, en effet, les deux cônes (T), (T') par un plan parallèle au plan P passant par leur sommet commun ; ce plan coupe chacun des deux cônes suivant un certain nombre de génératrices et, en associant ces génératrices deux à deux de toutes les manières possibles, on a un certain nombre de combinaisons à considérer. Prenons-en une en particulier ; les paramètres directeurs des tangentes en *m* et en *m'* aux deux courbes (Γ) et (Γ') sont alors des fonctions *connues* du paramètre variable λ dont dépendent les coordonnées du point M de la courbe C, et le problème à résoudre est équivalent à celui-ci :

(1) Sophus Lie, *loc. cit.*, p. 459.

Étant donnée une courbe C, prendre, à partir d'un point de cette courbe, un segment tel que la tangente à la courbe décrite par l'extrémité de ce segment ait pour coefficients angulaires u, v, w, tandis que la tangente à la courbe décrite par l'extrémité d'un segment égal au premier, porté en sens contraire, ait pour coefficients angulaires u', v', w'.

Soient X, Y, Z les projections du segment inconnu sur les axes ; les équations de condition sont les suivantes :

$$\frac{dx+dX}{u}=\frac{dy+dY}{v}=\frac{dz+dZ}{w},$$
$$\frac{dx-dX}{u'}=\frac{dy-dY}{v'}=\frac{dz-dZ}{w'},$$

et, en désignant respectivement par $d\rho$ et $d\sigma$ les valeurs de ces rapports, on peut écrire

$$\begin{aligned} dx+dX&=u\,d\rho, & dx-dX&=u'\,d\sigma,\\ dy+dY&=v\,d\rho, & dy-dY&=v'\,d\sigma,\\ dz+dZ&=w\,d\rho, & dz-dZ&=w'\,d\sigma, \end{aligned}$$

et, en éliminant dX, dY, dZ, on a, pour déterminer $d\rho$ et $d\sigma$, les trois relations

$$(76)\qquad \left\{\begin{aligned} 2dx&=u\,d\rho+u'\,d\sigma,\\ 2dy&=v\,d\rho+v'\,d\sigma,\\ 2dz&=w\,d\rho+w'\,d\sigma. \end{aligned}\right.$$

Ces trois relations sont compatibles, car le déterminant

$$\begin{vmatrix} dx & u & u' \\ dy & v & v' \\ dz & w & w' \end{vmatrix}$$

est nul, puisque les tangentes à la courbe C et aux deux courbes inconnues (Γ) et (Γ') sont parallèles à un même plan. On déduira donc $d\sigma$ et $d\rho$ des relations (76), et on aura ensuite X, Y, Z par des quadratures. On pouvait prévoir *a priori* qu'on ne pourrait obtenir une solution plus simple, puisque la surface (Σ) ne change pas quand on fait subir à la courbe (Γ) une certaine translation, pourvu qu'on fasse subir à la courbe (Γ') une translation égale à la première et de sens contraire.

Exemple I. — Reprenons le problème de Cauchy pour l'équation

$s = 0$; soient

$$x = f_1(\theta), \quad y = f_2(\theta), \quad z = f_3(\theta), \quad p = \psi_1(\theta), \quad q = \psi_2(\theta)$$

les formules qui définissent la courbe donnée C et la normale à la surface le long de cette courbe, ces fonctions $f_1, f_2, f_3, \psi_1, \psi_2$, vérifiant la relation

$$(77) \qquad f_3'(\theta) = \psi_1(\theta) f_1'(\theta) + \psi_2(\theta) f_2'(\theta).$$

Les cônes (T) et (T') se réduisent ici respectivement au plan des xz et au plan des yz, de sorte qu'on peut prendre

$$u = 0, \quad v = 1, \quad w = \psi_2(\theta), \quad u' = 1, \quad v' = 0, \quad w' = \psi_1(\theta),$$

et les formules générales (76) deviennent

$$2f_1'(\theta)\,d\theta = d\sigma, \quad 2f_2'(\theta)\,d\theta = d\rho, \quad 2f_3'(\theta)\,d\theta = \psi_2(\theta)\,d\rho + \psi_1(\theta)\,d\sigma.$$

On en tire

$$\rho = 2f_2(\theta), \qquad \sigma = 2f_1(\theta),$$
$$dX = -dx, \quad dY = dy, \quad dZ = 2\psi_2(\theta) f_2'(\theta)\,d\theta - f_3'(\theta)\,d\theta\,;$$

on peut donc prendre pour équations de la courbe (Γ)

$$(\Gamma) \qquad \left\{ \begin{aligned} x_1 &= x + X = 0, \\ y_1 &= y + Y = 2f_2(\theta), \\ z_1 &= z + Z = 2\int \psi_2(\theta) f_2'(\theta)\,d\theta\,; \end{aligned} \right.$$

la courbe (Γ') aura de même pour équations, en désignant par une lettre différente τ le paramètre variable,

$$(\Gamma') \qquad \left\{ \begin{aligned} x_2 &= x - X = 2f_1(\tau), \\ y_2 &= y - Y = 0, \\ z_2 &= z - Z = 2f_3(\tau) - 2\int \psi_2(\tau) f_2'(\tau)\,d\tau. \end{aligned} \right.$$

La formule qui donne z_2 peut encore s'écrire, en tenant compte de la relation (77),

$$z_2 = 2\int \psi_1(\tau) f_1'(\tau)\,d\tau,$$

et la surface cherchée est représentée par les équations

$$x = \frac{x_1 + x_2}{2} = f_1(\tau), \qquad y = \frac{y_1 + y_2}{2} = f_2(\theta),$$
$$z = \frac{z_1 + z_2}{2} = \int \psi_1(\tau) f_1'(\tau)\, d\tau + \int \psi_2(\theta) f_2'(\theta)\, d\theta.$$

Le résultat est identique à celui que nous avons obtenu plus haut (n° 32).

Exemple II. — Proposons-nous encore de traiter le problème de Cauchy pour les surfaces minima. Soient x, y, z les coordonnées d'un point d'une courbe donnée C, α, β, γ les cosinus directeurs de la normale à la surface cherchée le long de la courbe C; x, y, z, α, β, γ sont six fonctions d'une variable θ, satisfaisant aux relations

$$\alpha\, dx + \beta\, dy + \gamma\, dz = 0,$$
$$\alpha^2 + \beta^2 + \gamma^2 = 1.$$

Le plan $\alpha x + \beta y + \gamma z = 0$ coupe le cône (T) qui a ici pour équation

$$x^2 + y^2 + z^2 = 0$$

suivant deux génératrices dont les paramètres directeurs sont respectivement

$$u = \beta^2 + \gamma^2, \qquad v = -\alpha\beta + i\gamma, \qquad w = -\alpha\gamma - i\beta,$$
$$u' = \beta^2 + \gamma^2, \qquad v' = -\alpha\beta - i\gamma, \qquad w' = -\alpha\gamma + i\beta.$$

Les formules (76) deviennent

$$2dx = (\beta^2 + \gamma^2)(d\rho + d\sigma),$$
$$2dy = -\alpha\beta(d\rho + d\sigma) + i\gamma(d\rho - d\sigma),$$
$$2dz = -\alpha\gamma(d\rho + d\sigma) - i\beta(d\rho - d\sigma);$$

on en tire

$$u\,d\rho = (\beta^2 + \gamma^2)\, d\rho = dx + i(\beta dz - \gamma dy),$$

et, par suite,

$$X = i \int \beta dz - \gamma dy.$$

Les valeurs de Y et de Z s'obtiennent aussi sans difficulté, mais on peut les déduire de la valeur de X par des permutations circulaires

$$Y = i\int \gamma dx - \alpha dz,$$

$$Z = i\int \alpha dy - \beta dx;$$

les courbes minima (Γ), (Γ'), dont on peut déduire la surface minima cherchée, sont donc représentées respectivement par les équations

$$(\Gamma) \begin{cases} x_1 = x + i\int \beta dz - \gamma dy, \\ y_1 = y + i\int \gamma dx - \alpha dz, \\ z_1 = z + i\int \alpha dy - \beta dx; \end{cases} \qquad (\Gamma') \begin{cases} x_2 = x - i\int \beta dz - \gamma dy, \\ y_2 = y - i\int \gamma dx - \alpha dz, \\ z_2 = z - i\int \alpha dy - \beta dx. \end{cases}$$

Nous retrouvons ainsi les formules de M. Schwarz [1].

[1] *Miscellen aus dem Gebiete der Minimalflächen* (Journal de Crelle, t. LXXXX, 1875).

CHAPITRE III

APPLICATIONS DIVERSES

Surfaces de Joachimstal. — Surfaces de Monge. — Surfaces à lignes de courbure planes dans les deux systèmes. — Le problème de la représentation sphérique. — Intégration des équations $Xpt + rt - s^2 = 0$, $qr + (zq - p)s - pzt = 0$. — Équations dont les caractéristiques sont des lignes asymptotiques, ou des lignes de courbure, ou des lignes conjuguées. — Intégration de l'équation $(r - pt)^2 = q^2rt$.

60. J'ai réuni dans ce chapitre un certain nombre d'exemples empruntés, pour la plupart, à la théorie des surfaces. En traitant ces exemples, j'ai voulu seulement montrer l'application des procédés généraux d'intégration, sans m'occuper de mettre le résultat sous la forme la plus simple possible.

Exemple I. — *Surfaces de Joachimstal.* — Proposons-nous de déterminer les surfaces dont les lignes de courbure de l'un des systèmes sont des courbes planes dont les plans passent par une droite fixe.

Prenons cette droite fixe pour axe des z. L'équation différentielle des projections sur le plan des xy des lignes de courbure est :

$$\frac{dx(1+p^2)+pqdy}{rdx+sdy} = \frac{pqdx+dy(1+q^2)}{sdx+tdy};$$

cette équation doit être satisfaite lorsque dx et dy sont proportionnels à x et à y respectivement. L'équation aux dérivées partielles des surfaces cherchées est, par conséquent,

$$\text{(1)} \qquad Hr + 2Ks + Lt = 0,$$

les coefficients H, 2K, L ayant les valeurs suivantes :

$$(2)\quad \begin{cases} H = pqx^2 + (1+q^2)xy, \\ 2K = (1+q^2)y^2 - (1+p^2)x^2, \\ L = -(1+p^2)xy - pqy^2. \end{cases}$$

On a, pour les équations différentielles des caractéristiques (nº 25)

$$Hdpdy + Ldqdx = 0,$$
$$Hdy^2 - 2Kdxdy + Ldx^2 = 0;$$

de la dernière on tire, en remplaçant H, K, L par leurs expressions et en résolvant, les deux valeurs suivantes de $\frac{dy}{dx}$,

$$\frac{dy}{dx} = \frac{y}{x}, \qquad \frac{dy}{dx} = -\frac{(1+p^2)x + pqy}{pqx + (1+q^2)y},$$

que l'on porte ensuite dans la première relation, et, finalement, les deux systèmes de caractéristiques sont définis par les équations suivantes

$$(A)\quad \begin{cases} dz - pdx - qdy = 0, \\ xdy - ydx = 0, \\ \{(1+q^2)y + pqx\}\,dp - \{pqy + (1+p^2)x\}\,dq = 0; \end{cases}$$

$$(B)\quad \begin{cases} dz - pdx - qdy = 0, \\ xdp + ydq = 0, \\ xdx + ydy + (px+qy)(pdx+qdy) = 0. \end{cases}$$

On aperçoit immédiatement une combinaison intégrable dans chacun de ces deux systèmes, à savoir :

$$d\left(\frac{y}{x}\right) = 0, \qquad d(z - px - qy) = 0;$$

pour savoir s'il en existe d'autres, appliquons la méthode générale. Conformément à cette méthode, nous avons à chercher les intégrales des deux systèmes d'équations linéaires (3) et (4)

$$(3)\quad \begin{cases} x\frac{\partial V}{\partial q} - y\frac{\partial V}{\partial p} = 0, \\ \{y(1+q^2) + pqx\}\left\{\frac{\partial V}{\partial x} + p\frac{\partial V}{\partial z}\right\} - \{pqy + (1+p^2)x\}\left\{\frac{\partial V}{\partial y} + q\frac{\partial V}{\partial z}\right\} = 0; \end{cases}$$

$$(4)\quad \begin{cases} x\left(\frac{\partial V}{\partial x} + p\frac{\partial V}{\partial z}\right) + y\left(\frac{\partial V}{\partial y} + q\frac{\partial V}{\partial z}\right) = 0, \\ x\frac{\partial V}{\partial p} + y\frac{\partial V}{\partial q} + (px+qy)\left(p\frac{\partial V}{\partial p} + q\frac{\partial V}{\partial q}\right) = 0. \end{cases}$$

Considérons d'abord le système (3); l'intégrale générale de la première équation de ce système est

$$V = F(x, y, z, u) \tag{5}$$

en posant, pour abréger, $u = px + qy$. Cherchons à déterminer la fonction F, de façon à satisfaire aussi à la seconde des équations (3); cette équation devient, avec les variables x, y, z, u,

$$\frac{\partial F}{\partial x}(y + qu) - \frac{\partial F}{\partial y}(x + pu) + \left(\frac{\partial F}{\partial u} + \frac{\partial F}{\partial z}\right)(py - qx) = 0,$$

ou, en remplaçant p par $\frac{u - qy}{x}$,

$$x\frac{\partial F}{\partial x}(y + qu) - \frac{\partial F}{\partial y}(x^2 + u^2 - qyu) + \left(\frac{\partial F}{\partial u} + \frac{\partial F}{\partial z}\right)(uy - qx^2 - qy^2) = 0$$

et, comme la fonction F ne doit dépendre que de x, y, z, u, le coefficient de q et le terme indépendant de q doivent être nuls séparément. La fonction F doit donc vérifier les deux équations simultanées

$$\tag{6} \left\{ \begin{aligned} & xu\frac{\partial F}{\partial x} + yu\frac{\partial F}{\partial y} - (x^2 + y^2)\left(\frac{\partial F}{\partial u} + \frac{\partial F}{\partial z}\right) = 0, \\ & xy\frac{\partial F}{\partial x} - x^2\frac{\partial F}{\partial y} - u^2\frac{\partial F}{\partial y} + yu\left(\frac{\partial F}{\partial u} + \frac{\partial F}{\partial z}\right) = 0; \end{aligned} \right.$$

l'élimination de $\frac{\partial F}{\partial u} + \frac{\partial F}{\partial z}$ conduit à une équation plus simple

$$y\frac{\partial F}{\partial x} - x\frac{\partial F}{\partial y} = 0, \tag{7}$$

qui peut remplacer la dernière des équations (6).

Appliquons le même procédé au nouveau système; l'intégrale générale de l'équation (7) est

$$F = \Phi(z, u, v), \qquad v = x^2 + y^2,$$

et, en portant cette expression de F dans la première des équations (6), elle devient

$$2u\frac{\partial \Phi}{\partial v} - \frac{\partial \Phi}{\partial u} - \frac{\partial \Phi}{\partial z} = 0,$$

dont l'intégrale générale est

$$\Phi\,(z - u, u^2 + v).$$

En revenant au système (3), on en conclut que ce système admet deux intégrales distinctes

$$z - px - qy, \quad \text{et} \quad x^2 + y^2 + (px + qy)^2.$$

Traitons de la même façon le système (4); toute intégrale de la première équation de ce système est de la forme

$$V = F\,(p, q, u, v)$$

en posant $u = \frac{y}{x}$, $v = px + qy - z$; prenons pour variables indépendantes

$$p, q, u, v, z,$$

la seconde équation du système (4) devient

$$\left\{\frac{v+z}{p+qu} + p(v+z)\right\}\left\{\frac{\partial F}{\partial p} + \frac{v+z}{p+qu}\frac{\partial F}{\partial v}\right\} + \left\{\frac{u(v+z)}{p+qu} + q(v+z)\right\}\left\{\frac{\partial F}{\partial q} + \frac{u(v+z)}{p+qu}\frac{\partial F}{\partial v}\right\} = 0.$$

Comme la fonction F ne doit pas contenir z, le coefficient de z^2 doit être nul, ainsi que le coefficient de z et le terme indépendant. Il faut donc que l'on ait $\frac{\partial F}{\partial v} = 0$, c'est-à-dire que la fonction F ne renferme que les variables p, q, u; par la suppression du facteur $v + z$, il reste une seule équation de condition

$$\{p\,(p + qu) + 1\}\frac{\partial F}{\partial p} + \{q\,(p + qu) + u\}\frac{\partial F}{\partial q} = 0,$$

dont l'intégration se ramène à celle de l'équation différentielle

$$udp - dq + (p + qu)\,(qdp - pdq) = 0,$$

qui rentre dans un type classique, en prenant pour nouvelle inconnue le rapport $\frac{q}{p}$. On trouve ainsi que l'intégrale générale de cette équation différentielle est donnée par la relation

$$\frac{pu - q}{u\sqrt{1 + p^2 + q^2}} = C^{te}.$$

Les équations (4) admettent donc deux intégrales communes distinctes

$$\frac{y}{x}, \qquad \frac{py - qx}{y\sqrt{1 + p^2 + q^2}}.$$

En résumé, l'équation du second ordre proposée admet deux intégrales intermédiaires appartenant à deux systèmes de caractéristiques différents, et dépendant chacune d'une fonction arbitraire,

$$x^2 + y^2 + (px + qy)^2 = \varphi\,(z - px - qy),$$
$$\frac{py - qx}{y\sqrt{1 + p^2 + q^2}} = \psi\left(\frac{y}{x}\right);$$

on peut donc ramener cette équation à la forme canonique $s = 0$ par une transformation de contact; mais, avant d'effectuer cette réduction, nous remarquerons que les résultats obtenus jusqu'ici peuvent être interprétés géométriquement. Les équations (A) admettent, d'après ce qui précède, les deux intégrales premières

$$\frac{y}{x} = C, \qquad \frac{py - qx}{y\sqrt{1 + p^2 + q^2}} = C',$$

dont la première montre que les caractéristiques de ce système sont des courbes planes, dont le plan passe par l'axe des z; ce sont donc les lignes de courbure des surfaces intégrales. La seconde équation exprime, il est aisé de s'en assurer, que le plan $y = Cx$ coupe la surface sous un angle constant.

Le système (B) admet de même les deux intégrales premières

$$z - px - qy = C, \qquad x^2 + y^2 + (px + qy)^2 = C',$$

d'où on tire aussi

$$x^2 + y^2 + (z - C)^2 = C',$$

équation qui montre que les caractéristiques du second système sont situées sur des sphères ayant leur centre sur l'axe des z. La relation

$$z - px - qy = C$$

prouve que le plan tangent le long d'une caractéristique rencontre l'axe des z en un point fixe; la développable circonscrite se réduit donc à un cône. Enfin, la sphère précédente coupe la surface orthogonalement, car les cosinus directeurs de la normale à la sphère sont proportionnels à x, y, $z - C$, et ceux de la normale à la surface sont proportionnels à p, q, -1. Les caractéristiques du second système sont donc aussi les lignes de courbure du second système des surfaces intégrales.

Pour ramener l'équation (1) à la forme canonique $s = 0$, on peut d'abord commencer par ramener l'équation à une autre ne renfermant que s comme dérivée du second ordre; il suffit pour cela (n° 41) de trouver une troisième fonction formant avec $\frac{y}{x}$ et $z - px - qy$ un système en involution. En procédant comme plus haut, on trouve que $p + q\frac{y}{x}$ satisfait à cette condition; posons

$$x' = z - px - qy, \qquad y' = \frac{y}{x}, \qquad z' = p + q\frac{y}{x},$$

et déterminons p' et q' par la condition que l'on ait :

$$dz' - p'dx' - q'dy' = \rho(dz - pdx - qdy),$$

il vient :

$$p' = -\frac{1}{x}, \qquad q' = q.$$

Si inversement on résout ces relations par rapport à x, y, z, p, q, on a une tranformation de contact définie par les formules

$$(8) \quad x = -\frac{1}{p'}, \quad y = -\frac{y'}{p'}, \quad z = x' - \frac{z'}{p'}, \quad p = z' - q'y', \quad q = q'$$

Les équations (B) du second système de caractéristiques peuvent s'écrire

$$d(z - px - qy) = 0, \qquad d\left\{x^2 + y^2 + (px + qy)^2\right\} = 0;$$

après la transformation de contact, elles deviennent :

$$dx' = 0, \qquad d\left(\frac{1 + y'^2 + z'^2}{p'^2}\right) = 0.$$

La nouvelle équation aux dérivées partielles est, par conséquent,

$$(1 + y'^2 + z'^2)\, s' - p'y' - p'q'z' = 0\,;$$

si on prend pour inconnue nouvelle

$$U = L \left\{ z' + \sqrt{1 + y'^2 + z'^2} \right\},$$

elle se réduit à

$$\frac{\partial^2 U}{\partial x' \partial y'} = 0.$$

L'intégrale générale est donc représentée par la formule

$$z' + \sqrt{1 + y'^2 + z'^2} = XY,$$

X désignant une fonction arbitraire de x', et Y une fonction arbitraire de y'; on en tire

$$z' = \frac{X^2Y^2 - (1 + y'^2)}{2\,XY}$$

et les formules (8) donnent alors l'intégrale générale de l'équation proposée, pourvu qu'on y remplace z' par la valeur précédente, p' par $\frac{\partial z'}{\partial x'}$, et q' par $\frac{\partial z'}{\partial y'}$. On a ainsi les coordonnées d'un point de la surface intégrale exprimées en fonction des deux variables indépendantes x' et y', qui sont les paramètres des lignes de courbure.

61. Exemple II. — *Surfaces de Monge.* — Cherchons les surfaces dont les lignes de courbure de l'un des systèmes sont situées sur des sphères concentriques. Le centre des sphères étant pris pour origine des coordonnées, on a, pour une ligne de courbure sphérique, les trois relations

$$\frac{dx + pdz}{rdx + sdy} = \frac{dy + qdz}{sdx + tdy},$$

$$dz = pdx + qdy,$$

$$xdx + ydy + zdz = 0\,;$$

en remplaçant dz par sa valeur et éliminant le rapport $\frac{dy}{dx}$, on parvient à l'équation aux dérivées partielles des surfaces cherchées

$$Hr + 2Ks + Lt = o, \tag{9}$$

les coefficients H, 2K, L ayant les valeurs suivantes :

$$H = pq(y + qz)^2 - (1 + q^2)(x + pz)(y + qz),$$
$$2K = (1 + q^2)(x + pz)^2 - (1 + p^2)(y + qz)^2,$$
$$L = (1 + p^2)(x + pz)(y + qz) - pq(x + pz)^2.$$

Les caractéristiques sont données par les deux équations (n° 25)

$$Hdy^2 - 2K\,dxdy + Ldx^2 = o,$$
$$Hdpdy + Ldqdx = o\,;$$

remplaçons H, K, L, par leurs expressions, et résolvons la première équation ; nous en tirons deux valeurs pour $\frac{dy}{dx}$,

$$-\frac{x + pz}{y + qz}, \qquad \frac{pqx - y(1 + p^2) - qz}{pqy - x(1 + q^2) - pz}.$$

En portant ces deux valeurs dans la seconde relation, on trouve les équations différentielles des deux systèmes de caractéristiques

$$(A)\left\{\begin{array}{l} dz - pdx - qdy = o, \\ (x + pz)\,dx + (y + qz)\,dy = o, \\ \{pqy - x(1+q^2) - pz\}\,dp + \{pqx - y(1+p^2) - qz\}\,dq = o\,; \end{array}\right.$$

$$(B)\left\{\begin{array}{l} dz - pdx - qdy = o, \\ (y + qz)\,dp - (x + pz)\,dq = o, \\ \{pqy - x(1+q^2) - pz\}\,dy - \{pqx - y(1+p^2) - qz\}\,dx = o. \end{array}\right.$$

Les systèmes d'équations linéaires correspondantes sont respectivement

$$(10)\left\{\begin{array}{l} [p(px+qy-z) - x(1+p^2+q^2)]\dfrac{\partial V}{\partial q} - [q(px+qy-z) - y(1+p^2+q^2)]\dfrac{\partial V}{\partial p} = o, \\ (y + qz)\dfrac{\partial V}{\partial x} - (x + pz)\dfrac{\partial V}{\partial y} + (py - qx)\dfrac{\partial V}{\partial z} = o\,; \end{array}\right.$$

$$(11)\begin{cases}(x+pz)\dfrac{\partial V}{\partial p}+(y+qz)\dfrac{\partial V}{\partial q}=0,\\ [p(px+qy-z)-x(1+p^2+q^2)]\left(\dfrac{\partial V}{\partial x}+p\dfrac{\partial V}{\partial z}\right)\\ \qquad+[q(px+qy-z)-y(1+p^2+q^2)]\left(\dfrac{\partial V}{\partial y}+q\dfrac{\partial V}{\partial z}\right)=0,\end{cases}$$

Considérons d'abord le système (10) ; la dernière équation de ce système s'intègre sans difficulté, et l'intégrale générale est une fonction arbitraire de $p, q, px+qy-z, x^2+y^2+z^2$. Choisissons pour variables indépendantes

$$p,\ z,\quad px+qy-z=u,\quad x^2+y^2+z^2=v,\quad 1+p^2+q^2=w;$$

le système (10) devient, en posant $V=F(u, v, w, p, z)$,

$$\frac{\partial F}{\partial z}=0,$$

$$\frac{wy-qu}{py-qx}\frac{\partial F}{\partial p}+u\frac{\partial F}{\partial u}+2w\frac{\partial F}{\partial w}=0.$$

La première équation montre que F ne doit pas dépendre de z, et, comme le coefficient de $\dfrac{\partial F}{\partial p}$ contient z explicitement, quand on l'exprime au moyen des variables u, v, w, p, z, il faut que l'on ait séparément

$$\frac{\partial F}{\partial p}=0\qquad u\frac{\partial F}{\partial u}+2w\frac{\partial F}{\partial w}=0.$$

La fonction F ne dépend donc que de u, v, w et son expression générale est, d'après la dernière relation,

$$F=\Phi\left(v, \frac{u^2}{w}\right),$$

Φ désignant une fonction arbitraire. Le système (10) admet donc deux intégrales distinctes

$$x^2+y^2+z^2,\qquad \frac{(px+qy-z)^2}{1+p^2+q^2}.$$

En traitant de la même manière le système (11), on trouve qu'il admet les deux intégrales distinctes

$$\frac{y+qz}{x+pz}, \qquad \frac{qx-py}{x+pz};$$

l'équation considérée est donc intégrable par la méthode de Monge.

Les résultats obtenus s'interprètent géométriquement comme il suit. Le système (A) d'équations différentielles admet les deux intégrales

$$x^2+y^2+z^2=C, \qquad \frac{px+qy-z}{\sqrt{1+p^2+q^2}\sqrt{x^2+y^2+z^2}}=C',$$

dont la première exprime que les caractéristiques du premier système sont situées sur des sphères concentriques, tandis que la seconde exprime que le plan tangent à la surface le long de cette caractéristique fait un angle constant avec le rayon de la sphère. En s'appuyant sur cette propriété connue des lignes de courbure sphériques, on aurait pu écrire immédiatement l'intégrale intermédiaire

$$\frac{px+qy-z}{\sqrt{1+p^2+q^2}\sqrt{x^2+y^2+z^2}}=\Phi(x^2+y^2+z^2)$$

de l'équation aux dérivées partielles considérée.

Le second système (B) admet les deux intégrales

$$\frac{y+qz}{x+pz}=C, \qquad \frac{qx-py}{x+pz}=C';$$

on en tire d'abord la relation

$$y-Cx+C'z=0,$$

qui prouve que les caractéristiques du second système sont des courbes planes, dont le plan passe constamment par l'origine. On a ensuite

$$q-Cp-C'=0,$$

relation qui montre que le plan précédent est normal à la surface en tous les points de la caractéristique située dans ce plan. Ces caractéristiques sont par conséquent les lignes de courbure du second système.

Il est aisé de déduire de là le mode de génération indiqué par

Monge. Les plans des lignes de courbure du second système enveloppent évidemment un cône ayant son sommet à l'origine ; comme chacun de ces plans coupe la surface à angle droit, cette surface s'obtient en associant les trajectoires orthogonales de ces plans. Or, on sait que, lorsqu'un plan mobile roule sans glisser sur un cône, un point de ce plan décrit une trajectoire orthogonale. Les surfaces cherchées s'obtiennent donc en prenant *les positions successives d'une courbe plane arbitraire dont le plan roule sans glisser sur un cône arbitraire.*

Pour appliquer la méthode générale (n° 41), nous ramènerons d'abord l'équation (9) à une autre équation ne renfermant qu'une dérivée du second ordre. Il suffit pour cela de trouver une fonction Z en involution avec $x^2+y^2+z^2$ et $\dfrac{x+pz}{y+qz}$. Toute fonction qui satisfait à la relation

$$[x^2+y^2+z^2, Z] = 2\frac{\partial Z}{\partial p}(x+pz) + 2\frac{\partial Z}{\partial q}(y+qz) = 0,$$

est de la forme

$$Z = F\left(x, y, z, \frac{x+pz}{y+qz}\right).$$

Posons, pour abréger, $u = \dfrac{x+pz}{y+qz}$; on a l'égalité

$$[u, Z] = \frac{\partial F}{\partial x}[u, x] + \frac{\partial F}{\partial y}[u, y] + \frac{\partial F}{\partial z}[u, z] = 0,$$

ou

$$\frac{z}{y+qz}\frac{\partial F}{\partial x} - \frac{z(x+pz)}{(y+qz)^2}\frac{\partial F}{\partial y} + \frac{\partial F}{\partial z}\left\{\frac{pz}{y+qz} - \frac{qz(x+pz)}{(y+qz)^2}\right\} = 0$$

ce qu'on peut encore écrire

$$\left(\frac{\partial F}{\partial x} - u\frac{\partial F}{\partial y}\right) + \frac{\partial F}{\partial z}(p-qu) = 0.$$

Comme F ne doit renfermer que x, y, z, u, on doit avoir séparément :

$$\frac{\partial F}{\partial z} = 0, \qquad \frac{\partial F}{\partial x} - u\frac{\partial F}{\partial y} = 0,$$

et F est de la forme

$$F(u, y+ux).$$

On a donc un système de trois fonctions en involution en prenant

$$X = x^2 + y^2 + z^2, \quad Y = \frac{x + pz}{y + qz}, \quad Z = y + x\frac{x + pz}{y + qz};$$

au moyen de l'identité

$$dZ - PdX - QdY = \rho\,(dz - pdx - qdy),$$

on trouve ensuite qu'il faut prendre

$$P = \frac{1}{2(y + qz)}, \qquad Q = x.$$

Inversement, les formules

$$(12) \quad \begin{cases} x = Q, \quad y = Z - QY, \quad z = \sqrt{X - Q^2 - (Z - QY)^2}, \\ p = \dfrac{\dfrac{Y}{2P} - Q}{\sqrt{X - Q^2 - (Z - QY)^2}}, \quad q = \dfrac{\dfrac{1}{2P} - Z + QY}{\sqrt{X - Q^2 - (Z - QY)^2}} \end{cases}$$

définissent une transformation de contact.

Appliquons cette transformation à l'équation (9). Les équations du second système de caractéristiques peuvent s'écrire

$$dz - pdx - qdy = 0, \quad d\left(\frac{y + qz}{x + pz}\right) = 0, \quad d\left(\frac{qx - py}{x + pz}\right) = 0;$$

après la transformation elles deviennent

$$dZ - PdX - Q\,dY = 0, \quad dY = 0, \quad d\left\{\frac{Q(1 + Y^2) - YZ}{\sqrt{X - Q^2 - (Z - QY)^2}}\right\} = 0,$$

et la nouvelle équation est, toutes réductions faites,

$$(13) \quad \frac{\partial^2 Z}{\partial X \partial Y} = \frac{-Z}{X + XY^2 - Z^2}PQ + \frac{XY}{X + XY^2 - Z^2}P + \frac{1 + Y^2}{2(X + XY^2 - Z^2)}Q - \frac{YZ}{2(X + XY^2 - Z^2)}$$

Cette équation rentre dans le type du n° 43 (p. 88). On pourrait appliquer la méthode générale, mais on arrive plus vite en remarquant que cette équation admet l'intégrale intermédiaire

$$\frac{Q(1 + Y^2) - YZ}{\sqrt{X - Q^2 - (Z - QY)^2}} = \varphi(Y),$$

qui peut s'écrire, en résolvant par rapport à Q et changeant un peu les notations,

$$\frac{Q - \frac{YZ}{1+Y^2}}{\sqrt{X(1+Y^2) - Z^2}} = \psi(Y),$$

$\psi(Y)$ étant encore une fonction arbitraire de Y. Le premier membre de cette équation n'est autre chose que :

$$\frac{\partial}{\partial Y}\left\{\arc\sin\frac{Z}{\sqrt{X(1+Y^2)}}\right\};$$

l'intégrale générale de l'équation (13) est, par conséquent, donnée par la formule

$$Z = \sqrt{X(1+Y^2)}\sin\{\theta(X) + \theta_1(Y)\},$$

θ et θ_1 désignant des fonctions arbitraires. Les formules (12) donnent ensuite x, y, z, exprimées au moyen des deux variables indépendantes X et Y.

62. Exemple III. — *Surfaces à lignes de courbure planes.* — Quand une surface a un système de lignes de courbure planes, on sait que les courbes sphériques correspondantes, dans le mode de représentation de Gauss, sont aussi des courbes planes, c'est-à-dire des cercles, et réciproquement. Si une surface a ses lignes de courbure planes dans les deux systèmes, la représentation sphérique devra donc se composer de deux familles de cercles orthogonales, c'est-à-dire, comme l'a démontré M. O. Bonnet, de deux familles de cercles dont les plans passent respectivement par deux droites fixes, conjuguées l'une de l'autre par rapport à la sphère. Le problème est donc celui-ci : *Trouver les surfaces dont la représentation sphérique d'un des systèmes de lignes de courbure se compose de cercles passant par deux points fixes de la sphère.*

Écrivons l'équation du plan tangent à la surface cherchée sous la forme

$$\alpha(X - iY) + \beta(X + iY) - (1 - \alpha\beta)Z = u,$$

α et β étant les paramètres des génératrices de la sphère [1].

L'équation différentielle des lignes de courbure est, dans ce système

[1] Darboux, *Théorie des surfaces*, t. I, p. 246.

de variables,

$$\frac{\partial^2 u}{\partial \alpha^2} d\alpha^2 = \frac{\partial^2 u}{\partial \beta^2} d\beta^2; \tag{14}$$

si on a pris pour point de vue l'un des points fixes de la sphère par où passent tous les cercles qui sont les images des lignes de courbure d'un système, les perspectives de ces cercles sont des droites passant par un point fixe (a, b) ; ces petits cercles seront représentés avec les variables (α, β) par l'équation

$$\varphi(\alpha, \beta) = \frac{\beta - (a - ib)}{\alpha - (a + ib)} = C^{te}.$$

L'équation (14) doit donc admettre toutes les solutions de l'équation

$$\frac{\partial \varphi}{\partial \alpha} d\alpha + \frac{\partial \varphi}{\partial \beta} d\beta = 0,$$

ce qui exige que l'on ait

$$\left(\frac{\partial \varphi}{\partial \beta}\right)^2 \frac{\partial^2 u}{\partial \alpha^2} - \left(\frac{\partial \varphi}{\partial \alpha}\right)^2 \frac{\partial^2 u}{\partial \beta^2} = 0,$$

ou

$$\{\alpha - (a + ib)\}^2 \frac{\partial^2 u}{\partial \alpha^2} - \{\beta - (a - ib)\}^2 \frac{\partial^2 u}{\partial \beta^2} = 0. \tag{15}$$

Pour employer les notations ordinaires, remplaçons

$$\alpha - (a + ib), \qquad \beta - (a - ib), \qquad u$$

par x, y, z respectivement, l'équation à intégrer s'écrit

$$x^2 r - y^2 t = 0. \tag{16}$$

Les équations différentielles des caractéristiques sont respectivement

$$\text{(A)} \begin{cases} dz - pdx - qdx = 0, \\ xdy - ydx = 0, \\ xdp - ydq = 0; \end{cases} \qquad \text{(B)} \begin{cases} dz - pdx - qdy = 0, \\ xdy + ydx = 0, \\ xdp + ydq = 0; \end{cases}$$

il est inutile de recourir à la méthode générale, car on aperçoit aisément deux combinaisons intégrables pour chacun des systèmes

$$d\left(\frac{y}{x}\right) = 0, \qquad d\left(p - q\frac{y}{x}\right) = 0,$$

pour le premier système, et

$$d(xy) = 0, \qquad d(z - px - qy) = 0$$

pour le second système. L'équation (16) peut donc être ramenée à la forme canonique $s = 0$. Pour effectuer cette transformation, prenons d'abord deux nouvelles variables

$$xy = x', \qquad \frac{y}{x} = y';$$

on a

$$p = \frac{\partial z}{\partial x'} y - \frac{\partial z}{\partial y'}\frac{y}{x^2}, \qquad q = \frac{\partial z}{\partial x'} x + \frac{\partial z}{\partial y'}\frac{1}{x},$$

$$r = \frac{\partial^2 z}{\partial x'^2} y^2 - 2\frac{\partial^2 z}{\partial x' \partial y'}\frac{y^2}{x^2} + \frac{\partial^2 z}{\partial y'^2}\frac{y^2}{x^4} + 2\frac{\partial z}{\partial y'}\frac{y}{x^3},$$

$$t = \frac{\partial^2 z}{\partial x'^2} x^2 + 2\frac{\partial^2 z}{\partial x' \partial y'} + \frac{\partial^2 z}{\partial y'^2}\frac{1}{x^2};$$

par ce changement de variables, l'équation (16) devient

$$(17) \qquad 2x'\frac{\partial^2 z}{\partial x' \partial y'} = \frac{\partial z}{\partial y'}$$

ou, en posant $z = Z\sqrt{x'}$,

$$\frac{\partial^2 Z}{\partial x' \partial y'} = 0.$$

L'intégrale générale de l'équation (16) est donc

$$z = \sqrt{x'}\,\{\varphi(x') + \psi(y')\}$$

ou, en revenant aux variables x, y, et modifiant un peu les notations,

$$z = \varphi(xy) + x\psi\left(\frac{y}{x}\right).$$

REMARQUE I. — Lorsqu'une équation est linéaire, par rapport à z et à ses dérivées p, q, r, s, t, il est évident que la somme de deux intégrales est aussi une intégrale. Cette remarque permet d'écrire immédiatement l'intégrale générale de l'équation (16). On sait, en effet, qu'elle admet toutes les intégrales des deux équations du premier ordre

$$px - qy = 0, \qquad z - px - qy = 0$$

qui sont respectivement $z = \varphi(xy)$, $z = x\psi\left(\frac{y}{x}\right)$; l'intégrale générale s'obtient en faisant la somme de ces deux intégrales particulières, qui dépendent chacune d'une fonction arbitraire.

Remarque II. — Si les deux droites conjuguées par rapport à la sphère se réduisent à deux droites rectangulaires tangentes à la sphère en un même point, les perspectives des petits cercles qui sont les images des lignes de courbure se réduisent à des droites parallèles. On peut supposer qu'on a pris les axes de telle façon que ces droites aient pour équation

$$\varphi(\alpha, \beta) = \alpha + \beta = C^{te}$$

l'équation à intégrer est alors

$$r = t,$$

et l'intégrale générale est

$$z = \varphi(x + y) + \psi(x - y).$$

68. Exemple IV. — La recherche des surfaces admettant une représentation sphérique donnée se ramène, d'après ce qui précède, à l'intégration d'une équation de la forme

$$r = \lambda^2(x, y)\, t; \tag{18}$$

nous allons chercher, comme exercice, à quelles conditions doit satisfaire la fonction $\lambda(x, y)$ pour que l'équation (18) soit intégrable par la méthode de Monge. Les équations différentielles des caractéristiques sont respectivement

$$\text{(A)} \begin{cases} dy - \lambda dx = 0, \\ dp - \lambda dq = 0, \\ dz - pdx - qdy = 0, \end{cases} \qquad \text{(B)} \begin{cases} dy + \lambda dx = 0, \\ dp + \lambda dq = 0, \\ dz - pdx - qdy = 0, \end{cases}$$

et les systèmes d'équations linéaires correspondants sont

$$\frac{\partial V}{\partial q} \mp \lambda \frac{\partial V}{\partial p} = 0, \qquad \frac{\partial V}{\partial x} + p\frac{\partial V}{\partial z} \mp \lambda \frac{\partial V}{\partial y} \mp \lambda q \frac{\partial V}{\partial z} = 0,$$

les signes $\pm$ se correspondant dans les deux équations. Prenons par exemple le signe —; nous avons à rechercher dans quels cas les deux équations

$$\frac{\partial V}{\partial q} - \lambda \frac{\partial V}{\partial p} = 0, \tag{19}$$

$$\frac{\partial V}{\partial x} + p \frac{\partial V}{\partial z} - \lambda \frac{\partial V}{\partial y} - \lambda q \frac{\partial V}{\partial z} = 0 \tag{20}$$

admettent deux intégrales communes distinctes. L'intégrale générale de la première équation est

$$V = F(x, y, z, p + \lambda q).$$

Prenons pour variables indépendantes x, y, z, q, $u = p + \lambda q$; la première équation devient

$$\frac{\partial F}{\partial q} = 0,$$

et la seconde devient

$$\frac{\partial F}{\partial x} + q\lambda'_x \frac{\partial F}{\partial u} + (u - \lambda q) \frac{\partial F}{\partial z} - \lambda \left\{ \frac{\partial F}{\partial y} + q\lambda'_y \frac{\partial F}{\partial u} \right\} - \lambda q \frac{\partial F}{\partial z} = 0;$$

comme F ne doit pas dépendre de q, il faut que l'on ait séparément

$$\frac{\partial F}{\partial x} + u \frac{\partial F}{\partial z} - \lambda \frac{\partial F}{\partial y} = 0, \tag{21}$$

$$(\lambda'_x - \lambda\lambda'_y) \frac{\partial F}{\partial u} - 2\lambda \frac{\partial F}{\partial z} = 0. \tag{22}$$

L'intégrale générale de la dernière équation est

$$F = \Phi\, [x, y, 2\lambda u + (\lambda'_x - \lambda\lambda'_y)\, z\,] ;$$

prenons comme variables indépendantes x, y, z et

$$v = 2\lambda u + (\lambda'_x - \lambda\lambda'_y)\, z.$$

L'équation (22) se réduit à

$$\frac{\partial \Phi}{\partial z} = 0, \tag{23}$$

et la première devient

$$(24)\quad \frac{\partial \Phi}{\partial x}-\lambda\frac{\partial \Phi}{\partial y}+\frac{\partial \Phi}{\partial v}\{[\lambda''_{x^2}-2\lambda\lambda''_{xy}+\lambda^2\lambda''_{y^2}+\lambda'_y(\lambda\lambda'_y-\lambda'x)]z+3u(\lambda'_x-\lambda\lambda'_y)\}=0\,;$$

pour que ce système d'équations (23) et (24) admette deux intégrales distinctes, il faut et il suffit que le coefficient de $\frac{\partial \Phi}{dv}$ puisse s'exprimer au moyen de x, y, v, c'est-à-dire soit proportionnel à v, puisqu'il contient u linéairement, ainsi que v. La fonction λ (x, y) doit donc satisfaire à l'équation

$$(25)\quad 2\lambda\lambda''_{x^2}-4\lambda^2\lambda''_{xy}+2\lambda^3\lambda''_{y^2}+2\lambda\lambda'_y(\lambda\lambda'_y-\lambda'_x)-3\,(\lambda'_x-\lambda\lambda'_y)^2=0\,;$$

pour qu'il existe deux intégrales intermédiaires, appartenant à des caractéristiques différentes, et renfermant chacune une fonction arbitraire, il faut, en outre, que λ vérifie l'équation obtenue en changeant λ en $-\lambda$ dans la relation précédente.

64. Remplaçons dans l'équation (25) λ par z pour conserver les notations habituelles; elle devient, en simplifiant,

$$(26)\qquad 2zr-4z^2s+2z^3t+4pqz-q^2z^2-3p^2=0\,;$$

elle admet un seul système de caractéristiques qui est défini par les équations différentielles

$$\left\{\begin{array}{l} dz-pdx-qdy=0,\\ dy+zdx=0,\\ -2zdp+2z^2dq+(q^2z^2+3p^2-4pqz)\,dx=0. \end{array}\right.$$

Pour savoir si ces équations admettent des combinaisons intégrables, il faut rechercher (n° 31) si les équations linéaires correspondantes

$$\frac{\partial V}{\partial q}+z\frac{\partial V}{\partial p}=0,$$

$$2z\frac{\partial V}{\partial x}-2z^2\frac{\partial V}{\partial y}+2z\,(p-qz)\frac{\partial V}{\partial z}+(q^2z^2+3p^2-4pqz)\frac{\partial V}{\partial p}=0$$

admettent des intégrales communes. En prenant pour variables indépendantes x, y, z, q et $p-qz=u$, ces équations deviennent

$$\left\{\begin{array}{c} \dfrac{\partial V}{\partial q}=0,\\ 2z\dfrac{\partial V}{\partial x}-2z^2\dfrac{\partial V}{\partial y}+2zu\dfrac{\partial V}{\partial z}+3u^2\dfrac{\partial V}{\partial u}=0\,; \end{array}\right.$$

la dernière équation ne renfermant pas la variable q, on voit que ces équations admettent *trois* intégrales communes distinctes et, par suite, l'équation (26) appartient à la classe étudiée au n° 34. Pour former ces trois intégrales communes, nous considérons le système d'équations différentielles ordinaires

$$\frac{dx}{2z} = \frac{dy}{-2z^2} = \frac{dz}{2zu} = \frac{du}{3u^2}$$

dont l'intégrale générale qui s'obtient sans difficulté est donnée par les formules

$$\frac{z^3}{u^2} = a,$$
$$\frac{xu + 2z}{u} = b,$$
$$\frac{yu + 2z^2}{u} = c;$$

conformément à la méthode générale (n° 34), éliminons u entre ces trois relations, ce qui nous conduit aux équations d'un complexe de courbes

$$\begin{cases} z(x - b) - (y - c) = 0, \\ (y - c)(x - b) - 4a = 0; \end{cases}$$

on en déduira l'intégrale générale en établissant deux relations arbitraires entre les trois paramètres a, b, c. Prenons, par exemple,

$$bc - 4a = \alpha, \qquad b = \varphi(\alpha), \qquad c = \psi(\alpha);$$

nous arrivons alors à la conclusion suivante : *l'intégrale générale de l'équation* (25) *s'obtient en éliminant le paramètre variable* α *entre les deux équations*

$$(27) \qquad \begin{cases} x\lambda - \varphi(\alpha)\lambda - y + \psi(\alpha) = 0, \\ xy - \varphi(\alpha)y - \psi(\alpha)x + \alpha = 0, \end{cases}$$

$\varphi(\alpha)$ et $\psi(\alpha)$ étant deux fonctions arbitraires.

Le résultat obtenu peut s'interpréter comme il suit. Considérons la famille de courbes représentées par l'équation

$$xy - \varphi(\alpha)y - \psi(\alpha)x + \alpha = 0,$$

où α désigne un paramètre arbitraire ; pour avoir l'équation différentielle de cette famille de courbes, il faut éliminer α entre cette équation et sa dérivée

$$xy' + y - \varphi(\alpha) y' - \psi(\alpha) = 0.$$

Or, cette dernière relation devient identique à la première des relations (27) si on change y' en $-\lambda(x, y)$. Donc *la condition* (25) *exprime que l'intégrale générale de l'équation*

$$(28) \qquad y' + \lambda(x, y) = 0$$

est représentée par une équation de la forme

$$(29) \qquad xy + Ay + Bx + C = 0;$$

A, B, C *étant des fonctions quelconques d'une constante arbitraire*. Or, d'après ce que l'on a vu plus haut (n° 62), l'équation (28) est l'équation différentielle des images sphériques de l'un des systèmes de lignes de courbure de la surface cherchée ; x, y étant les paramètres des génératrices de la sphère, une équation de la forme (29) représente un cercle, et le résultat obtenu peut s'énoncer comme il suit :

Pour que l'équation aux dérivées partielles des surfaces, qui admettent une représentation sphérique donnée pour leurs lignes de courbure, possède une intégrale intermédiaire dépendant d'une fonction arbitraire, il faut et il suffit que les images sphériques des lignes de courbure de l'un des systèmes soient des cercles, c'est-à-dire que la surface ait un système de lignes de courbure planes (¹).

Pour que l'équation (18) dont dépend le problème de la représentation sphérique soit réductible à la forme $s = 0$, il faut, d'après cela, que les images des deux systèmes de lignes de courbure soient des cercles. C'est le cas que nous avons traité au n° 62.

Remarque. — Toute équation de la forme

$$r = \lambda^2(x, y)\, t$$

peut être ramenée par un changement de variables à la forme (n° 51

$$s + ap + bq = 0,$$

où a et b sont des fonctions des variables indépendantes seulement ; il

(¹) Ce théorème est dû à O. Bonnet.

suffit de prendre pour nouvelles variables une intégrale de l'équation

$$\frac{\partial \varphi}{\partial x} + \lambda \frac{\partial \varphi}{\partial y} = 0,$$

et une intégrale de l'équation

$$\frac{\partial \varphi}{\partial x} - \lambda \frac{\partial \varphi}{\partial y} = 0.$$

Si l'équation $r = \lambda^2 t$ possède une intégrale intermédiaire avec une fonction arbitraire, il en sera de même de l'équation transformée

$$s + ap + bq = 0;$$

elle rentre donc dans la classe signalée au n° 46. L'intégrale générale contient explicitement une fonction arbitraire, et l'autre fonction arbitraire est engagée sous le signe $\int$.

Pour pouvoir effectuer la transformation précédente, il suffit d'avoir intégré les deux équations

$$dy + \lambda dx = 0, \qquad dy - \lambda dx = 0,$$

c'est-à-dire de connaître les deux familles de courbes orthogonales qui forment les images sphériques des lignes de courbure.

65. On pouvait prévoir par des considérations géométriques une partie des résultats précédents. Quand on se donne les images sphériques des deux systèmes de lignes de courbure, les surfaces sont déterminées par une équation de la forme (18) dont les caractéristiques correspondent aux lignes de courbure. Imaginons qu'on forme l'équation aux dérivées partielles de ces surfaces en coordonnées cartésiennes, ce qui revient à effectuer une transformation de contact; les caractéristiques de la nouvelle équation seront les lignes de courbure elles-mêmes des surfaces intégrales. Or, il est facile de prouver que, lorsque les images sphériques de l'un des systèmes sont des cercles, les équations différentielles des caractéristiques correspondantes admettent deux combinaisons intégrables. Soit c un de ces cercles, C la ligne de courbure plane dont elle est l'image sphérique, (T) le cône ayant pour sommet le centre de la sphère et pour directrice le cercle c, α, β, γ les cosinus directeurs de l'axe de ce cône de révolution, ω le demi-angle au sommet; α, β, γ, ω sont des fonctions d'un paramètre θ, dont la variation donne tous les petits cercles qui sont les images sphériques de ce système de lignes de courbure. On sait que le plan de la ligne de courbure C est parallèle au plan du cercle c et que la normale à la surface en un point de C est parallèle à une génératrice du cône (T). On a donc

$$\alpha x + \beta y + \gamma z = \mathrm{K},$$
$$\frac{\alpha p + \beta q - \gamma}{\sqrt{1 + p^2 + q^2}} = \cos \omega,$$

K étant une constante. En résolvant la dernière équation par rapport à θ et remplaçant θ par la valeur obtenue dans la première, on voit que ces relations peuvent s'écrire

$$\theta = \varphi(p, q),$$
$$\mathrm{K} = \psi(x, y, z, p, q),$$

φ et ψ étant des fonctions déterminées. Comme K et θ restent constants tout le long d'une caractéristique, on voit que les équations différentielles de ce système admettent les deux combinaisons intégrables

$$d\varphi = 0, \qquad d\psi = 0.$$

66. Exemple V. — Soit à intégrer l'équation

(30) $$\mathrm{X}pt + rt - s^2 = 0,$$

X étant une fonction quelconque de x (¹). Il y a un seul système de caractéristiques dont les équations différentielles sont (n° 23)

(31) $$\left\{ \begin{array}{l} dz - pdx - qdy = 0, \\ dq = 0, \\ dp + \mathrm{X}pdx = 0; \end{array} \right.$$

on voit tout de suite deux combinaisons intégrables

$$dq = 0, \qquad \frac{dp}{p} + \mathrm{X}dx = 0,$$

et, comme les deux systèmes de caractéristiques sont confondus, il doit

(¹) Cette équation se présente quand on cherche s'il est possible de déformer une surface de telle façon qu'une série de sections planes, situées dans des plans parallèles, se changent en une nouvelle série de sections planes, situées dans des plans parallèles. Voir mon Mémoire *Sur un problème relatif à la déformation des surfaces* (*American Journal of Mathematics*, vol. XIV).

y en avoir une troisième (n° 36). On tire en effet des deux premières

$$q = a, \qquad p\psi(x) = b,$$

en posant $\psi(x) = e^{\int X dx}$; si on porte ces valeurs de p et de q dans la relation

$$dz - pdx - qdy = 0,$$

elle devient

$$dz - \frac{bdx}{\psi(x)} - ady = 0$$

et donne

$$z - bf(x) - ay = c,$$

en posant $f(x) = \int \frac{dx}{\psi(x)}$. On a donc, en définitive, trois intégrales pour les équations différentielles des caractérisques

$$q = a, \qquad p\psi(x) = b, \qquad z - pf(x)\psi(x) - qy = c.$$

Conformément à la méthode générale (n° 34), si nous éliminons p et q entre ces trois équations, nous sommes conduits à l'équation d'une surface dépendant de trois paramètres a, b, c,

$$z - ay - bf(x) - c = 0,$$

et l'intégrale générale de l'équation (30) est représentée par le système des deux relations

$$(32) \qquad \begin{cases} z - ay - \varphi(a) f(x) - \psi(a) = 0, \\ y + f(x)\varphi'(a) + \psi'(a) = 0, \end{cases}$$

où φ et ψ sont deux fonctions arbitraires, et où on pose

$$f(x) = \int e^{-\int X dx} dx$$

67. Exemple VI. — Soit à intégrer l'équation (¹)

$$(33) \qquad qr + (zq - p)s - pzt = 0;$$

(¹) Cette équation se présente quand on cherche à former des équations différentielles du premier ordre intégrables à la façon de l'équation de Clairaut. Voir ma note *Sur une classe d'équations analogues à l'équation de Clairaut* (*Bulletin de la Société mathématique*, 1895.)

les équations différentielles des deux systèmes de caractéristiques sont respectivement

$$(A) \begin{cases} dz - pdx - qdy = 0, \\ pdx + qdy = 0, \\ dp + zdq = 0; \end{cases} \qquad (B) \begin{cases} dz - pdx - qdy = 0. \\ zdx - dy = 0, \\ qdp - pdq = 0. \end{cases}$$

Le premier système admet les deux combinaisons intégrables :

$$dz = 0, \qquad d(p + qz) = 0;$$

on a donc l'ingrale intermédiaire :

$$p + qz = \varphi(z),$$

dont l'intégration se ramène à celle du système d'équations différentielles ordinaires

$$(34) \qquad \frac{dx}{1} = \frac{dy}{z} = \frac{dz}{\varphi(z)}.$$

Comme $\varphi(z)$ est une fonction arbitraire de z, on peut poser

$$\varphi(z) = \frac{1}{\psi''(z)},$$

et l'intégrale générale du système (34) est donnée par les formules :

$$x - \psi'(z) = C, \qquad y - z\psi'(z) + \psi(z) = C',$$

et l'intégrale générale de l'équation (33) est représentée par une équation de la forme

$$y - z\psi'(z) + \psi(z) = f[x - \psi'(z)],$$

f et ψ étant deux fonctions arbitraires.

68. Nous allons étudier maintenant les équations aux dérivées partielles dont les caractéristiques jouissent de quelque propriété remarquable, relative à la courbure. Cherchons d'abord les équations dont les caractéristiques de l'un des systèmes sont des lignes asymptotiques des surfaces intégrales. Soient

$$(35) \qquad \begin{cases} dz - pdx - qdy = 0, \\ Adx + Bdy + Cdp + Ddq = 0, \\ A'dx + B'dy + C'dp + D'dq = 0, \end{cases}$$

les équations différentielles de ce système de caractéristiques ; la relation

$$dp\,dx + dq\,dy = 0, \tag{36}$$

qui définit les lignes asymptotiques, doit être une conséquence des équations (35). Or, si l'on regarde dx, dy, dp, dq comme les coordonnées homogènes d'un point, la relation (36) représente une surface du second degré, les deux dernières équations (35) représentent une ligne droite ; il faut donc que cette ligne droite soit une génératrice de la surface du second degré. Par conséquent, les équations différentielles des caractéristiques peuvent être mises sous l'une des formes suivantes :

$$(A)\ \begin{cases} dz - p\,dx - q\,dy = 0, \\ dp = \lambda dy, \\ dq = -\lambda dx\,; \end{cases} \qquad (B)\ \begin{cases} dz - p\,dx - q\,dy = 0, \\ dp = \lambda dq, \\ dy = -\lambda dx. \end{cases}$$

Dans le premier cas, l'équation aux dérivées partielles est de la forme

$$rt - s^2 + \lambda^2 = 0\,; \tag{37}$$

les deux systèmes de caractéristiques sont distincts (sauf si $\lambda = 0$), et, comme le second système se déduit du premier en changeant λ en $-\lambda$, on voit que les caractéristiques du second système sont aussi des lignes asymptotiques.

Dans le second cas, l'équation aux dérivées partielles est de la forme

$$r - 2\lambda s + \lambda^2 t = 0\,; \tag{38}$$

les deux systèmes de caractéristiques sont confondus.

69. Étudions d'abord les équations de la forme (38) ; on peut en donner la signification géométrique suivante. Considérons une surface intégrale admettant l'élément (x, y, z, p, q) ; les tangentes aux deux lignes asymptotiques de la surface issues de cet élément sont données par l'équation du second degré

$$r + 2sm + tm^2 = 0,$$

m étant le coefficient angulaire de la projection de l'une de ces tangentes sur le plan des xy ; l'équation (38) montre que l'une des racines de cette équation en m est égale à $-\lambda$. Par conséquent, toutes les surfaces intégrales qui ont l'élément (x, y, z, p, q) ont une tangente asymptotique commune en cet élément. Par exemple, si λ ne dépend que des variables x et y, l'équation (38) exprime que les lignes asymptotiques de l'un des systèmes se projettent sur le plan des xy suivant des courbes données, qui sont les courbes intégrales de l'équation différentielle

$$\frac{dy}{dx} + \lambda(x, y) = 0.$$

Pour que l'équation puisse être intégrée complètement par la méthode de Monge, il faut que les équations différentielles des caractéristiques présentent trois combinaisons intégrables, ou que le système

$$\frac{\partial V}{\partial q} + \lambda \frac{\partial V}{\partial p} = 0, \qquad \frac{\partial V}{\partial x} + p \frac{\partial V}{\partial z} - \lambda \frac{\partial V}{\partial y} - \lambda q \frac{\partial V}{\partial z} = 0,$$

soit un système complet. Les conditions pour qu'il en soit ainsi sont (n° 38)

$$(39) \qquad \frac{\partial \lambda}{\partial q} + \lambda \frac{\partial \lambda}{\partial p} = 0, \qquad \frac{\partial \lambda}{\partial x} + p \frac{\partial \lambda}{\partial z} - \lambda \frac{\partial \lambda}{\partial y} - \lambda q \frac{\partial \lambda}{\partial z} = 0.$$

Supposons λ défini par une relation

$$\Phi(x, y, z, p, q, \lambda) = 0;$$

la fonction Φ doit satisfaire aux deux conditions

$$\frac{\partial \Phi}{\partial q} + \lambda \frac{\partial \Phi}{\partial p} = 0, \qquad \frac{\partial \Phi}{\partial x} + p \frac{\partial \Phi}{\partial z} - \lambda \frac{\partial \Phi}{\partial y} - \lambda q \frac{\partial \Phi}{\partial z} = 0,$$

qui deviennent, en prenant pour variables indépendantes x, y, z, λ, q, $p - \lambda q = u$,

$$\frac{\partial \Phi}{\partial q} = 0, \qquad \frac{\partial \Phi}{\partial x} + u \frac{\partial \Phi}{\partial z} - \lambda \frac{\partial \Phi}{\partial y} = 0.$$

L'intégration se fait d'elle-même, et on voit que λ doit satisfaire à une relation de la forme

$$\Phi[y + \lambda x, \lambda, p - \lambda q, x(p - \lambda q) - z] = 0.$$

On pourrait poursuivre le calcul, mais on arrive plus simplement au résultat au moyen des remarques suivantes. Si les équations différentielles des caractéristiques d'une équation de la forme (38) présentent trois combinaisons intégrables, on sait (n° 34) que l'intégrale générale se compose des surfaces engendrées par les courbes d'un complexe, et les courbes de ce complexe sont des caractéristiques. Or, il est facile de montrer que les caractéristiques sont des lignes droites, lorsque les relations (39) sont vérifiées. On tire, en effet, des relations

$$dz - pdx - qdy = 0, \qquad dp = \lambda dq, \qquad dy + \lambda dx = 0,$$

en différentiant la dernière,

$$d^2y + \lambda d^2x + \frac{\partial\lambda}{\partial x}dx^2 + \frac{\partial\lambda}{\partial y}dxdy + \frac{\partial\lambda}{\partial z}dxdz + \frac{\partial\lambda}{\partial p}dpdx + \frac{\partial\lambda}{\partial q}dqdx = 0,$$

ou en remplaçant dy, dz, dp par leurs valeurs,

$$d^2y + \lambda d^2x + dx^2\left\{\frac{\partial\lambda}{\partial x} + p\frac{\partial\lambda}{\partial z} - \lambda\frac{\partial\lambda}{\partial y} - \lambda q\frac{\partial\lambda}{\partial z}\right\} + \left\{\frac{\partial\lambda}{\partial q} + \lambda\frac{\partial\lambda}{\partial p}\right\}dqdx = 0.$$

Si les conditions (39) sont vérifiées, on a donc

$$d^2y + \lambda d^2x = 0\,;$$

si on a pris x pour la variable indépendante, on a $d^2x = 0$ et, par suite, $d^2y = 0$. On a ensuite

$$d^2z = pd^2x + qd^2y = 0\,;$$

y et z sont des fonctions linéaires de x. On voit par conséquent que, pour obtenir toutes les équations de la forme (38) qui sont intégrables par la méthode de Monge, *il suffit de prendre un complexe de droites quelconque et de former l'équation aux dérivées partielles des surfaces réglées dont les génératrices appartiennent à ce complexe.*

Il est aisé d'expliquer ce résultat par la géométrie. Étant donné un complexe de courbes C, quand on associe ces courbes de façon à former une surface S, le plan tangent à la surface S en un point d'une courbe C varie en général avec la loi suivant laquelle on associe ces courbes. Pour que la courbe soit toujours une ligne asymptotique de la surface engendrée, il faut donc que le plan osculateur à cette courbe soit indéterminé, c'est-à-dire qu'elle se réduise à une ligne droite.

Comme cas particulier, supposons que λ ne renferme que les variables x et y; λ doit satisfaire à une équation de la forme

$$\Phi(y + \lambda x, \lambda) = 0\,;$$

l'équation différentielle $y' + \lambda = 0$ des projections des lignes asymptotiques peut alors s'écrire

$$\Phi(y - y'x, -y') = 0.$$

C'est une équation de Clairaut dont l'intégrale générale se compose des tangentes à une courbe C ; le complexe précédent est formé par les tangentes au cylindre projetant la courbe C parallèlement à oz.

Lorsque λ ne renferme que p et q, on doit avoir une relation de la forme

$$\Phi(\lambda, p - \lambda q) = 0.$$

Ce cas peut se déduire du précédent par la transformation de Legendre. Le complexe est formé des droites parallèles aux génératrices d'un cône.

70. En dehors du cas que nous venons d'examiner, les équations différentielles des caractéristiques de l'équation (38) ne peuvent admettre plus d'une combinaison intégrable. S'il en existe une, on pourra s'en servir pour ramener l'équation à la forme simple

$$r + f(x, y, z, p, q) = 0.$$

Ainsi, supposons qu'on cherche les surfaces dont les lignes asymptotiques de l'un des systèmes se projettent sur le plan des xy suivant les courbes

$$f(x, y) = C^{te};$$

l'équation aux dérivées partielles correspondante est

$$(40) \qquad r\left(\frac{\partial f}{\partial y}\right)^2 - 2s\frac{\partial f}{\partial x}\frac{\partial f}{\partial y} + t\left(\frac{\partial f}{\partial x}\right)^2 = 0,$$

et les équations différentielles des caractéristiques

$$dz - p\,dx - q\,dy = 0,$$

$$\frac{\partial f}{\partial x}dx + \frac{\partial f}{\partial y}dy = 0,$$

$$\frac{\partial f}{\partial x}dq - \frac{\partial f}{\partial y}dp = 0,$$

admettent la combinaison intégrable

$$d[f(x, y)] = 0.$$

Si on prend pour variables indépendantes x et $f(x, y)$ (n° 51), l'équation prend la forme

$$r + ap + bq = 0,$$

a et b ne renfermant que les variables indépendantes. Pour développer les calculs, posons

$$x' = x,\ y' = f(x, y);$$

on a successivement

$$\frac{\partial z}{\partial x} = \frac{\partial z}{\partial x'} + \frac{\partial z}{\partial y'}\frac{\partial f}{\partial x},$$
$$\frac{\partial z}{\partial y} = \frac{\partial z}{\partial y'}\frac{\partial f}{\partial y},$$
$$\frac{\partial^2 z}{\partial x^2} = \frac{\partial^2 z}{\partial x'^2} + 2\frac{\partial^2 z}{\partial x'\partial y'}\frac{\partial f}{\partial x} + \frac{\partial^2 z}{\partial y'^2}\left(\frac{\partial f}{\partial x}\right)^2 + \frac{\partial z}{\partial y'}\frac{\partial^2 f}{\partial x^2},$$
$$\frac{\partial^2 z}{\partial x\partial y} = \frac{\partial^2 z}{\partial x'\partial y'}\frac{\partial f}{\partial y} + \frac{\partial^2 z}{\partial y'^2}\frac{\partial f}{\partial x}\frac{\partial f}{\partial y} + \frac{\partial z}{\partial y'}\frac{\partial^2 f}{\partial x\partial y},$$
$$\frac{\partial^2 z}{\partial y^2} = \frac{\partial^2 z}{\partial y'^2}\left(\frac{\partial f}{\partial y}\right)^2 + \frac{\partial z}{\partial y'}\frac{\partial^2 f}{\partial y^2};$$

l'équation (40) devient, toutes réductions faites,

$$\left(\frac{\partial f}{\partial y}\right)^2\frac{\partial^2 z}{\partial x'^2} + \left\{\frac{\partial^2 f}{\partial x^2}\left(\frac{\partial f}{\partial y}\right)^2 - 2\frac{\partial f}{\partial x}\frac{\partial f}{\partial y}\frac{\partial^2 f}{\partial x\partial y} + \left(\frac{\partial f}{\partial x}\right)^2\frac{\partial^2 f}{\partial y^2}\right\}\frac{\partial z}{\partial y'} = 0.$$

On voit qu'elle est de la forme simple [1]

$$r + bq = 0;$$

[1] D'une manière générale, toute équation linéaire de la forme

$$r - 2\lambda s + \lambda^2 t + ap + bq + cz + d = 0,$$

où λ, a, b, c, d ne renferment que x et y, peut être ramenée d'une infinité de manières à la forme simple

$$r + b_1 q + c_1 z + d_1 = 0.$$

Il suffit de prendre pour nouvelles variables une intégrale de l'équation

$$\frac{\partial\varphi}{\partial x} - \lambda\frac{\partial\varphi}{\partial y} = 0$$

et une intégrale de l'équation

$$r - 2\lambda s + \lambda^2 t + ap + bq = 0.$$

Toute solution de l'équation (40) permet donc de la ramener à la forme simple

$$r + bq = 0.$$

La solution évidente $z = x$ donne la transformation du texte.

pour que le coefficient b se réduise à une constante, il faut que la fonction $f(x, y)$ vérifie l'équation du second ordre,

$$\frac{\partial^2 f}{\partial x^2}\left(\frac{\partial f}{\partial y}\right)^2 - 2\frac{\partial f}{\partial x}\frac{\partial f}{\partial y}\frac{\partial^2 f}{\partial x \partial y} + \left(\frac{\partial f}{\partial x}\right)^2\frac{\partial^2 f}{\partial y^2} + \mathrm{K}\left(\frac{\partial f}{\partial y}\right)^2 = 0,$$

où K est une constante. Cette équation n'est pas intégrable par la méthode de Monge, mais il est facile d'obtenir des solutions particulières, par exemple

$$f = \mathrm{A}x + \mathrm{B}l(y - \mathrm{C}), \qquad f = \mathrm{A}y + \mathrm{B}x^2.$$

71. Considérons maintenant les équations de la forme

$$(41) \qquad rt - s^2 + \lambda^2 = 0,$$

que l'on peut aussi écrire

$$\frac{rt - s^2}{(1 + p^2 + q^2)^2} = f(x, y, z, p, q);$$

le premier membre de cette équation représente la courbure totale, de sorte que toute équation de la forme (41) établit une relation entre les coordonnées (x, y, z, p, q) d'un élément d'une surface intégrale, et la courbure totale en cet élément. L'équation aux dérivées partielles des surfaces à courbure totale constante rentre évidemment dans cette catégorie; il suit de là que les caractéristiques de cette équation sont les lignes asymptotiques. On peut aussi en déduire un théorème dû à Enneper : *les lignes asymptotiques d'une surface à courbure constante sont des lignes à torsion constante*. Représentons par $-a^2$ la courbure totale constante; l'équation aux dérivées partielles est

$$rt - s^2 + a^2(1 + p^2 + q^2)^2 = 0,$$

et les équations différentielles des caractéristiques sont

$$dz - p\,dx - q\,dy = 0, \qquad dp = \pm a(1 + p^2 + q^2)\,dy,$$
$$dq = \mp a(1 + p^2 + q^2)\,dx,$$

les signes supérieurs ou inférieurs étant pris en même temps.

Prenons, par exemple, la première combinaison de signes; les cosinus directeurs de la binormale sont

$$\alpha = \frac{p}{\sqrt{1 + p^2 + q^2}}, \ \beta = \frac{q}{\sqrt{1 + p^2 + q^2}}, \ \gamma = \frac{-1}{\sqrt{1 + p^2 + q^2}},$$

puisque le plan osculateur coïncide avec le plan tangent. On déduit de là

$$d\alpha = \frac{(1+q^2)\,dp - pq\,dq}{(1+p^2+q^2)^{\frac{3}{2}}},$$

ou, en remplaçant dp et dq par leurs valeurs,

$$d\alpha = a\,\frac{(1+q^2)\,dy + pq\,dx}{\sqrt{1+p^2+q^2}};$$

on a de même

$$d\beta = -a\,\frac{(1+p^2)\,dx + pq\,dy}{\sqrt{1+p^2+q^2}},$$

$$d\gamma = a\,\frac{p\,dy - q\,dx}{\sqrt{1+p^2+q^2}}$$

et, par suite,

$$d\sigma^2 = d\alpha^2 + d\beta^2 + d\gamma^2 = a^2\,(dx^2 + dy^2 + dz^2),$$

ce qui établit la proposition d'Enneper.

72. L'équation

$$rt - s^2 + a^2 = 0, \tag{42}$$

que l'on rencontre dans la théorie mécanique de la chaleur, appartient à la catégorie précédente. Les équations différentielles des caractéristiques sont respectivement

$$(A)\ \left\{\begin{array}{l} dz - p\,dx - q\,dy = 0, \\ dp + a\,dy = 0, \\ dq - a\,dx = 0, \end{array}\right. \qquad (B)\ \left\{\begin{array}{l} dz - p\,dx - q\,dy = 0, \\ dp - a\,dy = 0, \\ dq + a\,dx = 0; \end{array}\right.$$

les deux dernières équations de chacun de ces systèmes sont des différentielles exactes, de sorte que l'équation (42) admet deux intégrales intermédiaires dépendant chacune d'une fonction arbitraire.

$$q - ax = \varphi\,(p + ay), \qquad q + ax = \psi\,(p - ay).$$

On arrive aisément à l'intégrale générale sans aucune transformation de contact. Posons

$$p + ay = \alpha, \qquad p - ay = \beta,$$
$$q - ax = \varphi\,(\alpha), \qquad q + ax = \psi\,(\beta);$$

on tire de là

$$x = \frac{\psi(\beta) - \varphi(\alpha)}{2a}, \qquad y = \frac{\alpha - \beta}{2a},$$
$$p = \frac{\alpha + \beta}{2}, \qquad q = \frac{\varphi(\alpha) + \psi(\beta)}{2},$$

et en portant ces valeurs de x, y, p, q dans la relation

$$dz = pdx + qdy,$$

elle devient

$$\begin{aligned} dz &= \frac{\alpha + \beta}{4a}(d\psi - d\varphi) + \frac{\varphi + \psi}{4a}(d\alpha - d\beta) \\ &= \frac{\varphi + \psi - (\alpha + \beta)\varphi'(\alpha)}{4a}\,d\alpha + \frac{(\alpha + \beta)\psi'(\beta) - \varphi(\alpha) - \psi(\beta)}{4a}\,d\beta. \end{aligned}$$

On déduit de là, en intégrant,

$$z = \frac{[\varphi(\alpha) + \psi(\beta)](\alpha - \beta)]}{4a} - \frac{1}{2a}\int \alpha\varphi'(\alpha)\,d\alpha + \frac{1}{2a}\int \beta\psi'(\beta)\,d\beta;$$

on peut débarrasser cette formule de tout signe de quadrature en remplaçant $\varphi(\alpha)$ et $\psi(\beta)$ par des dérivées $\varphi'(\alpha)$ et $\psi'(\beta)$. L'intégrale générale est alors représentée par les formules

$$\begin{aligned} x &= \frac{\psi'(\beta) - \varphi'(\alpha)}{2a}, \\ y &= \frac{\alpha - \beta}{2a} \\ z &= \frac{(\alpha + \beta)\{\psi'(\beta) - \varphi'(\alpha)\} + 2\varphi(\alpha) - 2\psi(\beta)}{4a}. \end{aligned}$$

Je signalerai encore l'équation suivante [1]

$$rt - s^2 + \left(\frac{z - px - qy + pq}{z - xy}\right)^2 = 0,$$

qui admet deux intégrales intermédiaires dépendant d'une fonction arbitraire :

$$\frac{y(z - px - qy) + pz}{x - q} = \varphi\left(\frac{z - qy}{x - q}\right),$$
$$\frac{x(z - px - qy) + qz}{y - p} = \psi\left(\frac{z - px}{y - p}\right),$$

(1) Cet exemple est dû à M. Sophus Lie. *Beiträge zur allgemeinen transformations theorie* (*Berichte der Königl. Sächs Gesellschaft*; 29 juillet 1895).

et que l'on peut, par conséquent, ramener à la forme $s = 0$ par une transformation de contact.

73. On obtient de même les équations dont les caractéristiques de l'un des systèmes sont des lignes de courbure des surfaces intégrales. L'équation différentielle des lignes de courbure

$$\frac{(1+p^2)\,dx + pq\,dy}{dp} = \frac{pq\,dx + (1+q^2)\,dy}{dq}$$

doit être une conséquence des équations linéaires en dx, dy, dp, dq qui définissent les caractéristiques. Par suite, les équations des caractéristiques sont de la forme

$$\begin{aligned} dp &= \lambda\,[(1+p^2)\,dx + pq\,dy],\\ dq &= \lambda\,[pq\,dx + (1+q^2)\,dy],\\ dz &= p\,dx + q\,dy, \end{aligned}$$

ou de la forme

$$\begin{gathered} dq = \lambda dp,\\ pq\,dx + (1+q^2)\,dy = \lambda\,[(1+p^2)\,dx + pq\,dy],\\ dz = p\,dx + q\,dy. \end{gathered}$$

Dans le premier cas, l'équation est de la forme

$$[r - \lambda\,(1+p^2)]\,[t - \lambda\,(1+q^2)] - (s - \lambda pq)^2 = 0$$

ou, en développant,

$$(43)\quad \lambda^2(1+p^2+q^2) - \lambda\,[(1+p^2)t + (1+q^2)r - 2pqs] + rt - s^2 = 0\,;$$

les deux systèmes de caractéristiques sont confondus, et l'équation exprime une relation entre les coordonnées d'un élément (x, y, z, p, q) et le rayon d'une des sphères osculatrices à la surface en cet élément.

Dans le second cas, l'équation aux dérivées partielles est

$$(44)\quad \lambda^2[pqr - (1+p^2)s] + \lambda[(1+p^2)t - (1+q^2)r] + [s(1+q^2) - pqt] = 0;$$

les deux systèmes de caractéristiques sont distincts, et le second système se déduit du premier en remplaçant λ par

$$\frac{(1+q^2) - \lambda pq}{pq - \lambda\,(1+p^2)},$$

ce qui prouve que les caractéristiques du second système sont aussi des lignes de courbure. Les équations étudiées aux n°s 60, 61 sont des cas particuliers de l'équation générale (44). Si on remplace, dans cette équation, λ par $\frac{pqdx + (1 + q^2)\,dy}{(1 + p^2)\,dx + pqdy}$, l'équation obtenue est précisément l'équation différentielle qui donne les projections des lignes de courbure sur le plan des xy, de sorte que l'intégration de l'équation (44) est, au fond, équivalente au problème suivant : *A chaque élément* (x, y, z, p, q), *on fait correspondre d'une façon arbitraire deux directions rectangulaires issues du point* (x, y, z) *et situées dans le plan de coefficients angulaires* p, q ; *trouver les surfaces qui, en chacun de leurs éléments, ont pour tangentes aux lignes de courbure les deux directions précédentes.*

Les équations (43) et (44) se déduisent respectivement des équations (38) et (41) par la transformation de M. Lie qui change les lignes droites en sphères et les lignes asymptotiques en lignes de courbure. On en déduit également toutes les équations, de la forme (43), intégrables par la méthode de Monge. On les obtient en formant l'équation aux dérivées partielles des surfaces enveloppes d'un complexe de sphères quelconques (n° 14). Dans un important Mémoire [1], déjà cité plusieurs fois, M. Sophus Lie s'est proposé de résoudre le même problème pour les équations (41) ou, ce qui revient au même, pour les équations (44).

L'étude de ce problème nous entraînerait trop loin ; nous énoncerons seulement le résultat suivant, relatif aux équations de la forme (44). Il est clair qu'une sphère quelconque est une intégrale de cette équation : sur chaque sphère nous avons donc deux familles de courbes orthogonales qui correspondent aux caractéristiques. Pour que les équations différentielles de l'un des systèmes de caractéristiques admettent deux combinaisons intégrables, *il faut que, sur une sphère quelconque, les caractéristiques de cette famille soient des cercles.* Pour que l'équation (44) admette deux intégrales intermédiaires distinctes, renfermant chacune une fonction arbitraire, il faut, par conséquent, que, sur une sphère quelconque, les deux familles de caractéristiques soient composées de cercles, ou, ce qui revient au même, que les caractéristiques de l'une des familles soient des cercles passant par deux points fixes. On vérifie aisément que ces conditions sont vérifiées pour les équations qui ont été intégrées plus haut (n°s 60, 61 et 62).

Appliquons encore ce résultat aux équations de la forme (44) où λ est une fonction des variables x et y seulement. Le problème est alors

[1] *Ueber complexe, insbesondere Linien und Kugel-complexe, mit anwendung auf die Theorie partieller Differentialgleichungen* (*Mathematische Annalen*, t. V, p. 145). Voir, en particulier, la 3e partie du mémoire, p. 188-233.

équivalent à celui-ci : Déterminer les surfaces dont les lignes de courbure de l'un des systèmes se projettent sur le plan des xy suivant une famille de courbes donnée. Sur une sphère quelconque, les lignes de courbure de l'un des systèmes sont à l'intersection de cette sphère et des cylindres dont les génératrices sont parallèles à OZ, et qui ont pour directrices les courbes planes de la famille considérée. Pour que ces lignes de courbure soient des cercles, quelle que soit la sphère donnée, il faut évidemment que ces cylindres se réduisent à des plans, et on est ramené à chercher les surfaces dont les lignes de courbure de l'un des systèmes sont situées dans les plans tangents d'un cylindre. Des considérations tout à fait pareilles à celles du n° 65 prouvent bien que, dans ce cas, les équations de ce système de caractéristiques admettent deux combinaisons intégrables. Pour que le second système de caractéristiques donne aussi une intégrale intermédiaire avec une fonction arbitraire, il faudrait que les caractéristiques du premier système situées sur une sphère passent par deux points fixes, c'est-à-dire que le cylindre se réduise à une ligne droite. On retombe sur les surfaces de Joachismtal.

D'une manière générale, si on cherche les surfaces, dont les lignes de courbure de l'un des systèmes sont situées dans les plans tangents d'une surface développable, l'équation (44) correspondante admet une intégrale intermédiaire du premier ordre, avec une fonction arbitraire, et une seule, sauf dans le cas qui vient d'être rappelé.

74. Cherchons encore les équations

$$Hr + 2Ks + Lt + M + N(rt - s^2) = 0,$$

telles que les deux systèmes de caractéristiques forment, sur chaque surface intégrale, deux familles de courbes conjuguées. Les tangentes aux deux caractéristiques issues d'un point sont données par les racines de l'équation du second degré

$$(H + Nt)\,dy^2 - 2(K - Ns)\,dx\,dy + (L + Nr)\,dx^2 = 0;$$

si m, m' sont les deux racines de cette équation, la condition pour que les deux tangentes soient conjuguées est exprimée par la relation

$$r + s(m + m') + tmm' = 0,$$

qui devient, en remplaçant $m + m'$ et mm' par leurs valeurs

$$(H + Nt)\,r + 2s(K - Ns) + (L + Nr)\,t = 0,$$

ou

$$Hr + 2Ks + Lt + 2N(rt - s^2) = 0.$$

Pour que cette équation soit identique à l'équation proposée, il faut et il suffit que l'on ait $M = N = 0$, et on voit que toutes les équations de Monge et d'Ampère qui satisfont à la condition sont de la forme

$$(45) \qquad Hr + 2Ks + Lt = 0,$$

H, K, L étant des fonctions quelconques de x, y, z, p, q. Les tangentes aux deux caractéristiques, qui sont nécessairement conjuguées, sont détermi. es par l'équation du second degré

$$H dy^2 - 2K dx dy + L dx^2 = 0,$$

et le problème de l'intégration de l'équation (45) peut se formuler ainsi : *A tout élément (x, y, z, p, q) on fait correspondre, d'une façon arbitraire, deux directions issues du point (x, y, z) et situées dans le plan de coefficients angulaires p, q ; trouver une surface qui, en chacun de ses éléments, admette pour directions conjuguées les deux directions correspondantes.*

Nous avons déjà étudié plus haut (n° 56-58) quelques cas particuliers. Si les coefficients H, K, L ne dépendent que de p et de q, on a vu que lorsque l'équation

$$(46) \qquad H dp^2 + 2K dp dq + L dq^2 = 0$$

se dédouble en deux équations de Clairaut, on peut intégrer l'équation (45) sans aucune quadrature, tandis que, si cette équation (45) se décompose en une équation de Clairaut et une équation d'une autre forme, l'équation (45) s'intègre par des quadratures.

Prenons encore le cas où H, K, L ne dépendent que des variables x et y ; l'équation

$$(47) \qquad H dy^2 - 2K dx dy + L dx^2 = 0$$

définit deux familles de courbes planes qui sont les projections des caractéristiques sur le plan des xy, de sorte que le problème revient à chercher les surfaces qui admettent deux familles de courbes conjuguées se projetant, suivant deux familles de courbes données, sur le plan des xy. Si on applique à l'équation (45) la transformation de Legendre, elle devient

$$(48)\qquad Lr - 2Ks + Ht = 0,$$

x et y étant remplacés dans H, K, L par p et q respectivement. L'équation différentielle des caractéristiques (47) devient de même

$$(49)\qquad Hdq^2 - 2Kdpdq + Ldp^2 = 0.$$

Par conséquent, si l'équation (47) se décompose en deux équations de Clairaut, il en est de même de l'équation (49) et, d'après la propriété qu'on vient de rappeler, l'équation (48) s'intègre sans quadratures ; l'intégrale générale se compose de surfaces de translation. On peut donc trouver toutes les surfaces qui admettent deux familles conjuguées formées de courbes planes, les plans de ces deux familles de courbes enveloppant deux cylindres dont les génératrices sont parallèles ; ces surfaces se déduisent des surfaces de translation par la transformation de Legendre.

De même, si l'équation (47), qui définit les projections des deux familles de lignes conjuguées, se décompose en une équation de Clairaut et une autre équation de forme quelconque, l'équation (48) et, par suite, l'équation (45) s'intègrent par des quadratures.

75. Le problème de la déformation infiniment petite d'une surface conduit à étudier le problème suivant [1]. Soient S_1, S, deux surfaces représentées respectivement par les deux équations

$$z_1 = f_1(x, y),\ z = f(x, y);$$

si on fait correspondre les points des deux surfaces qui sont situés sur une même verticale, la condition, pour que les lignes asymptotiques de l'une de ces surfaces projetées verticalement découpent sur la seconde un réseau conjugué, est exprimée par la relation

$$(50)\qquad t_1 r - 2s_1 s + r_1 t = 0,$$

r_1, s_1, t_1, étant les dérivées partielles du second ordre de z_1. Si la surface S_1 est donnée, la recherche des surfaces S, satisfaisant à la condition précédente, est ramenée à l'intégration de l'équation (50), qui est de la forme considérée au précédent paragraphe. Le réseau conjugué de S

[1] DARBOUX, *Théorie des surfaces*, tome IV, p. 10.

se projette suivant les mêmes courbes que les lignes asymptotiques de S_1. Si la surface S_1 est du second degré, les projections des lignes asymptotiques sont des droites ; l'équation

$$r_1 dx^2 + 2s_1 dxdy + t_1 dy^2 = 0$$

se décompose donc en deux équations de Clairaut et, par suite, on peut trouver toutes les surfaces S sans aucune quadrature. Si la surface S_1 est simplement réglée, une famille de lignes asymptotiques de S_1 se projette suivant des droites. Donc, on pourra trouver les surfaces S par des quadratures.

Par exemple, si la surface S_1 est la sphère

$$x^2 + y^2 + z^2 = a^2,$$

l'équation (50) est

$$(x^2 - a^2) r + 2xys + (y^2 - a^2) t = 0 ;$$

après la transformation de Legendre, elle devient

$$(q^2 - a^2)r - 2pqs + (p^2 - a^2)t = 0,$$

cette équation s'intègre absolument comme l'équation aux dérivées partielles des surfaces minima ; les courbes minima sont seulement remplacées par les courbes gauches qui satisfont à la relation

$$dz^2 = a^2(dx^2 + dy^2).$$

76. Pour terminer ces applications, nous intégrerons encore, par la méthode du n° 58, l'équation

$$(51) \qquad (r - pt)^2 = q^2 rt,$$

qui est le premier exemple traité par Ampère [1].

Cette équation peut s'écrire, en la résolvant par rapport à r,

$$(52) \qquad r - \left(\frac{2p + q^2 + q\sqrt{4p + q^2}}{2} \right) t = 0 ;$$

et comme on a

$$\sqrt{\frac{2p + q^2 + q\sqrt{4p + q^2}}{2}} = \frac{q + \sqrt{4p + q^2}}{2},$$

[1] *Journal de l'École Polytechnique*, XVIIIe cahier; p. 46 et suivantes.

les équations différentielles des deux systèmes de caractéristiques sont respectivement :

$$(A)\quad \begin{cases} dz - pdx - qdy = 0, \\ dy + \dfrac{q + \sqrt{4p + q^2}}{2} dx = 0, \\ dp + \dfrac{q + \sqrt{4p + q^2}}{2} dq = 0 ; \end{cases}$$

$$(B)\quad \begin{cases} dz - pdx - qdy = 0, \\ dy - \dfrac{q + \sqrt{4p + q^2}}{2} dx = 0, \\ dp - \dfrac{q + \sqrt{4p + q^2}}{2} dq = 0. \end{cases}$$

La dernière équation du système (A) est une équation de Clairaut, dont l'intégrale générale est, par conséquent,

$$(53)\qquad q + \sqrt{4p + q^2} = 2\alpha,$$

ou

$$p + \alpha q = \alpha^2 ;$$

la dernière équation du système (B) devient, en faisant disparaître le radical,

$$(54)\qquad p = \left(\frac{dp}{dq}\right)^2 - q\frac{dp}{dq}$$

C'est une équation linéaire en p et q que l'on peut intégrer par le procédé classique ; en prenant pour inconnue auxiliaire $u = \frac{dp}{dq}$, on est conduit à l'équation homogène

$$2u = 2u\frac{du}{dq} - q\frac{du}{dq},$$

dont l'intégrale générale est

$$u\,(2u - 3q)^2 = \beta.$$

On obtient donc l'intégrale générale de l'équation (54) en éliminant u entre les deux relations

$$p = u^2 - qu, \qquad u\,(2u - 3q)^2 = \beta,$$

ce qui conduit à l'équation

$$(55)\qquad \frac{q+\sqrt{q^2+4p}}{2}\left(\sqrt{q^2+4p}-2q\right)^2=\beta.$$

Les équations différentielles des caractéristiques admettent donc respectivement les intégrales premières (53) et (55). Cela posé, imaginons que les coordonnées x, y, z d'un point d'une surface intégrale soient exprimées au moyen des deux variables indépendantes α et β, α restant constante le long d'une caractéristique du système (A), et β restant constante le long d'une caractéristique du système (B). Ces trois fonctions x, y, z doivent satisfaire aux quatre équations (n° 54)

$$(56)\qquad \left\{\begin{array}{l} \dfrac{\partial z}{\partial \alpha}-p\dfrac{\partial x}{\partial \alpha}-q\dfrac{\partial y}{\partial \alpha}=0, \\ \dfrac{\partial z}{\partial \beta}-p\dfrac{\partial x}{\partial \beta}-q\dfrac{\partial y}{\partial \beta}=0, \\ \dfrac{\partial y}{\partial \beta}+\alpha\dfrac{\partial x}{\partial \beta}=0, \\ \dfrac{\partial y}{\partial \alpha}-\alpha\dfrac{\partial x}{\partial \alpha}=0; \end{array}\right.$$

quant aux valeurs de p et de q, elles sont fournies par les relations (53) et (55), qui nous donnent

$$(57)\qquad p=\frac{\alpha^2+\sqrt{\alpha\beta}}{3},\qquad q=\frac{2\alpha-\sqrt{\dfrac{\beta}{\alpha}}}{3}.$$

Des deux dernières formules (56), on tire, en égalant les deux valeurs de $\dfrac{\partial^2 y}{\partial\alpha\partial\beta}$, l'équation

$$(58)\qquad 2\alpha\frac{\partial^2 x}{\partial\alpha\partial\beta}+\frac{\partial x}{\partial\beta}=0,$$

dont l'intégrale générale est

$$(59)\qquad x=\frac{\varphi(\beta)}{\sqrt{\alpha}}+\psi(\alpha),$$

φ et ψ désignant des fonctions arbitraires ; on a ensuite

$$\frac{\partial y}{\partial\alpha}=-\frac{\varphi(\beta)}{2\sqrt{\alpha}}+\alpha\psi'(\alpha),\qquad \frac{\partial y}{\partial\beta}=-\sqrt{\alpha}\,\varphi'(\beta),$$

et, par suite,

$$y = -\sqrt{\alpha}\,\varphi(\beta) + \int \alpha\psi'(\alpha)d\alpha. \tag{60}$$

Enfin, on a

$$\begin{aligned} dz = p dx + q dy &= p\left(\frac{\partial x}{\partial \alpha} d\alpha + \frac{\partial x}{\partial \beta} d\beta\right) + q\left(\frac{\partial y}{\partial \alpha} d\alpha + \frac{\partial y}{\partial \beta} d\beta\right) \\ &= (p + q\alpha)\frac{\partial x}{\partial \alpha} d\alpha + (p - q\alpha)\frac{\partial x}{\partial \beta} d\beta \\ &= \alpha^2 \frac{\partial x}{\partial \alpha} d\alpha + \frac{2\sqrt{\alpha\beta} - \alpha^2}{3}\frac{\partial x}{\partial \beta} d\beta ; \end{aligned}$$

remplaçons $\frac{\partial x}{\partial \alpha}$ et $\frac{\partial x}{\partial \beta}$ par leurs valeurs ; il vient enfin

$$dz = \alpha^2\psi'(\alpha)\,d\alpha - \frac{\sqrt{\alpha}\,\varphi(\beta)}{2}\,d\alpha - \frac{\alpha\sqrt{\alpha}\,\varphi'(\beta)}{3}\,d\beta + \frac{2\sqrt{\beta}\,\varphi'(\beta)}{3}\,d\beta,$$

ou

$$z = \int \alpha^2\psi'(\alpha)\,d\alpha - \frac{\alpha\sqrt{\alpha}}{3}\varphi(\beta) + \frac{2}{3}\int \sqrt{\beta}\,\varphi'(\beta)\,d\beta. \tag{61}$$

Les formules (59), (60) et (61) représentent l'intégrale générale de l'équation proposée (51). Il est facile de se débarrasser de tout signe de quadrature; il suffit, pour cela, de remplacer $\psi(\alpha)$ par $\Psi''(\alpha)$ et $\varphi(\beta)$ par $\sqrt{\beta}\Phi'(\beta)$, et on obtient pour x, y, z les expressions suivantes :

$$(62)\quad \left\{ \begin{aligned} z &= \alpha^2\Psi''(\alpha) - 2\alpha\Psi'(\alpha) + 2\Psi(\alpha) - \frac{\alpha\sqrt{\alpha\beta}}{3}\Phi'(\beta) + \frac{2}{3}\beta\Phi'(\beta) - \frac{\Phi(\beta)}{3}. \\ y &= -\sqrt{\alpha\beta}\,\Phi'(\beta) + \alpha\Psi''(\alpha) - \Psi'(\alpha), \\ x &= \sqrt{\frac{\beta}{\alpha}}\,\Phi'(\beta) + \Psi''(\alpha), \end{aligned} \right.$$

Remarque I. — On peut aussi employer la méthode de Monge pour intégrer l'équation (51). En effet, les équations (A) admettent deux combinaisons intégrables

$$d\left(q + \sqrt{4p + q^2}\right) = 0, \qquad d\left[2y + \left(q + \sqrt{4p + q^2}\right)x\right] = 0,$$

et on a, par conséquent, l'intégrale intermédiaire

$$2y + \left(q + \sqrt{4p + q^2}\right)x = f\left(q + \sqrt{4p + q^2}\right),$$

f étant une fonction arbitraire. Si on emploie la transformation de Legendre, on peut remplacer cette équation par l'équation linéaire

$$2q + (y + \sqrt{4x + y^2})\, p = f\,(y + \sqrt{4x + y^2}),$$

dont l'intégration se ramène à celle du système d'équations différentielles ordinaires

$$\text{(63)} \qquad \frac{dy}{2} = \frac{dx}{y + \sqrt{4x + y^2}} = \frac{dz}{f\,(y + \sqrt{4x + y^2})}.$$

Si l'on prend pour variables indépendantes y et $x' = \dfrac{y + \sqrt{4x + y^2}}{2}$, on a

$$x = x'^2 - x'y,$$
$$dx = 2x'dx' - x'dy - ydx';$$

et le système (63) devient

$$\text{(64)} \qquad dy = \frac{(2x' - y)\, dx'}{2x'} = \frac{2dz}{\varphi\,(x')}.$$

La première équation

$$dy = \frac{(2x' - y)\, dx'}{2x'}$$

nous donne d'abord

$$y = \frac{2}{3}\, x' + \frac{C}{\sqrt{x'}},$$

et il reste à intégrer l'équation différentielle

$$2dz = \left\{ \frac{2}{3}\, \varphi\,(x') - \frac{C}{2x'\sqrt{x'}}\, \varphi\,(x') \right\} dx'$$

avec une fonction arbitraire φ. Si on remplace d'abord $\varphi\,(x')$ par $\psi'\,(x')$, on a

$$2z = \frac{2}{3}\, \psi\,(x') - \frac{C}{2} \int x'^{-\frac{3}{2}}\, \psi'\,(x')\, dx,$$

$$\int x'^{-\frac{3}{2}}\, \psi'\,(x')\, dx' = x'^{-\frac{3}{2}}\, \psi\,(x') + \frac{3}{2} \int x'^{-\frac{5}{2}}\, \psi\,(x')\, dx',$$

et il suffit de remplacer $\psi(x')$ par $x'^{-\frac{5}{2}}\,F'(x')$ pour n'avoir plus aucun signe de quadrature.

Remarque II. — L'équation (51) admet une intégrale singulière du premier ordre

$$4p + q^2 = 0;$$

les deux facteurs linéaires en r, t en lesquels elle se décompose, deviennent alors identiques (Cf. n° 12).

Remarque III. -- On a trouvé plus haut que, le long d'une caractéristique du système (B), on a

$$\frac{\partial y}{\partial \alpha} = \alpha\,\frac{\partial x}{\partial \alpha}, \qquad \frac{\partial z}{\partial \alpha} = \alpha^2\,\frac{\partial x}{\partial \alpha}.$$

et, par suite,

$$\left(\frac{\partial y}{\partial x}\right)^2 = \frac{\partial z}{\partial x};$$

les caractéristiques du système (B) ont donc leurs tangentes parallèles aux génératrices du cône

$$\text{(65)} \qquad Y^2 - XZ = 0.$$

On voit, en outre, que, le long d'une caractéristique du système (A), α restant constant, les tangentes aux caractéristiques du système (B) restent parallèles, de sorte que les plans tangents à la surface intégrale enveloppent un cylindre, dont les génératrices sont parallèles à la droite

$$\frac{X}{1} = \frac{Y}{\alpha} = \frac{Z}{\alpha^2};$$

les caractéristiques des deux systèmes sont donc conjuguées, ce qui résulte aussi du n° 74. Enfin les équations (A) et (B) montrent que les projections sur le plan des xy des tangentes aux deux caractéristiques issues d'un point ont leurs coefficients angulaires égaux et de signes contraires. En réunissant ces différents résultats, on peut donner de l'équation proposée (51) l'interprétation géométrique suivante. Considérons un élément (x, y, z, p, q) ; le plan P qui a pour équation

$$Z - z = p\,(X - x) + q\,(Y - y)$$

coupe le cône

$$(Y - y)^2 - (X - x)\,(Z - z) = 0$$

suivant deux génératrices. Soit D une de ces génératrices, Δ la droite du plan P, telle que les projections sur le plan des xy des droites D et Δ aient des coefficients angulaires égaux et de signes contraires. *L'équation* (51) *exprime que ces deux droites* D *et* Δ *sont deux directions conjuguées de la surface.*

L'équation du premier ordre

$$q^2 + 4p = 0$$

définit les surfaces développables dont les génératrices sont parallèles à celles du cône (65). Il est évident que ces surfaces satisfont à la condition précédente, car la droite D est alors confondue avec la génératrice.

Exemples [1]

1° Intégrer les équations à coefficients constants

$$Hr + 2Ks + Lt = 0,$$
$$Hr + 2Ks + Lt + M = 0,$$
$$Hr + 2Ks + Lt + M + N(rt - s^2) = 0;$$

2° Intégrer les équations

$$\left(s + \frac{p-q}{x-y}\right)^2 = rt,$$
$$(b+cq)^2r - 2(b+cq)(a+cp)s + (a+cp)^2t = 0,$$
$$x^2r + 2xys + y^2t = 0,$$
$$r - a^2t + 2ab(p+aq) = 0,$$
$$2pqyr + (p^2y+qx)s + xpt - xy - p^2q(rt-s^2) = 0,$$
$$z(1+q^2)r - 2pqzs + z(1+p^2)t + 1 + p^2 + q^2 + z^2(rt-s^2) = 0,$$
$$xqr + ypt - pq - xy(rt-s^2) = 0,$$
$$q^2r + 4pqs + p^2t - a^2 + p^2q^2(rt-s^2) = 0.$$
$$sxy + z - px - qy = 0,$$
$$pqs - z(rt-s^2) = 0,$$
$$q^2(z - px - qy) = (pt - qs)xz,$$
$$p^2r + 2pqs + q^2t - (xp+yq)(rt-s^2) = 0.$$
$$(1+pq)(r-s) = (p^2-q^2)t + p^2r - q^2s,$$
$$r(1+q^2+pq) + s(q^2-p^2) - t(1+p^2+pq) = 0,$$
$$(x+y)(r-t) + 4p = 0,$$
$$(p+q+r)(1+t) - (1-s)^2 = 0 \text{ (Imschenetsky)}$$
$$\alpha(\beta+q)r + [\beta(\beta+q) - \alpha(\alpha+p)]s - \beta(\alpha+p)t = 0,$$

[1] J'ai emprunté un grand nombre d'exemples à l'excellent traité de Forsyth, *A treatise on differential equations.*

où

$$\alpha = \frac{y + qz}{xq - py}, \qquad \beta = \frac{x + pz}{xq - py} \text{ (Imschenetsky)}$$

$$qr + (x + p)s + yt + q + y(rt - s^2) = 0 \text{ (Imschenetsky)};$$

3° Ramener l'équation

$$x^2r + 2x^2s + \left(x^2 - \frac{b^2}{q^2x^2}\right)t - 2z = 0$$

à l'équation

$$4bs - p + q = 0$$

par une transformation de contact (Ampère et Imschenetsky);

4° Ramener l'équation

$$r + 2qs + (q^2 - x^2)t - q = 0$$

à la forme

$$4(p + q)s - 1 = 0$$

par une transformation de contact (Ampère);

5° Ramener l'équation

$$zs + \frac{zt}{q^2} + pq = 0$$

à l'équation

$$(x + y)^2s - 2(x + y)q + 2z = 0$$

par une transformation de contact (Ampère et Imschenetsky);

6° Ramener l'équation

$$xr + (p + x)s + pt - x = 0$$

à la forme

$$(q + x)s + p = 0$$

par une transformation de contact (Ampère);

7° Ramener l'équation

$$r + 2qs + (q^2 - b^2)t = 0$$

à la forme

$$2bs - p - q = 0$$

par une transformation de contact (Ampère);

8° Ramener l'équation

$$f[\zeta + (1 + xy) q] + x\zeta + (x^2 + xy - y) q - p = 0$$

où

$$\zeta = r + 2 (x + y) s + (x + y)^2 t,$$

à la forme

$$f(r) + xr - p = 0$$

par une transformation ponctuelle (Imschenetsky);

9° Ramener l'équation

$$r + 2qs + q^2 t + f(x) = 0$$

à l'équation

$$t = p$$

par une transformation de contact (Ampère);

10° Même question pour l'équation

$$pt + 1 = 0 \text{ (Ampère)};$$

11° Ramener l'équation

$$\frac{ax^2}{y^2} r + \frac{by^2}{x^2} t + (lx + my + nxy)\left[rt - s^2 - 2\left(\frac{z}{xy} - \frac{p}{y} - \frac{q}{x}\right) - \left(\frac{z}{xy} - \frac{p}{y} - \frac{q}{x}\right)^2\right] = 0$$

à une équation linéaire à coefficients constants, par une transformation de contact.

[On se sert de l'intégrale $z = \alpha x + \beta y + \gamma xy$, qui renferme trois constantes arbitraires α, β, γ] (Imschenetsky).

12° Ramener l'équation

$$(1 + q^2) r - (1 + p^2) t = 0$$

à la forme

$$2 (x + y) s - p - q = 0$$

par une transformation de contact (Fuchs);

13° Résoudre le problème de Cauchy pour l'équation de Laplace, en considérant les surfaces intégrales comme des surfaces de translation;

14° Déterminer les équations telles que les deux systèmes de caractéristiques forment, sur chaque surface intégrale, deux familles de courbes orthogonales.

15° La détermination des surfaces, dont les lignes asymptotiques de l'un des systèmes sont situées sur des cylindres de révolution ayant le même axe, se ramène à l'intégration de l'équation $r = q$ (L. Bianchi);

16° Intégrer par la méthode d'Ampère l'équation

$$r - t - \frac{2p}{x} = 0;$$

17° L'équation aux dérivées partielles des surfaces à courbure totale constante se ramène à l'équation aux dérivées partielles des surfaces à courbure moyenne constante par une transformation de contact.

(O. Bonnet.)

CHAPITRE IV

THÉORIE GÉNÉRALE DES CARACTÉRISTIQUES (¹)

Définition des caractéristiques. — Caractéristiques du premier et du second ordre. — Caractéristiques d'ordre supérieur. — Tous les éléments d'une caractéristique du second ordre appartiennent, en général, à une infinité de surfaces intégrales. — Retour sur le problème de Cauchy. — Equations qui admettent des caractéristiques du premier ordre. — Recherche générale des intégrales intermédiaires. — Etude du cas où les équations qui déterminent les intégrales intermédiaires forment un système en involution. — Aperçu du mémoire d'Ampère.

77. L'étude du problème de Cauchy pour les équations de Monge et d'Ampère nous a conduits à une notion fondamentale, celle des caractéristiques. Nous allons maintenant, en nous plaçant à un point de vue plus général, étendre cette notion aux équations de forme quelconque.

Soit

$$F(x, y, z, p, q, r, s, t) = 0 \tag{1}$$

une équation du second ordre de forme arbitraire et

$$z = \Phi(x, y) \tag{2}$$

une intégrale *non singulière* de cette équation. Sur la surface (S) représentée par l'équation (2), considérons les deux familles de courbes qui

(¹) Auteurs à consulter: Ampère, Considérations générales sur les intégrales des équations aux différentielles partielles (*Journal de l'Ecole Polytechnique, XVII*ᵉ *cahier*); Bäcklund, *Ueber partielle differentialgleichungen höherer ordnung, die intermediäre erste integrale besitzen* (*Mathematische Annalen*, t. XI et XIII); *Zur theorie der charakteristiken der partiellen differentialgleichungen zweiter ordnung* (*Ibid.*, t. XIII); E. Goursat, Sur une classe d'équations aux dérivées partielles du second ordre et sur la théorie des intégrales intermédiaires (*Acta Mathematica*, t. XIX).

sont définies par l'équation différentielle

$$(3) \qquad R\,dy^2 - S\,dx\,dy + T\,dx^2 = 0,$$

où on pose

$$R = \frac{\partial F}{\partial r}, \quad S = \frac{\partial F}{\partial s}, \quad T = \frac{\partial F}{\partial t};$$

si on imagine que, dans l'équation (3), on ait remplacé z, p, q, r, s, t par leurs expressions en fonction de x, y, déduites de la relation (2),

$$p = \frac{\partial \Phi}{\partial x}, \quad q = \frac{\partial \Phi}{\partial y} \quad r = \frac{\partial^2 \Phi}{\partial x^2}, \quad s = \frac{\partial^2 \Phi}{\partial x \partial y}, \quad t = \frac{\partial^2 \Phi}{\partial y^2},$$

on a une équation différentielle ordinaire entre les variables x et y, du premier ordre et du second degré en $\frac{dy}{dx}$. Par tout point de la surface (S), il passe donc en général deux courbes distinctes, satisfaisant à l'équation (3). Soit C une quelconque de ces courbes; le long de C x, y, z, p, q, r, s, t sont des fonctions d'une seule variable indépendante qui satisfont aux relations

$$(4) \qquad \left\{ \begin{aligned} & F(x, y, z, p, q, r, s, t) = 0, \\ & R\,dy^2 - S\,dx\,dy + T\,dy^2 = 0, \\ & dz = p\,dx + q\,dy, \\ & dp = r\,dx + s\,dy, \\ & dq = s\,dx + t\,dy; \end{aligned} \right.$$

à ces cinq relations on peut en ajouter deux autres indépendantes de l'intégrale considérée $\Phi(x, y)$. Posons, pour abréger,

$$\left(\frac{dF}{dx}\right) = \frac{\partial F}{\partial x} + \frac{\partial F}{\partial z} p + \frac{\partial F}{\partial p} r + \frac{\partial F}{\partial q} s,$$

$$\left(\frac{dF}{dy}\right) = \frac{\partial F}{\partial y} + \frac{\partial F}{\partial z} q + \frac{\partial F}{\partial p} s + \frac{\partial F}{\partial q} t,$$

$$\alpha = \frac{\partial^3 z}{\partial x^3}, \quad \beta = \frac{\partial^3 z}{\partial x^2 \partial y}, \quad \gamma = \frac{\partial^3 z}{\partial x \partial y^2}, \quad \delta = \frac{\partial^3 z}{\partial y^3};$$

on a, en tout point de la courbe C,

$$(5) \qquad \left\{ \begin{aligned} & \left(\frac{dF}{dx}\right) + R\alpha + S\beta + T\gamma = 0, \\ & \left(\frac{dF}{dy}\right) + R\beta + S\gamma + T\delta = 0, \end{aligned} \right.$$

relations que l'on obtient en différentiant l'équation (1), par rapport à x et à y; on a aussi, puisque la courbe C appartient à la surface (S),

$$(6)\qquad \begin{cases} dr = \alpha dx + \beta dy, \\ ds = \beta dx + \gamma dy, \\ dt = \gamma dx + \delta dy. \end{cases}$$

Supposons, afin de fixer les idées, que les dérivées R et T ne sont pas nulles sur la surface intégrale; alors le rapport $\frac{dy}{dx}$ n'est ni nul ni infini, et on tire des relations (6)

$$\beta = \frac{dr - \alpha dx}{dy},$$
$$\gamma = \frac{ds}{dy} - \frac{dr dx}{dy^2} + \alpha \left(\frac{dx}{dy}\right)^2,$$
$$\delta = \frac{dt}{dy} - \frac{ds dx}{dy^2} + \frac{dr dx^2}{dy^3} - \alpha \left(\frac{dx}{dy}\right)^3.$$

En remplaçant β, γ, δ par ces valeurs dans la première des équations (5), α disparaît du résultat en vertu de la formule (3), et il reste

$$\left(\frac{dF}{dx}\right) + S\frac{dr}{dy} + T\left(\frac{ds}{dy} - \frac{dr dx}{dy^2}\right) = 0,$$

ou, en remplaçant S par $\frac{R dy^2 + T dx^2}{dx dy}$.

$$\left(\frac{dF}{dx}\right) + R\frac{dr}{dx} + T\frac{ds}{dy} = 0;$$

la dernière des relations (5) devient de même

$$\left(\frac{dF}{dy}\right) + R\frac{ds}{dx} + T\frac{dt}{dy} = 0.$$

Cela posé, appelons *élément du second ordre* tout système de valeurs des variables (x, y, z, p, q, r, s, t); on appelle *multiplicité caractéristique* ou, plus simplement, *caractéristique* de l'équation (1) tout système simplement infini d'éléments du second ordre, satisfaisant aux relations qui viennent d'être établies,

$$(7)\quad \begin{cases} F(x, y, z, p, q, r, s, t) = 0, \\ Rdy^2 - Sdxdy + T\,dx^2 = 0, \\ dz = pdx + qdy, \\ dp = rdx + sdy, \\ dq = sdx + tdy, \\ \left(\dfrac{dF}{dx}\right) + R\,\dfrac{dr}{dx} + T\,\dfrac{ds}{dy} = 0, \\ \left(\dfrac{dF}{dy}\right) + R\,\dfrac{ds}{dx} + T\,\dfrac{dt}{dy} = 0. \end{cases}$$

L'équation

$$Rdy^2 - Sdxdy + Tdx^2 = 0$$

possède, en général, deux racines distinctes

$$\frac{dy}{dx} = m_1, \qquad \frac{dy}{dx} = m_2;$$

en remplaçant successivement dy par m_1dx et par m_2dx, on obtient deux systèmes d'équations *linéaires* par rapport aux différentielles des variables x, y, z, p, q, r, s, t ; de sorte que toute équation de la forme (1) possède, en général, deux systèmes distincts de caractéristiques.

Les équations (7) se réduisent, en réalité, à six équations distinctes. Si, en effet, on multiplie l'avant-dernière équation par dx, la dernière par dy et qu'on les ajoute, il vient

$$\left(\frac{dF}{dx}\right) dx + \left(\frac{dF}{dy}\right) dy + Rdr + \left(T\,\frac{dx}{dy} + R\,\frac{dy}{dx}\right) ds + Tdt = 0,$$

ou, en tenant compte de l'équation (3) et en développant,

$$\frac{\partial F}{\partial x}dx + \frac{\partial F}{\partial y}dy + \frac{\partial F}{\partial z}(pdx + qdy) + \frac{\partial F}{\partial p}(rdx + sdy) + \frac{\partial F}{\partial q}(sdx + tdy)$$
$$+ Rdr + Sds + Tdt = 0,$$

c'est-à-dire $dF = 0$. Si on tire une des variables de la relation $F = 0$ et qu'on porte la valeur obtenue dans les suivantes, on a donc un système de six équations différentielles, qui se réduisent à cinq équations distinctes, entre sept variables. La solution la plus générale dépend d'une fonction arbitraire; car, si on regarde x, par exemple, comme la variable indépendante, on peut prendre pour une autre des variables une fonction arbitraire de x et les cinq variables restantes sont déterminées en fonction de x par un système de cinq équations.

78. Lorsqu'une des dérivées R ou T est nulle, les formules (7) qui définissent les caractéristiques doivent être modifiées. Par exemple, supposons que T soit nul, et que R soit différent de zéro ; on a un premier système de caractéristiques défini par les relations (7) où on aurait remplacé la seconde équation par $R\,dy - S\,dx = 0$. Les équations différentielles du second système sont

$$(7\ bis)\quad \begin{cases} F = 0, \quad dy = 0, \quad dz = p\,dx, \quad dp = r\,dx, \quad dq = s\,dx, \\ \left(\dfrac{dF}{dx}\right) + R\dfrac{dr}{dx} + S\dfrac{ds}{dx} = 0, \\ \left(\dfrac{dF}{dy}\right) + R\dfrac{ds}{dx} + S\dfrac{dt}{dx} = 0. \end{cases}$$

Lorsque R est nul et T différent de zéro, on a de même deux systèmes de caractéristiques dont les équations se déduisent des précédentes en permutant x et y, R et T. Enfin, si R et T sont nuls simultanément, les équations différentielles des deux systèmes de caractéristiques sont respectivement

$$(A)\quad \begin{cases} F = 0, \quad dx = 0, \quad dz = q\,dy, \quad dp = s\,dy, \quad dq = t\,dy, \\ \left(\dfrac{dF}{dx}\right) dy + S\,dr = 0, \qquad \left(\dfrac{dF}{dy}\right) dy + S\,ds = 0; \end{cases}$$

$$(B)\quad \begin{cases} F = 0, \quad dy = 0, \quad dz = p\,dx, \quad dp = r\,dx, \quad dq = s\,dx, \\ \left(\dfrac{dF}{dx}\right) dx + S\,ds = 0; \qquad \left(\dfrac{dF}{dy}\right) dx + S\,dt = 0. \end{cases}$$

Remarque. — Les deux systèmes de caractéristiques sont confondus si l'équation (3) a ses racines égales, c'est-à-dire si l'on a

$$(8)\qquad S^2 - 4RT = 0;$$

la relation (8) peut être une conséquence de l'équation $F = 0$ elle-même, de sorte que sur toute surface intégrale il n'y aura qu'une caractéristique issue de chaque point. Il est facile de caractériser les équations du second ordre qui jouissent de cette propriété ; considérons, comme au n° 22, x, y, z, p, q comme des constantes, r, s, t comme les coordonnées cartésiennes d'un point, l'équation (1) représente une certaine surface (Σ). L'équation (8), qui est une équation aux dérivées partielles du premier ordre, exprime que la surface (Σ) est une surface développable dont le plan tangent reste constamment parallèle à un plan tangent au cône (T) représenté par l'équation

$$s^2 - rt = 0.$$

79. Appliquons ces généralités aux équations de Monge et d'Ampère

$$(9)\qquad F = Hr + 2Ks + Lt + M + N(rt - s^2) = 0,$$

et supposons, pour nous borner au cas général, que N ne soit pas nul. Les premières équations (7) sont ici

$$(10)\qquad \begin{cases} F = 0 \\ (H + Nt)\,dy^2 - 2(K - Ns)\,dxdy + (L + Nr)\,dx^2 = 0, \\ dz = pdx + qdy, \\ dp = rdx + sdy, \\ dq = sdx + tdy; \end{cases}$$

la seconde peut s'écrire

$$Hdy^2 - 2Kdxdy + Ldx^2 + Ndx(rdx + sdy) + Ndy(sdx + tdy) = 0,$$

ou encore

$$(11)\qquad Hdy^2 - 2Kdxdy + Ldx^2 + N(dpdx + dqdy) = 0.$$

De même, si on tire r et t des deux dernières relations (10) et qu'on porte leurs expressions dans l'équation $F = 0$, il vient, en tenant compte de la formule (11),

$$(12)\qquad Hdpdy + Ldqdx + Mdxdy + Ndpdq = 0;$$

de sorte que le système (10) est équivalent au système formé des cinq équations suivantes :

$$(13)\qquad \begin{cases} Hdpdy + Ldqdx + Mdxdy + Ndpdq = 0, \\ Hdy^2 - 2Kdxdy + Ldx^2 + N(dpdx + dqdy) = 0, \\ dz = pdx + qdy, \\ dp = rdx + sdy, \\ dq = sdx + tdy. \end{cases}$$

En effet, si on remplace dp et dq par $rdx + sdy$ et $rdx + tdy$ dans les équations (11) et (12), la formule (11) devient identique à la seconde des formules (10) et, en éliminant $\frac{dy}{dx}$ entre les relations (11) et (12), on retrouve précisément l'équation $F = 0$.

Les trois premières des équations (13) ne renferment que les variables x, y, z, p, q et leurs différentielles ; nous appellerons *caractéristique du premier ordre* de l'équation (9) toute suite simplement infinie d'éléments du premier ordre (x, y, z, p, q), vérifiant les trois premières équations (13). Il est aisé de s'assurer que ces caractéristiques du premier ordre sont identiques aux multiplicités caractéristiques étudiées au chapitre II (¹). On voit donc que toute multiplicité caractéristique du second ordre d'une équation de la forme (9) renferme une multiplicité caractéristique du premier ordre, et, en conservant les notations du n° 23, les équations différentielles des deux systèmes de caractéristiques du second ordre sont respectivement

$$(14)\quad \left\{\begin{aligned} &\mathrm{N}dp + \mathrm{L}dx + \lambda_1 dy = 0,\\ &\mathrm{N}dq + \lambda_2 dx + \mathrm{H}dy = 0,\\ &dz - pdx - qdy = 0,\\ &dp - rdx - sdy = 0,\\ &dq - sdx - tdy = 0,\\ &\left(\frac{d\mathrm{F}}{dx}\right) + \mathrm{R}\frac{dr}{dx} + \mathrm{T}\frac{ds}{dy} = 0,\\ &\left(\frac{d\mathrm{F}}{dy}\right) + \mathrm{R}\frac{ds}{dx} + \mathrm{T}\frac{dt}{dy} = 0, \end{aligned}\right.$$

le second système se déduisant du premier en permutant λ_1 et λ_2. Inversement, *toute caractéristique du premier ordre appartient, en général, à une infinité de caractéristiques du second ordre, dépendant d'une constante arbitraire*. Soient, en effet, x, y, z, p, q cinq fonctions d'une variable indépendante α satisfaisant aux relations

$$(15)\quad \left\{\begin{aligned} &\mathrm{N}dp + \mathrm{L}dx + \lambda_1 dy = 0,\\ &\mathrm{N}dq + \lambda_2 dx + \mathrm{H}dy = 0,\\ &dz - pdx - qdy = 0; \end{aligned}\right.$$

(¹) Le calcul peut se faire de la façon suivante. Posons :

$$\begin{aligned} \mathrm{F}_1 &= \mathrm{H}dy^2 - 2\mathrm{K}dxdy + \mathrm{L}dx^2 + \mathrm{N}(dpdx + dqdy) = 0,\\ \mathrm{F}_2 &= \mathrm{H}dpdy + \mathrm{L}dqdx + \mathrm{M}dxdy + \mathrm{N}dpdq = 0; \end{aligned}$$

on a :

$$\begin{aligned} \mathrm{NF}_2 + \lambda\mathrm{F}_1 = {} & (\mathrm{N}dp + \mathrm{L}dx + \lambda dy)(\mathrm{N}dq + \mathrm{H}dy + \lambda dx)\\ & - (\lambda^2 + 2\mathrm{K}\lambda + \mathrm{HL} - \mathrm{MN})\,dxdy = 0. \end{aligned}$$

Si on prend successivement pour λ les deux racines λ_1 et λ_2 de l'équation :

$$\lambda^2 + 2\mathrm{K}\lambda + \mathrm{HL} - \mathrm{MN} = 0,$$

on est conduit aux deux équations :

$$\begin{aligned} (\mathrm{N}dp + \mathrm{L}dx + \lambda_1 dy)(\mathrm{N}dq + \mathrm{H}dy + \lambda_1 dx) &= 0\\ (\mathrm{N}dp + \mathrm{L}dx + \lambda_2 dy)(\mathrm{N}dq + \mathrm{H}dy + \lambda_2 dx) &= 0. \end{aligned}$$

qui se décomposent chacune en deux autres. En associant convenablement les facteurs obtenus, on retrouve les équations du n° 23.

pour avoir une caractéristique du second ordre, il faut ensuite déterminer r, s, t au moyen des quatre équations restantes

$$(16)\quad \begin{cases} dp - rdx - sdy = 0, \\ dq - sdx - tdy = 0, \\ F_1 = \left(\frac{dF}{dx}\right) + R\frac{dr}{dx} + T\frac{ds}{dy} = 0, \\ F_2 = \left(\frac{dF}{dy}\right) + R\frac{ds}{dx} + T\frac{dt}{dy} = 0, \end{cases}$$

qui se réduisent à trois relations distinctes. En effet, les cinq premières équations (14) entraînent la relation $F = 0$, et on a vu plus haut qu'on avait, en tenant compte des valeurs de dz, dp, dq,

$$dF = F_1dx + F_2dy.$$

Donc, si on tire deux des variables r, s, t des relations :

$$dp - rdx - sdy = 0,$$
$$dq - sdx - tdy = 0,$$

et qu'on porte ces valeurs dans les deux équations $F_1 = 0$, $F_2 = 0$, celles-ci se réduiront à une seule. On a, par exemple, en tirant r et t en fonction de s,

$$d^2p - drdx - dsdy - rd^2x - sd^2y = 0,$$

ou :

$$dr = \frac{d^2p - rd^2x - sd^2y - dsdy}{dx};$$

si on remplace r, t et dr par leurs valeurs dans la relation $F_1 = 0$, on est conduit à une équation différentielle du premier ordre pour déterminer s, et le coefficient de ds dans cette équation est

$$\frac{Tdx^2 - Rdy^2}{dx^2dy};$$

ce coefficient ne peut être nul, à moins que l'on n'ait $S^2 - 4RT = 0$, cas que nous écarterons tout d'abord, car telle est la condition pour que les deux équations

$$Rdy^2 - Sdxdy + Tdx^2 = 0,$$
$$Rdy^2 - Tdx^2 = 0$$

soient compatibles, lorsque R et T sont différents de zéro. Par conséquent, si on imagine x, y, z, p, q exprimés en fonction de la variable indépendante α, s est déterminé par une équation du premier ordre

$$\frac{ds}{d\alpha} = \psi(\alpha, s); \tag{17}$$

on aura ensuite r et t

$$r = \frac{dp - sdy}{dx}, \quad t = \frac{dq - sdx}{dy}.$$

L'équation (17) admet une infinité de solutions dépendant d'une constante arbitraire, ce qui démontre le théorème énoncé plus haut. On sait que l'intégrale de l'équation (17) est déterminée, si on connait sa valeur pour une valeur particulière de α; par suite, si les valeurs de r, s, t sont connues en un point de la caractéristique du premier ordre, elles sont déterminées par là même tout le long de cette caractéristique. Par conséquent, *si deux surfaces intégrales admettent tous les éléments d'une caractéristique du premier ordre et si elles ont un contact du second ordre en un point de cette caractéristique, elles ont un contact du second ordre tout le long de la caractéristique.*

80. Les énoncés précédents supposent que $S^2 - 4RT$ est différent de zéro. Des circonstances tout à fait différentes se présentent lorsque cette quantité est nulle ; en effet, dans l'équation qui doit déterminer s, le coefficient de ds est nul et on a trois équations pour déterminer r, s, t, ne renfermant plus les différentielles. Prenons, par exemple, l'équation aux dérivées partielles des surfaces développables

$$s^2 - rt = 0;$$

les équations différentielles d'une caractéristique du second ordre sont ici

$$dp = 0, \qquad dq = 0, \qquad dz - pdx - qdy = 0,$$
$$rdx + sdy = 0, \qquad sdx + tdy = 0,$$
$$t\frac{dr}{dx} + r\frac{ds}{dy} = 0, \qquad t\frac{ds}{dx} + r\frac{dt}{dy} = 0.$$

On tire des équations de la seconde ligne

$$dr = -\frac{rd^2x + sd^2y + dsdy}{dx},$$
$$dt = -\frac{sd^2x + td^2y + dsdx}{dy},$$

et, en portant dans les équations de la dernière ligne, il reste

$$rd^2x + sd^2y = 0, \qquad sd^2x + td^2y = 0\,;$$

en comparant ces relations aux précédentes, on voit que l'on doit avoir

$$r = s = t = 0\,;$$

à moins que l'on ait

$$\frac{d^2y}{dy} = \frac{d^2x}{dx},$$

c'est-à-dire à moins que la caractéristique du premier ordre considérée ne se compose d'une ligne droite. Dans ce cas, les quatre dernières équations de la caractéristique du second ordre se réduisent à deux

$$rdx + sdy = 0, \qquad sdx + tdy = 0\,;$$

on peut prendre pour une des trois dérivées r, s, t une fonction arbitraire, et les deux autres sont déterminées par là même. On voit donc qu'une caractéristique du premier ordre est contenue dans une seule caractéristique du second ordre, ou bien elle est contenue dans une infinité de caractéristiques du second ordre, *dépendant d'une fonction arbitraire*.

Prenons encore l'équation

$$r - q = 0\,;$$

les équations différentielles des caractéristiques du second ordre sont

$$dy = 0, \qquad dp - qdx = 0, \qquad dz - pdx = 0,$$
$$dp - rdx = 0, \qquad dq - sdx = 0,$$
$$-s + \frac{dr}{dx} = 0, \qquad -t + \frac{ds}{dx} = 0\,;$$

si on connaît des valeurs de x, y, z, p, q satisfaisant aux trois premières relations, les dernières font connaître sans ambiguïté r, s, t. Donc une caractéristique du premier ordre appartient à *une seule* caractéristique du second ordre.

Les deux exemples, que nous venons de traiter, montrent bien la nécessité d'étudier à part les équations aux dérivées partielles, pour lesquelles les deux systèmes de caractéristiques sont confondus.

Remarque. — Les équations de Monge et d'Ampère ne sont pas les seules qui admettent des caractéristiques du premier ordre. Cette propriété appartient aussi à d'autres équations que nous définirons plus loin.

81. On peut aussi considérer des dérivées d'un ordre quelconque, et la suite des valeurs qu'elles prennent le long d'une caractéristique. Prenons, par exemple, les dérivées du troisième ordre

$$p_{30}=\frac{\partial^3 z}{\partial x^3},\quad p_{21}=\frac{\partial^3 z}{\partial x^2\partial y},\quad p_{12}=\frac{\partial^3 z}{\partial x\partial y^2},\quad p_{03}=\frac{\partial^3 z}{\partial y^3};$$

nous appellerons *élément du troisième ordre* tout système de valeurs pour $x, y, z, p, q, r, s, t, p_{30}, p_{21}, p_{12}, p_{03}$. Plus généralement, désignons par p_{ik} la dérivée

$$p_{ik}=\frac{\partial^{i+k} z}{\partial x^i\partial y^k};$$

nous appellerons *élément d'ordre n* tout système de valeurs

$$(x, y, z, p, q, r, s, t, p_{30}, \dots p_{n0}, p_{n-1,1} \dots p_{0n})$$

attribuées à x, y, z et aux dérivées partielles de z, par rapport à x et à y, jusqu'à l'ordre n inclusivement. Quand on se déplace le long d'une caractéristique, la suite simplement infinie d'éléments d'ordre n est *une caractéristique de l'ordre n*. On établit les équations différentielles d'une caractéristique d'ordre n, comme on a établi les équations d'une caractéristique du second ordre. Bornons-nous, pour plus de simplicité, aux caractéristiques du troisième ordre. Nous emploierons, pour abréger, la notation suivante; appelons $\frac{d^2F}{dx^2}$ la dérivée seconde de F par rapport à x, cette dérivée étant prise en regardant z comme une fonction de x et de y, et p, q, r, s, t, comme ses dérivées partielles du premier et du second ordre, et posons

$$\left(\frac{d^2F}{dx^2}\right)=\frac{d^2F}{dx^2}-Rp_{40}-Sp_{31}-Tp_{22}$$

$\left(\frac{d^2F}{dxdy}\right)$ et $\left(\frac{d^2F}{dy^2}\right)$ ayant des significations analogues, on a les trois relations

$$(18)\qquad \left\{\begin{aligned}
&\left(\frac{d^2F}{dx^2}\right)+Rp_{40}+Sp_{31}+Tp_{22}=0,\\
&\left(\frac{d^2F}{dx\,dy}\right)+Rp_{31}+Sp_{22}+Tp_{13}=0,\\
&\left(\frac{d^2F}{dy^2}\right)+Rp_{22}+Sp_{13}+Tp_{04}=0;
\end{aligned}\right.$$

d'ailleurs, on a aussi

$$
\begin{aligned}
dp_{30} &= p_{40}\,dx + p_{31}\,dy,\\
dp_{21} &= p_{31}\,dx + p_{22}\,dy,\\
dp_{12} &= p_{22}\,dx + p_{13}\,dy,\\
dp_{03} &= p_{13}\,dx + p_{04}\,dy;
\end{aligned}
$$

si on tire de ces relations p_{31}, p_{22}, p_{13} et qu'on les porte dans les équations (18), elles deviennent, en tenant compte de la relation (3),

$$
(19)\quad \left\{
\begin{aligned}
&\left(\frac{d^2F}{dx^2}\right) + R\frac{dp_{30}}{dx} + T\frac{dp_{21}}{dy} = U_1 = 0,\\
&\left(\frac{d^2F}{dxdy}\right) + R\frac{dp_{21}}{dx} + T\frac{dp_{12}}{dy} = U_2 = 0,\\
&\left(\frac{d^2F}{dy^2}\right) + R\frac{dp_{12}}{dx} + T\frac{dp_{03}}{dy} = U_3 = 0.
\end{aligned}
\right.
$$

On obtient les équations différentielles d'une caractéristique du troisième ordre, en ajoutant aux équations (7) les relations (19) et (20),

$$
(20)\quad \left\{
\begin{aligned}
dr &= p_{30}\,dx + p_{21}\,dy,\\
ds &= p_{21}\,dx + p_{12}\,dy,\\
dt &= p_{12}\,dx + p_{03}\,dy.
\end{aligned}
\right.
$$

Les six équations que l'on ajoute ainsi aux équations (7) se réduisent, en réalité, à quatre équations distinctes, de sorte que l'on n'a en tout que dix équations entre les douze variables x, y, z, p, q, r, s, t, p_{30}, p_{21}, p_{12}, p_{03}. En effet, si, dans les deux dernières équations (7), on remplace dr, ds, dt par les valeurs (20), elles deviennent (c'est le même calcul qui a été fait plus haut (n° 77)

$$
\begin{aligned}
F_1 &= \left(\frac{dF}{dx}\right) + Rp_{30} + Sp_{21} + Tp_{12} = 0,\\
F_2 &= \left(\frac{dF}{dy}\right) + Rp_{21} + Sp_{12} + Tp_{03} = 0;
\end{aligned}
$$

d'autre part, si nous multiplions la première équation (19) par dx, la seconde par dy, il vient

$$dF_1 = U_1\,dx + U_2\,dy,$$

et on a, de même

$$dF_2 = U_2\,dx + U_3\,dy.$$

Par conséquent, les équations (7), jointes aux équations (20), entraînent les suivantes

$$U_1\,dx + U_2\,dy = 0, \qquad U_2\,dx + U_3\,dy = 0,$$

ce qui montre que deux des relations

$$U_1 = 0 \qquad U_2 = 0, \qquad U_3 = 0$$

sont une conséquence de la troisième.

D'une manière générale, on obtient les équations différentielles d'une caractéristique de l'ordre n, en ajoutant aux équations différentielles d'une caractéristique d'ordre $n - 1$ les $2n$ équations suivantes

$$(21)\quad \left\{\begin{array}{l} \left(\dfrac{d^{n-1}F}{dx^{n-1}}\right) + R\,\dfrac{dp_{n0}}{dx} + T\,\dfrac{dp_{n-1,1}}{dy} = 0,\\ \left(\dfrac{d^{n-1}F}{dx^{n-2}dy}\right) + R\,\dfrac{dp_{n-1,1}}{dx} + T\,\dfrac{dp_{n-2,2}}{dy} = 0,\\ \ldots\ldots\ldots\ldots\ldots\ldots\\ \left(\dfrac{d^{n-1}F}{dy^{n-1}}\right) + R\,\dfrac{dp_{1,n-1}}{dx} + T\,\dfrac{dp_{0n}}{dy} = 0, \end{array}\right.$$

$$(22)\quad \left\{\begin{array}{l} dp_{n-1,0} = p_{n0}\,dx + p_{n-1,1}\,dy,\\ \ldots\ldots\ldots\ldots\ldots\ldots\\ \ldots\ldots\ldots\ldots\ldots\ldots\\ dp_{0,n-1} = p_{1,n-1}\,dx + p_{0n}\,dy; \end{array}\right.$$

on démontre, comme plus haut, que ces $2n$ équations se réduisent en réalité à $(n + 1)$ équations distinctes, en tenant compte des précédentes, de sorte que le nombre des équations différentielles d'une caractéristique d'ordre n est toujours inférieur de *deux* unités au nombre des variables qui y figurent.

En reprenant les raisonnements du n° 79, on démontre de la même façon les théorèmes ci-dessous qui sont une généralisation des précédents:

Si $S^2 - 4RT$ n'est pas nul : 1° *une caractéristique d'ordre n est renfermée dans une infinité de caractéristiques d'ordre $n + 1$, dépendant d'une constante arbitraire ;* 2° *une caractéristique d'ordre n est renfermée dans une infinité de caractéristiques d'ordre $n + r$, dépendant de r constantes arbitraires ;* 3° *si deux surfaces intégrales ont en commun tous les éléments d'une caractéristique du second ordre, et si elles ont un contact d'ordre n en un point de cette caractéristique, elles ont un contact d'ordre n tout le long de la caractéristique.*

Lorsque $S^2 - 4RT = 0$, les conclusions sont toutes différentes. Sans entrer ici dans l'examen détaillé de ce cas, je me bornerai à faire remarquer qu'*en général* une caractéristique d'ordre n est alors contenue dans une seule caractéristique d'ordre $n+1$.

82. Nous avons maintenant à nous occuper d'une question importante. Étant donnée une caractéristique du second ordre, pour laquelle $S^2 - 4RT$ n'est pas nul (cas auquel nous nous bornerons désormais), existe-t-il des surfaces intégrales, admettant tous les éléments de cette caractéristique? Nous avons laissé de côté l'examen de ce problème au n° 16; si l'on veut appliquer la même méthode qui a été suivie à ce paragraphe, on a, pour déterminer les valeurs des dérivées successives en un point de la caractéristique, une suite de systèmes d'équations linéaires, qui sont ou incompatibles ou indéterminés. Il résulte de l'étude que nous venons de faire qu'*il y a toujours indétermination*; en effet, la suite des relations qui existent entre les valeurs des dérivées successives en un point de la caractéristique est identique, en réalité, à la suite formée par les équations différentielles des caractéristiques successives. Il suffit, en effet, de réfléchir un moment à la façon dont on a formé ces équations différentielles, pour reconnaître que chacun des deux systèmes d'équations entraîne l'autre. Or, nous venons de voir que, dans les équations des caractéristiques, on peut prendre arbitrairement la valeur d'une dérivée de chaque ordre en un point. On peut donc former une infinité de séries entières, dépendant d'une infinité de constantes arbitraires, qui satisfont *formellement* à l'équation proposée. Il reste à démontrer que l'on peut toujours choisir ces constantes arbitraires, de façon à obtenir une série convergente.

Nous nous appuierons pour cela sur le théorème suivant que l'on va d'abord établir [1]: *Soit*

$$s = F(x, y, z, p, q, r, t) \tag{23}$$

une équation du second ordre où le second membre est holomorphe dans le voisinage des valeurs $x_0, y_0, z_0, p_0, q_0, r_0, t_0$, *des variables* x, y, z, p, q, r, t; *soient* $\varphi(x)$ *et* $\psi(y)$ *deux fonctions holomorphes dans le domaine des points* x_0 *et* y_0, *respectivement, et telles que l'on ait*

$$\varphi(x_0) = z_0, \quad \varphi'(x_0) = p_0, \quad \varphi''(x_0) = r_0,$$
$$\psi(y_0) = z_0, \quad \psi'(y_0) = q_0, \quad \psi''(y_0) = t_0.$$

[1] J'ai énoncé ce théorème et indiqué rapidement la démonstration dans une note présentée à l'Académie des Sciences (*Comptes rendus*, t. CXX, 1er avril 1895, p. 712).

Si, en outre, les deux dérivées partielles $\frac{\partial F}{\partial r}$, $\frac{\partial F}{\partial t}$ *sont nulles pour ces valeurs initiales, l'équation* (23) *admet une intégrale holomorphe dans le voisinage du point* (x_0, y_0), *se réduisant à* $\varphi(x)$ *pour* $y = y_0$ *et à* $\psi(y)$ *pour* $x = x_0$.

On ne diminue pas la généralité du théorème en supposant

$$x_0 = y_0 = z_0 = p_0 = q_0 = r_0 = t_0 = 0, \qquad \varphi(x) = 0, \qquad \psi(y) = 0,$$

car il suffit de remplacer x, y, z, par $x_0 + x'$, $y_0 + y'$,

$$z' + \varphi(x_0 + x') + \psi(y_0 + y') - z_0$$

respectivement pour être ramené à ce cas. L'équation (23) est alors de la forme

$$s = a + bx + cy + dz + ep + fq + \dots$$

les termes non écrits étant d'un degré supérieur au premier ; on peut aussi supposer que le terme a est nul, car, si on pose $z = axy + z'$, ce terme disparaît. On peut donc écrire l'équation (23)

$$(24) \qquad s = bx + cy + dz + ep + fq + \dots,$$

les termes non écrits étant au moins du second degré en x, y, z, p, q, r, t. Si cette équation admet une intégrale holomorphe se réduisant à zéro pour $x = 0$ et pour $y = 0$, on pourra calculer les coefficients de proche en proche par les seules opérations d'addition et de multiplication. En effet, tous les termes qui contiennent x seul ou y seul sont nuls par hypothèse,

$$z_0 = 0, \quad \left(\frac{\partial z}{\partial x}\right)_0 = 0, \quad \dots, \quad \left(\frac{\partial^n z}{\partial x^n}\right)_0 = 0, \quad \dots$$
$$\left(\frac{\partial z}{\partial y}\right)_0 = 0, \quad \dots, \quad \left(\frac{\partial^n z}{\partial y^n}\right)_0 = 0, \quad \dots$$

et on a aussi $\left(\frac{\partial^2 z}{\partial x \partial y}\right)_0 = 0$.

Nous connaissons déjà deux des dérivées troisièmes $\left(\frac{\partial^3 z}{\partial x^3}\right)_0$ et $\left(\frac{\partial^3 z}{\partial y^3}\right)_0$; en différentiant les deux membres de l'équation (24) par rapport à x et à y successivement, on en déduira :

$$\left(\frac{\partial^3 z}{\partial x^2 \partial y}\right)_0, \qquad \left(\frac{\partial^3 z}{\partial x \partial y^2}\right)_0 ;$$

puis, on calculera les dérivées quatrièmes :

$$\left(\frac{\partial^4 z}{\partial x^3 \partial y}\right)_0, \qquad \left(\frac{\partial^4 z}{\partial x^2 \partial y^2}\right)_0, \qquad \left(\frac{\partial^4 z}{\partial x \partial y^3}\right)_0,$$

et ainsi de suite. On n'a jamais dans le second membre que les valeurs des dérivées déjà connues, car les coefficients des dérivées du même ordre que celles que l'on veut calculer sont $\frac{\partial F}{\partial r}$ ou $\frac{\partial F}{\partial t}$, coefficients qui sont nuls pour les valeurs initiales.

Pour démontrer la convergence du développement ainsi obtenu, on peut donc employer la méthode des fonctions majorantes. Supposons que la série du second membre de l'équation (24) soit convergente tant que le module de chacune des variables x, y, z, p, q ne dépasse pas ρ et que le module de r et de t ne dépasse pas R, et soit M une limite supérieure du module de F (x, y, z, p, q, r, t) dans ce domaine. La fonction

$$V(x,y,z,p,q,r,t) = \frac{M}{\left(1-\frac{x+y+z+p+q}{\rho}\right)\left(1-\frac{r+t}{R}\right)} - M\left(1+\frac{r+t}{R}\right)$$

est majorante relativement à la fonction F (x, y, z, p, q, r, t), car les coefficients de r et de t, et le terme constant, sont nuls dans les deux séries. Si donc on cherche à déterminer une intégrale de l'équation auxiliaire

$$s = V\,(x, y, z, p, q, r, t) \tag{25}$$

qui soit nulle pour $x = 0$ et pour $y = 0$, les coefficients de la série obtenue seront tous positifs et plus grands que les modules des coefficients correspondants de la première série obtenue, en partant de l'équation (24).

La convergence de ce nouveau développement sera établie, si on montre que l'équation (25) admet une intégrale holomorphe dans le domaine de l'origine, représentée par un développement en série dont tous les coefficients sont réels et positifs. Car les coefficients de ce troisième développement seront nécessairement supérieurs aux coefficients correspondants du second, puisque les coefficients des termes en x^m et en y^n sont supposés positifs, et que les autres se déduisent de ceux-là par voie d'addition et de multiplication. Finalement, tout se réduit à établir que l'équation auxiliaire (25)

$$s = \frac{M}{\left(1 - \frac{x + y + z + u + q}{\rho}\right)\left(1 - \frac{r + t}{R}\right)} - M\left(1 + \frac{r + t}{R}\right)$$

admet pour intégrale une série entière convergente, dont tous les coefficients sont réels et positifs. Cherchons, pour cela, à satisfaire à cette équation, en prenant pour z une fonction de $x + y = u$; cette équation devient

$$\frac{\partial^2 z}{\partial u^2} = \frac{MR}{\left(1 - \frac{u + z + 2\frac{\partial z}{\partial u}}{\rho}\right)\left(R - \frac{2\partial^2 z}{\partial u^2}\right)} - \frac{M}{R}\left(R + 2\frac{\partial^2 z}{\partial u^2}\right)$$

qui peut encore s'écrire:

$$(26) \qquad \frac{\partial^2 z}{\partial u^2} - A\left(\frac{\partial^2 z}{\partial u^2}\right)^2 = \frac{M}{1 - \frac{u+z+2\frac{\partial z}{\partial u}}{\rho}} - M,$$

en posant

$$A = \frac{2}{R} + \frac{4M}{R^2}.$$

Si on développe le second membre en série, on a une série entière, dont tous les coefficients sont positifs; soit

$$\varphi\left(z, u, \frac{\partial z}{\partial u}\right) = az + bu + c\frac{\partial z}{\partial u} + \cdots$$

ce développement. L'équation (26) admet une intégrale holomorphe dans le domaine de l'origine, se réduisant à zéro, ainsi que ses deux premières dérivées, pour $u = 0$. Les coefficients suivants se calculent de proche en proche ; on a, par exemple

$$\frac{\partial^3 z}{\partial u^3} = 2A\frac{\partial^2 z}{\partial u^2}\frac{\partial^3 z}{\partial u^3} + a + b\frac{\partial u}{\partial z} + \cdots$$

Ce qui montre que $\left(\frac{\partial^3 z}{\partial u^3}\right)_0$ est positif. On a ensuite

$$\frac{\partial^4 z}{\partial u^4} = 2A\left(\frac{\partial^3 z}{\partial u^3}\right)^2 + 2A\frac{\partial^2 z}{\partial u^2}\frac{\partial^4 z}{\partial u^4} + \frac{\partial^2 \varphi}{\partial z^2} + \cdots$$

et, par conséquent, $\left(\frac{\partial^4 z}{\partial u^4}\right)_0$ est encore positif; en continuant ainsi, on voit que tous les coefficients successifs de ce développement sont positifs, et de là résulte l'exactitude du théorème énoncé plus haut (p. 184).

83. Pour appliquer ce théorème à la théorie des caractéristiques, nous supposerons qu'on a effectué, comme au n° 17, une transformation ponctuelle de telle façon que la multiplicité ponctuelle à une dimension qui est contenue dans cette caractéristique se réduise à l'axe des x. Les équations finies de la caractéristique considérée sont alors de la forme

$$y = 0, \quad z = 0, \quad p = 0, \quad q = f(x), \quad r = 0, \quad s = f'(x), \quad t = \varphi(x);$$

si on fait le changement de variable

$$z = z' + yf(x) + \frac{y^2\varphi(x)}{2},$$

les équations finies de la caractéristique deviennent

$$(27) \quad y = 0, \quad z = 0, \quad p = 0, \quad q = 0, \quad r = 0, \quad s = 0, \quad t = 0;$$

c'est sous cette forme simple que nous allons les conserver. Soit

$$F(x, y, z, p, q, r, s, t) = 0$$

l'équation aux dérivées partielles correspondante, dont nous supposons le premier membre holomorphe dans le voisinage des valeurs

$$x = y = z \quad \dots \quad = t = 0;$$

l'équation différentielle des caractéristiques

$$Rdy^2 - Sdxdy + Tdx^2 = 0$$

doit admettre la solution $dy = 0$ pour l'origine, et, par conséquent, T doit être nul pour ces valeurs des variables. Comme, d'autre part, nous n'étudions que le cas où $S^2 - 4RT$ n'est pas nul, il s'ensuit que S n'est pas nul pour ces valeurs, et on peut résoudre l'équation aux dérivées partielles par rapport à s. On peut donc prendre cette équation sous la forme

$$s = ax + by + cz + dp + eq + fr + \dots$$

les termes non écrits étant d'un degré supérieur au premier ; il n'y a pas de terme du premier degré en t, puisque la dérivée T doit être nulle pour l'origine. Une dernière transformation simple, qui consiste à remplacer x par $x + fy$, ce qui ne change pas les équations de la caractéristique, permet de faire disparaître le coefficient f, et finalement nous avons à considérer une équation de la forme

$$(28) \quad s = \Phi(x, y, z, p, q, r, t) = ax + by + cz + dp + eq + \ldots$$

où les termes non écrits sont de degré supérieur au premier, et à laquelle on peut appliquer le théorème démontré au paragraphe précédent. Exprimons d'abord que les équations (27) représentent une caractéristique ; les équations des caractéristiques se réduisent ici (n° 78) aux suivantes

$$s - \Phi = 0, \qquad \frac{\partial \Phi}{\partial t} = 0, \qquad \frac{\partial \Phi}{\partial x} = 0, \qquad \frac{\partial \Phi}{\partial y} = 0.$$

On voit donc que la série entière $\Phi(x, y, z, p, q, r, t)$ doit contenir en facteur dans chacun de ses termes une des variables y, z, p, q, r, t, et il doit en être de même de $\frac{\partial \Phi}{\partial y}$ et de $\frac{\partial \Phi}{\partial t}$, c'est-à-dire qu'il ne peut y avoir dans le second membre de l'équation (28) aucun terme en x^n, ni en yx^n, ni en tx^n. Ces conditions sont d'ailleurs suffisantes pour que les formules (27) définissent une caractéristique de l'équation (28).

Cela posé, soit $\psi(y)$ une fonction holomorphe dans le voisinage de l'origine, nulle, ainsi que ses deux premières dérivées, pour $y = 0$. D'après le théorème démontré plus haut, il existe une intégrale de l'équation proposée, holomorphe dans le domaine de l'origine, se réduisant à zéro pour $y = 0$, et à $\psi(y)$ pour $x = 0$. Nous allons montrer que le développement de cette intégrale en série entière ne contient aucun terme du premier degré ni du second degré en y, quels que soient les coefficients de la fonction $\psi(y)$. Employons de nouveau la notation

$$\frac{\partial^{i+k} z}{\partial x^i \partial y^k} = p_{ik};$$

l'équation (28) peut s'écrire :

$$p_{11} = \Phi(x, y, z, p_{10}, p_{01}, p_{20}, p_{02}),$$

et on a, en différentiant par rapport à y et remplaçant p_{11} par sa valeur :

$$p_{12} = \frac{\partial \Phi}{\partial y} + \frac{\partial \Phi}{\partial z} p_{01} + \frac{\partial \Phi}{\partial p_{10}} \Phi + \frac{\partial \Phi}{\partial p_{01}} p_{02} + \frac{\partial \Phi}{\partial p_{20}} p_{21} + \frac{\partial \Phi}{\partial p_{02}} p_{03};$$

d'après les conditions initiales et les conditions auxquelles satisfait la fonction Φ, on voit que p_{11} et p_{12} sont nuls à l'origine. Nous allons montrer que, si toutes les dérivées p_{i1}, p_{i2}, où l'indice i est inférieur ou égal à n, sont nulles à l'origine, il en est de même des dérivées suivantes $p_{n+1,1}$ et $p_{n+1,2}$. En effet, tous les termes du développement de p_{11} contiennent en facteur une des variables y, z, p_{10}, p_{01}, p_{20}, p_{02} ; après avoir différentié n fois par rapport à x, chaque terme du résultat sera divisible, par une des variables précédentes ou par une dérivée de la forme p_{k0} ou de la forme

$$p_{i,1}, \qquad p_{i,2}$$

l'indice i ne dépassant pas n ; par suite $p_{n+1,1}$ sera nul aussi. De même, dans p_{12}, si l'on fait abstraction des termes

$$\frac{\partial \Phi}{\partial p_{20}} p_{21} + \frac{\partial \Phi}{\partial p_{02}} p_{03},$$

tous les autres termes contiennent en facteur une des variables y, z, p_{10}, p_{20}, p_{02} et, après avoir différentié n fois par rapport à x, tous les résultats partiels seront nuls, pour la même raison que tout à l'heure. Les seuls termes qui demandent un examen particulier proviennent de

$$\frac{\partial \Phi}{\partial p_{20}} p_{21} + \frac{\partial \Phi}{\partial p_{02}} p_{03} ;$$

quand on différentie n fois par rapport à x le produit

$$\frac{\partial \Phi}{\partial p_{20}} p_{21},$$

tous les termes contiennent en facteur une des dérivées

$$p_{2,1} \qquad p_{3,1}, \dots \qquad p_{n+1,1}, \qquad p_{n+2,2}$$

et le coefficient de $p_{n+2,2}$ est $\frac{\partial \Phi}{\partial p_{20}}$. Les dérivées $p_{2,1} \dots p_{n,1}$ sont nulles par hypothèse pour l'origine, nous venons de voir que $p_{n+1,1}$ l'est aussi, et le coefficient $\frac{\partial \Phi}{\partial p_{20}}$ l'est également.

Enfin, la dérivée $\frac{\partial \Phi}{\partial p_{02}}$ satisfait aux mêmes conditions que la fonction Φ elle-même, c'est-à-dire que chacun de ces termes contient en facteur une des variables y, z, p_{10}, p_{01}, p_{20}, p_{02} ; on peut donc répéter pour le produit $\frac{\partial\Phi}{\partial p_{02}} p_{03}$ le raisonnement qui a été fait pour la fonction Φ.

Les dérivées p_{11} et p_{12} étant nulles à l'origine, on démontrera de cette façon, de proche en proche, qu'il en est de même de toutes les dérivées successives $p_{n,1}$ et $p_{n,2}$. L'intégrale satisfaisant aux conditions initiales données ne renferme donc aucun terme du premier degré ni du second degré en y, et, par suite, les dérivées p, q, r, s, t sont toutes nulles pour $y = 0$.

Nous pouvons, par conséquent, énoncer le théorème suivant : *Tous les éléments d'une caractéristique du second ordre (pour laquelle* $S^2 - 4RT$ *n'est pas nul) appartiennent à une infinité de surfaces intégrales, dépendant d'une infinité de constantes arbitraires.* Ces constantes arbitraires sont précisément les coefficients de la série entière $\psi(y)$, qui sont assujettis à la seule condition de rendre cette série convergente. On peut toujours prendre arbitrairement les $n-2$ premiers (n étant aussi grand qu'on le veut), et choisir ensuite les autres d'une infinité de manières de façon que la série soit convergente. Or, les valeurs des n premières dérivées partielles à l'origine ne dépendent que des $n-2$ premiers coefficients de $\psi(y)$. Par suite, étant donnée une surface intégrale qui renferme tous les éléments d'une caractéristique du second ordre, on peut en trouver une infinité d'autres, dépendant d'une infinité de constantes arbitraires, qui ont un contact d'ordre n avec la première tout le long de cette caractéristique.

84. Le théorème du n° 82 peut être présenté sous une forme plus générale. Soient C, C' deux courbes quelconques, ayant un point commun O, sans être tangentes en ce point, qui est supposé un point ordinaire pour chacune d'elles. Proposons-nous de rechercher s'il existe une surface intégrale d'une équation du second ordre

$$(29) \qquad F(x, y, z, p, q, r, s, t) = 0,$$

qui passe par les deux courbes C et C' et qui soit représentée par un développement en série entière dans le voisinage du point O. Si cette surface existe, le plan déterminé par les tangentes aux deux courbes est nécessairement le plan tangent ; ce qui fait connaître les valeurs des dérivées p et q au point O. Pour avoir r, s, t, représentons par les lettres d et δ les différentielles relatives aux deux courbes C, C' respectivement ; ces courbes devant être situées sur la surface cherchée, on a les deux relations

$$d^2z = pd^2x + qd^2y + rdx^2 + 2sdxdy + tdy^2,$$
$$\delta^2z = p\delta^2x + q\delta^2y + r\delta x^2 + 2s\delta x\delta y + t\delta y^2,$$

qui, jointes à l'équation (29), déterminent r, s, t. On connaît donc, par là même, l'élément du second ordre de la surface cherchée au point O et, par conséquent, les directions des tangentes aux deux caractéristiques de cette surface qui sont issues du point O ; ces directions sont données par l'équation du second degré

$$Rdy^2 - Sdxdy + Tdx^2 = 0.$$

Nous allons nous borner au cas où ces deux tangentes coïncident avec les tangentes aux deux courbes données C et C' ; ce cas ramène à celui qui a été traité plus haut. Imaginons, en effet, que nous ayons pris pour axes des x et des y les tangentes aux deux courbes C, C' respectivement; les équations de ces courbes seront de la forme

$$C\begin{cases} y - f(x) = 0, \\ z - \varphi(x) = 0; \end{cases} \qquad C'\begin{cases} x - f_1(y) = 0, \\ z - \varphi_1(y) = 0; \end{cases}$$

f, f_1, φ, φ_1 désignant des séries qui commencent par des termes du second degré au moins

$$f(x) = \alpha x^2 + \beta x^3 + \dots$$
$$f_1(y) = \alpha_1 y^2 + \beta_1 y^3 + \dots$$

Faisons la transformation

$$x' = x - f_1(y) = x - \alpha_1 y^2 - \beta_1 y^3 \dots$$
$$y' = y - f(x) = y - \alpha x^2 - \beta x^3 \dots$$

on tire de ces formules pour x et y des fonctions holomorphes de x' et de y'. L'équation (29) est remplacée par une équation de même forme, et les courbes C et C' sont remplacées par deux courbes planes situées respectivement dans le plan des xz et des yz. Soient

$$y' = 0, \qquad x' = 0,$$
$$z = \Phi(x'), \qquad z = \Psi(y').$$

les équations de ces deux nouvelles courbes, et

$$\Phi(x', y', z, p', q', r', s', t') = 0$$

la nouvelle équation du second ordre; comme une transformation ponctuelle ne change pas l'équation différentielle des caractéristiques, on doit avoir pour la nouvelle équation

$$\frac{\partial \Phi}{\partial r'} = 0, \qquad \frac{\partial \Phi}{\partial t'} = 0,$$

à l'origine des coordonnées; par conséquent, $\frac{\partial \Phi}{\partial s'}$ ne peut être nul, et, en résolvant la nouvelle équation par rapport à s', elle est de la forme

$$s' = G(x', y', z, p', q', r', t').$$

Nous sommes donc ramenés au cas qui a été traité au n° 82, et nous pouvons énoncer ce théorème : *Lorsque les deux courbes* C *et* C' *sont tangentes respectivement aux deux caractéristiques issues du point commun, il existe une surface intégrale et une seule passant par ces deux courbes et représentée par un développement en série entière dans le voisinage du point* O.

Si l'une des courbes C appartient à une caractéristique du second ordre ayant l'élément du second ordre déterminé par les deux courbes C, C' au point O, cette courbe C est une caractéristique de la surface intégrale qui passe par les deux courbes. Cette proposition est identique, au fond, à celle qui a été énoncée plus haut (n° 83), à laquelle elle se ramène par les mêmes transformations.

Enfin, si les deux courbes C, C' appartiennent à deux caractéristiques du second ordre, ayant un élément commun du second ordre au point O, ces deux courbes sont des caractéristiques de la surface intégrale qu'elles déterminent. Donc *deux caractéristiques du second ordre, appartenant à deux systèmes différents et ayant un élément commun du second ordre, déterminent une surface intégrale et une seule.*

85. En appliquant ces théorèmes aux équations de Monge et d'Ampère, pour lesquelles les deux systèmes de caractéristiques sont distincts, on arrive à des énoncés plus particuliers. Toute caractéristique du premier ordre appartient à une infinité de caractéristiques du second ordre, dépendant d'une constante arbitraire (n° 79); par suite, *tous les éléments d'une caractéristique du premier ordre appartiennent à une infinité de surfaces intégrales, dépendant d'une infinité de constantes arbitraires.* Mais on peut choisir arbitrairement la valeur d'une dérivée partielle du second ordre en un point de cette caractéristique, de sorte que l'indétermination se manifeste dès le second ordre, tandis qu'elle ne commence qu'aux dérivées du troisième ordre pour une équation de la forme la plus générale.

Considérons deux caractéristiques du premier ordre, appartenant à deux systèmes différents et ayant un élément commun (x, y, z, p, q); soient

$$(\text{A}) \left\{ \begin{array}{l} dz - pdx - qdy = \text{o}, \\ \text{N}dp + \text{L}dx + \lambda_1 dy = \text{o}, \\ \text{N}dq + \lambda_2 dx + \text{H}dy = \text{o}; \end{array} \right. \qquad (\text{B}) \left\{ \begin{array}{l} \delta z - p\delta x - q\delta y = \text{o}, \\ \text{N}\delta p + \text{L}\delta x + \lambda_2 \delta y = \text{o}, \\ \text{N}\delta q + \lambda_1 \delta x + \text{H}\delta y = \text{o}, \end{array} \right.$$

les équations différentielles de ces deux systèmes de caractéristiques.

L'élément du premier ordre commun est compris dans un élément du second ordre (x, y, z, p, q, r, s, t), où r, s, t satisfont aux cinq équations

$$\text{F} = \text{o}, \quad dp = rdx + sdy, \quad dq = sdx + tdy, \quad \delta p = r\delta x + s\delta y, \quad \delta q = r\delta x + t\delta y.$$

Ces relations se réduisent à trois équations distinctes, car les équations (A), jointes aux relations

$$dp = rdx + sdy, \qquad dq = sdx + tdy,$$

entraînent la relation $\text{F} = \text{o}$ (n° 24), et cette relation est aussi une conséquence des équations (B) et des relations

$$\delta p = r\delta x + s\delta y, \qquad \delta q = s\delta x + t\delta y.$$

Donc ces deux caractéristiques du premier ordre appartiennent respectivement à deux caractéristiques du second ordre, ayant un élément commun du second ordre. En rapprochant cette remarque d'une des propositions précédentes, on en conclut que *deux caractéristiques du premier ordre appartenant à des systèmes différents, et ayant un élément commun du premier ordre, déterminent une surface intégrale et une seule.*

86. Les équations de Monge et d'Ampère jouissent, comme on voit, d'une propriété particulière. Étant donnée une surface intégrale et une caractéristique sur cette surface, il existe une infinité de surfaces intégrales ayant un contact du premier ordre avec la première tout le long de cette courbe; on peut choisir arbitrairement, pour ces nouvelles surfaces, la valeur d'une dérivée partielle du second ordre en un point de la caractéristique. En d'autres termes, il existe des multiplicités M_1 d'éléments du premier ordre qui appartiennent à une infinité de surfaces intégrales, la valeur d'une dérivée du second ordre pouvant être choisie arbitrairement en un point de M_1. Nous allons examiner si cette propriété appartient à d'autres équations du second ordre. Soient

$$(30) \qquad F(x, y, z, p, q, r, s, t) = 0$$

une équation du second ordre, et

$$(31) \qquad x = f_1(\lambda), \quad y = f_2(\lambda), \quad z = f_3(\lambda), \quad p = \varphi_1(\lambda), \quad q = \varphi_2(\lambda)$$

les équations d'une multiplicité M_1. Les valeurs de r, s, t en un point de cette multiplicité sont déterminées par les trois équations

$$(32) \qquad F = 0, \quad dp = r\,dx + s\,dy, \quad dq = s\,dx + t\,dy$$

qui admettent, en général, un certain nombre de systèmes de solutions. Il peut même arriver, si la fonction F est transcendante, qu'elles admettent une infinité de systèmes de solutions. Nous cherchons à quelles conditions une des trois dérivées r, s, t pourra être choisie arbitrairement. S'il en est ainsi, en tirant deux des dérivées r, s, t des dernières relations, et portant dans l'équation $F = 0$, il faudra que l'on arrive à une identité. En écrivant ceci, on est conduit à un certain nombre de relations entre x, y, z, p, q, dx, dy, dp, dq. Plusieurs cas peuvent se présenter : 1° il peut arriver que ces relations soient incompatibles (c'est le cas général); 2° il peut arriver que l'on trouve une ou plusieurs conditions ne renfermant que x, y, z, p, q; 3° il peut arriver que les équations de condition renferment toutes quelques-unes des différentielles dx, dy, dp, dq et, dans ce cas, il pourra y avoir deux ou trois relations distinctes, car elles sont forcément homogènes en dx, dy, dp, dq.

Géométriquement, les résultats s'interprètent comme il suit. Regardons encore x, y, z, p, q, dx, dy, dp, dq comme des paramètres, et r, s, t comme des coordonnées courantes. Les équations

$$(33) \qquad \begin{cases} dp = r\,dx + s\,dy, \\ dq = s\,dx + t\,dy, \end{cases}$$

représentent une droite parallèle à une génératrice du cône (T) qui a pour équation

$$s^2 - rt = 0;$$

l'équation (30) représente une surface (Σ). Pour que l'équation obtenue en éliminant deux des dérivées r, s, t entre les équations (30) et (33) se réduise à une identité, il faut donc que la surface (Σ) admette des génératrices rectilignes parallèles à celles du cône (T). Si la fonction F (x, y, z, p, q, r, s, t) est arbitraire, il est clair que cela n'aura jamais lieu, quelles que soient les valeurs des paramètres x, y, z, p, q. Cela peut aussi arriver si x, y, z, p, q vérifient certaines conditions. Enfin, il peut se faire que, quels que soient x, y, z, p, q, la surface (Σ) admette des génératrices parallèles à celles du cône (T). Ce cas se subdivise lui-même en deux autres, suivant que ces génératrices forment un système continu ou non. Dans le premier cas, il y a deux relations distinctes entre x, y, z, p, q, dx, dy, dp, dq pour que la droite, représentée par les équations (33), appartienne à la surface (Σ), qui est alors une surface réglée admettant le cône (T) pour cône des directions asymptotiques. Si les génératrices rectilignes de (Σ), parallèles aux génératrices du cône (T), ne forment pas un système continu, les paramètres x, y, z, p, q, dx, dy, dp, dq doivent vérifier trois relations distinctes.

Nous appellerons *caractéristique du premier ordre* toute multiplicité M_1 d'éléments du premier ordre, telle que les équations (30) et (33) se réduisent à deux relations distinctes.

On démontrera comme plus haut (n° 79) que toute caractéristique du premier ordre appartient, en général, à une infinité de caractéristiques du second ordre, dépendant d'une constante arbitraire. En effet, si x, y, z, p, q, sont les coordonnées d'un élément d'une caractéristique du premier ordre, les relations :

$$dp = rdx + sdy, \qquad dq = sdx + tdy,$$

entraînent, d'après la définition même, l'équation $F = 0$. On a aussi

$$Rdy^2 - Sdxdy + Tdx^2 = 0;$$

car, d'après la représentation géométrique employée, dy^2, $-dxdy$, dx^2 sont les paramètres directeurs de la droite (33), R, S, T sont les coefficients directeurs du plan tangent à (Σ) ; et la relation qu'il s'agit de vérifier exprime simplement que la génératrice est située dans le plan tangent. Le reste du raisonnement s'achève comme au n° 79, une exception ne pouvant se produire que si $S^2 - 4RT$ est nul.

Tout ce qui a été dit des caractéristiques d'une équation de Monge et d'Ampère s'étend évidemment à cette nouvelle espèce de caractéristiques.

87. Considérons, en particulier, les équations $F = 0$, qui représentent une surface réglée (Σ), ayant le cône (T) pour cône directeur, quand on y regarde r, s, t comme des coordonnées courantes. Pour que la droite (33) appartienne à la surface (Σ), dx, dy, dp, dq doivent vérifier deux relations distinctes seulement, homogènes en dx, dy, dp, dq,

$$(34)\qquad \begin{cases} H\,(x, y, z, p, q;\, dx, dy, dp, dq) = 0, \\ H_1\,(x, y, z, p, q;\, dx, dy, dp, dq) = 0; \end{cases}$$

ces relations, jointes aux suivantes,

$$(35)\qquad \begin{cases} dz = pdx + qdy, \\ dp = rdx + sdy, \\ dq = sdx + tdy, \\ \left(\dfrac{dF}{dx}\right) + R\,\dfrac{dr}{dx} + S\,\dfrac{ds}{dy} = 0, \\ \left(\dfrac{dF}{dy}\right) + R\,\dfrac{ds}{dx} + S\,\dfrac{dt}{dy} = 0, \end{cases}$$

représentent une première famille de caractéristiques du second ordre. Si $S^2 - 4RT$ n'est pas nul, l'équation admet une seconde famille de caractéristiques du second ordre. Si $S^2 - 4RT = 0$, la surface (Σ) est une surface développable, enveloppe d'un plan mobile qui reste constamment parallèle à un plan tangent au cône (T) (n° 78); les génératrices de (Σ) sont donc parallèles à celles du cône (T). L'équation admet donc un système unique de caractéristiques, qui est du premier ordre.

L'étude des caractéristiques nous conduit donc à distinguer les équations du second ordre en quatre grandes classes :

1° Les équations générales qui admettent deux systèmes différents de caractéristiques, tous les deux du second ordre;

2° Les équations qui, quand on y regarde x, y, z, p, q, comme des paramètres, r, s, t comme des coordonnées courantes, représentent une surface réglée, non du second degré, dont les génératrices sont parallèles à celles du cône (T), sans que le plan tangent à cette surface soit parallèle à un plan tangent au cône (T). Elles admettent encore deux systèmes différents de caractéristiques, un du premier ordre, un du second ordre ;

3° Les équations de Monge et d'Ampère. Il y a deux systèmes de caractéristiques, en général distincts, tous les deux du premier ordre ;

4° Les équations qui, avec les mêmes conventions, représentent une surface développable admettant le cône (T) pour cône directeur. Elles admettent un seul système de caractéristiques, qui est du premier ordre.

Il est clair que cette distinction se conserve par toute transformation de contact.

88. Nous pouvons maintenant compléter la solution du problème de Cauchy, traité au n° 16. Étant données une courbe C et une développable Δ passant par cette courbe, il s'agit de déterminer une surface intégrale d'une équation du second ordre $F = 0$, passant par la courbe C et tangente à la développable Δ, le long de C, cette surface étant représentée par une équation :

$$z = \Phi(x, y),$$

où $\Phi(x, y)$ est développable en série entière dans le voisinage d'un point de la courbe C. Cette courbe C et la développable Δ définissent une multiplicité M_1 d'éléments du premier ordre (x, y, z, p, q). Supposons d'abord que M_1 ne soit pas une caractéristique du premier ordre de l'équation $F = 0$; alors, les trois équations :

$$F = 0, \qquad dp = r\,dx + s\,dy, \qquad dq = s\,dx + t\,dy,$$

déterminent les valeurs de r, s, t en chaque point de la courbe C, c'est-à-dire définissent une multiplicité simplement infinie d'éléments du second ordre, renfermant la multiplicité M_1. Si on n'a pas, pour ces valeurs de r, s, t ainsi obtenues, la relation :

$$\text{(36)} \qquad R\,dy^2 - S\,dx\,dy + T\,dx^2 = 0$$

(ce qui est le cas général), nous avons vu plus haut (n° 17) qu'il y avait une solution et une seule. Mais si ces valeurs de r, s, t, vérifient la relation (36), elles doivent aussi satisfaire aux deux autres équations différentielles des caractéristiques (n° 77) :

$$\text{(37)} \qquad \left\{ \begin{aligned} &\left(\frac{dF}{dx}\right) + R\frac{dr}{dx} + T\frac{ds}{dy} = 0, \\ &\left(\frac{dF}{dy}\right) + R\frac{ds}{dx} + T\frac{dt}{dy} = 0, \end{aligned} \right.$$

pour que le problème admette une solution. S'il n'en est pas ainsi, il ne peut y avoir de surface intégrale répondant à la question, ou, du moins, s'il existe une pareille surface, la courbe C est une courbe singulière de cette surface. Enfin, si les équations (36) et (37) sont vérifiées en même temps, on a vu plus haut (n° 83) qu'il existe une infinité de surfaces intégrales répondant à la question, une exception ne pouvant se produire que si $S^2 - 4RT$ est nul.

Si la multiplicité M_1 est une caractéristique du premier ordre, on sait qu'elle appartient à une infinité de caractéristiques du second ordre et, par conséquent, il y a encore une infinité de solutions, en supposant toujours que $S^2 - 4RT$ n'est pas nul.

89. Considérons maintenant en particulier les équations de la seconde et de la troisième catégorie, c'est-à-dire celles qui, quand on regarde r, s, t comme des coordonnées courantes, représentent une surface réglée (Σ), développable ou non, dont les génératrices sont parallèles à celles du cône (T). Les équations d'une droite parallèle à une génératrice du cône (T) sont de la forme

$$(38) \qquad \begin{cases} \lambda + \mu r + \nu s = 0, \\ \rho + \mu s + \nu t = 0; \end{cases}$$

soient

$$(39) \quad \varphi(x, y, z, p, q; \lambda, \mu, \nu, \rho) = 0, \quad \psi(x, y, z, p, q; \lambda, \mu, \nu, \rho) = 0$$

les conditions homogènes auxquelles doivent satisfaire les paramètres λ, μ, ν, ρ pour que la droite (38) soit une génératrice de la surface (Σ) représentée par l'équation

$$(40) \qquad F(x, y, z, p, q, r, s, t) = 0.$$

On identifie les équations (38) avec les équations

$$(41) \qquad \begin{cases} dp = r\,dx + s\,dy, \\ dq = s\,dx + t\,dy, \end{cases}$$

en remplaçant λ, ρ, μ, ν, par $-dp$, $-dq$, dx, dy, respectivement. Par conséquent, en faisant la même substitution dans les équations (39), on aura deux relations qui, jointes à la relation $dz = p\,dx + q\,dy$, définissent les caractéristiques du premier ordre

$$(42) \qquad \begin{cases} dz = p\,dx + q\,dy, \\ H(x, y, z, p, q; dx, dy, dp, dq) = 0, \\ H_1(x, y, z, p, q; dx, dy, dp, dq) = 0. \end{cases}$$

L'équation (40) provient de l'élimination de λ, μ, ν, ρ entre les équations (38) et (39) ou, ce qui revient au même, de l'élimination de dx, dy dp, dq entre les équations (41) et (42); si on remplace dp et dq par $r\,dx + s\,dy$ et $s\,dx + t\,dy$ respectivement dans les deux dernières équations (42), on est conduit à deux équations en $\frac{dy}{dx}$, et l'élimination de ce dernier rapport donnera finalement l'équation (40). On en conclut, en raisonnant comme au n° 27, que le problème de l'intégration de l'équation (40) peut être posé comme il suit : *Trouver toutes les multiplicités* M_2, *composées de multiplicités caractéristiques* M_1, *satisfaisant aux équations* (42).

Si les coordonnées d'un point (x, y, z) d'une surface intégrale sont exprimées au moyen de deux variables indépendantes α et β, telles que les courbes $\beta = C^{te}$ soient précisément les caractéristiques, x, y, z, p, q devront satisfaire aux quatre relations:

$$\frac{\partial z}{\partial \alpha} = p\frac{\partial x}{\partial \alpha} + q\frac{\partial y}{\partial \alpha},$$
$$\frac{\partial z}{\partial \beta} = p\frac{\partial x}{\partial \beta} + q\frac{\partial y}{\partial \beta},$$
$$H\left(x, y, z, p, q; \frac{\partial x}{\partial \alpha}, \frac{\partial y}{\partial \alpha}, \frac{\partial p}{\partial \alpha}, \frac{\partial q}{\partial \alpha}\right) = 0,$$
$$H_1\left(x, y, z, p, q; \frac{\partial x}{\partial \alpha}, \frac{\partial y}{\partial \alpha}, \frac{\partial p}{\partial \alpha}, \frac{\partial q}{\partial \alpha}\right) = 0,$$

et, inversement, tout système de solutions de ces quatre équations donnera une surface intégrale.

90. A la théorie des caractéristiques du premier ordre se rattache la recherche des intégrales intermédiaires. Étant donnée une équation du second ordre (E), nous appelons *intégrale intermédiaire* toute équation du premier ordre

$$V(x, y, z, p, q) = 0 \tag{43}$$

dont toutes les intégrales, sauf peut-être les intégrales singulières, appartiennent à l'équation du second ordre proposée. Soit M_1 une multiplicité caractéristique de l'équation (43); il existe, comme on sait, une infinité de surfaces intégrales de cette équation, dépendant d'une infinité de constantes arbitraires, admettant tous les éléments de M_1 et ayant un contact du premier ordre seulement le long de M_1. Il en résulte que la multiplicité M_1 doit être une caractéristique du premier ordre de l'équation (E) ; cela nous montre déjà qu'une équation du second ordre, *prise arbitrairement*, n'admet pas d'intégrale intermédiaire.

Soit donc (E) une équation du second ordre, admettant des caractéristiques du premier ordre. Ces caractéristiques doivent vérifier un certain nombre de relations :

(44) $H_1(x, y, z, p, q; dx, dy, dp, dq) = 0, \quad H_2 = 0, \ldots$

homogènes en dx, dy, dp, dq. D'autre part, les caractéristiques de l'équation (43) satisfont aux équations connues :

$$(45) \qquad \frac{dx}{\frac{\partial V}{\partial p}} = \frac{dy}{\frac{\partial V}{\partial q}} = \frac{-dp}{\frac{\partial V}{\partial x} + p\frac{\partial V}{\partial z}} = \frac{-dq}{\frac{\partial V}{\partial y} + q\frac{\partial V}{\partial z}};$$

si on remplace dans les équations (44) dx, dy, dp, dq par les quantités proportionnelles tirées des équations (45), on est conduit à un certain nombre d'équations de condition homogènes en $\frac{\partial V}{\partial x}, \frac{\partial V}{\partial y}, \frac{\partial V}{\partial z}, \frac{\partial V}{\partial p}, \frac{\partial V}{\partial q}$, et la recherche des intégrales intermédiaires est ramenée à une question que l'on sait traiter, la recherche des fonctions $V(x, y, z, p, q)$ qui satisfont à un système d'équations simultanées du premier ordre. On arrive aussi au même résultat par les raisonnements employés au n° 33.

Supposons, en particulier, qu'une équation (E) admette une intégrale intermédiaire, dépendant de deux paramètres essentiellement distincts a, b,

$$(46) \qquad V(x, y, z, p, q; a, b) = 0;$$

l'équation (E) doit résulter de l'élimination de a et b entre les trois équations (46) et (47)

$$(47) \qquad \begin{cases} \frac{\partial V}{\partial x} + p\frac{\partial V}{\partial z} + r\frac{\partial V}{\partial p} + s\frac{\partial V}{\partial q} = 0, \\ \frac{\partial V}{\partial y} + q\frac{\partial V}{\partial z} + s\frac{\partial V}{p} + t\frac{\partial V}{\partial q} = 0. \end{cases}$$

Si on regarde dans ces dernières x, y, z, p, q comme des constantes données et r, s, t comme des coordonnées courantes, elles représentent une droite parallèle à une génératrice du cône (T). L'équation (E) doit donc représenter, avec les mêmes conventions, une surface réglée (Σ) dont les génératrices sont parallèles à celles du cône (T).

Inversement, étant donnée une équation (E) de cette espèce, elle admet un système de caractéristiques du premier ordre défini par deux équations homogènes en dx, dy, dp, dq :

$$H_1 = 0, \qquad H_2 = 0;$$

pour obtenir les relations auxquelles doit satisfaire une intégrale intermédiaire V, *il suffit d'y remplacer* dx, dy, dp, dq, *par*

$$\frac{\partial V}{\partial p}, \frac{\partial V}{\partial q}, -\left(\frac{\partial V}{\partial x} + p\frac{\partial V}{\partial z}\right), -\left(\frac{\partial V}{\partial y} + q\frac{\partial V}{\partial z}\right)$$

respectivement. Il résulte aussi du n° 89 que cette règle peut être remplacée par la suivante : *Soient*

$$\varphi\,(x, y, z, p, q\,; \lambda, \mu, \nu, \rho) = 0, \qquad \psi\,(x, y, z, p, q\,; \lambda, \mu, \nu, \rho) = 0$$

les conditions, homogènes en λ, μ, ν, ρ, *pour que la droite*

$$\lambda + \mu r + \nu s = 0,$$
$$\rho + \mu s + \nu t = 0,$$

soit une génératrice de la surface (Σ) *représentée par l'équation* (E). *On remplace dans ces équations* λ, ρ, μ, ν *par*

$$\frac{\partial V}{\partial x} + p\frac{\partial V}{\partial z}, \frac{\partial V}{\partial y} + q\frac{\partial V}{\partial z}, \frac{\partial V}{\partial p}, \frac{\partial V}{\partial q}$$

respectivement.

91. Lorsqu'on connaît une intégrale intermédiaire avec deux constantes arbitraires a et b,

$$V\,(x, y, z, p, q\,; a, b) = 0.$$

Bour a remarqué que l'on pouvait en déduire une intégrale intermédiaire dépendant d'une fonction arbitraire, par la méthode de la variation des constantes. C'est une simple conséquence de ce que la fonction V est déterminée par des équations du premier ordre. En effet, considérons les trois équations :

$$V = 0, \qquad b = \varphi\,(a), \qquad \frac{\partial V}{\partial a} + \frac{\partial V}{\partial b}\varphi'(a) = 0,$$

où $\varphi\,(a)$ désigne une fonction arbitraire de a ; si on tire a et b des deux dernières équations et qu'on porte ces valeurs dans la première, on est conduit à une nouvelle équation $V_1 = 0$, qui est aussi une intégrale intermédiaire, car les dérivées partielles $\frac{\partial V_1}{\partial x}, \frac{\partial V_1}{\partial y}, \frac{\partial V_1}{\partial z}, \frac{\partial V_1}{\partial p}, \frac{\partial V_1}{\partial q}$, ont les mêmes expressions que $\frac{\partial V}{\partial x}, \frac{\partial V}{\partial y}, \frac{\partial V}{\partial z}, \frac{\partial V}{\partial p}, \frac{\partial V}{\partial q}$. La fonction V_1 satisfait donc bien aux mêmes équations que V.

La remarque de Bour peut être complétée comme il suit. Étant donnée une équation du second ordre (E) qui admet une intégrale intermédiaire avec deux constantes arbitraires $V(x, y, z, p, q; a, b)$, proposons-nous de déterminer une intégrale intermédiaire dont une solution soit tangente à une développable *donnée* Δ le long d'une courbe *donnée* C, située sur cette développable. Le long de C, x, y, z, p, q sont cinq fonctions supposées connues d'une variable λ, vérifiant la relation $dz = pdx + qdy$. La fonction arbitraire $\varphi(a)$ doit donc satisfaire aux deux relations :

$$(48) \quad \begin{cases} V[x, y, z, p, q; a, \varphi(a)] = 0, \\ \frac{\partial V}{\partial a} + \frac{\partial V}{\partial b}\varphi'(a) = 0, \end{cases}$$

où on suppose x, y, z, p, q remplacés par leurs valeurs en fonction de λ. Si on différentie la première des équations (48) en tenant compte de la seconde, il vient

$$(49) \quad \frac{\partial V}{\partial x}x' + \frac{\partial V}{\partial y}y' + \frac{\partial V}{\partial z}z' + \frac{\partial V}{\partial p}p' + \frac{\partial V}{\partial q}q' = 0,$$

x', y', z', p', q' désignant les dérivées par rapport à λ. En éliminant λ entre l'équation (49) et l'équation $V = 0$, on est conduit à une équation qui détermine la fonction inconnue $\varphi(a)$. Cette fonction $\varphi(a)$ étant connue, on en déduira par une élimination l'intégrale intermédiaire cherchée, et la solution du problème de Cauchy est ramenée à l'intégration d'un système d'équations différentielles ordinaires [1].

[1] Quand on élimine λ entre les deux équations (48), on est conduit à une équation du premier ordre pour déterminer $\varphi(a)$,

$$(e) \quad R[a, \varphi(a), \varphi'(a)] = 0.$$

Il semble donc que l'on devrait trouver une infinité de fonctions $\varphi(a)$ répondant à la question. Pour expliquer cette apparente contradiction, imaginons qu'on ait remplacé x, y, z, p, q en fonction de λ, et soit $V(x, y, z, p, q, a, b) = U(\lambda, a, b)$. Les équations (48) deviennent

$$(48\ bis) \quad U[(\lambda, a, \varphi(a)] = 0, \qquad \frac{\partial U}{\partial a} + \frac{\partial U}{\partial \varphi(a)}\varphi'(a) = 0,$$

et la question revient à déterminer $\varphi(a)$ de telle sorte que les équations (48 *bis*) aient une solution commune en a, quelle que soit la valeur de λ. Or, si on remplace λ

92. Prenons, par exemple, l'équation :

$$s = f(t, x, y, z, p, q), \tag{50}$$

qui représente, quand on regarde r, s, t comme des coordonnées courantes, un cylindre ayant ses génératrices parallèles à la droite $s = 0$, $t = 0$. Pour que la droite

$$\lambda + \mu r + \nu s = 0, \qquad \rho + \mu s + \nu t = 0$$

soit une génératrice de ce cylindre, il faut que l'on ait :

$$\mu = 0 \qquad \frac{\lambda}{\nu} + f\left(-\frac{\rho}{\nu}; x, y, z, p, q\right) = 0 ;$$

donc (n° 90) toute intégrale intermédiaire V de l'équation (50) doit satisfaire aux deux équations :

$$\frac{\partial V}{\partial p} = 0, \quad \frac{\partial V}{\partial x} + p\frac{\partial V}{\partial z} + \frac{\partial V}{\partial q} f\left\{\frac{-\dfrac{\partial V}{\partial y} - q\dfrac{\partial V}{\partial z}}{\dfrac{\partial V}{\partial q}}, x, y, z, p, q\right\} = 0. \tag{51}$$

La première de ces deux relations montre que V ne doit pas dépendre de p; on voit ensuite, en tenant compte de la seconde, que

$$f(t, x, y, z, p, q)$$

doit être une fonction linéaire de p

$$f(t, x, y, z, p, q) = \varphi(x, y, z, q, t) + p\psi(x, y, z, q, t),$$

par une constante arbitraire λ_0, la fonction $\varphi(a)$ définie par l'équation

$$U[\lambda_0, a, \varphi(a)] = 0$$

répond à la question, car on a aussi

$$\frac{\partial U}{\partial a} + \frac{\partial U}{\partial \varphi}\varphi'(a) = 0.$$

On a ainsi l'intégrale générale de l'équation (e), mais il y a, en outre, une intégrale *singulière* qu'on obtient en éliminant λ entre les deux équations :

$$U = 0, \qquad \frac{\partial U}{\partial \lambda} = 0;$$

c'est cette intégrale qui donne la véritable solution du problème proposé.

et la fonction V (x, y, z, q) doit satisfaire aux deux équations :

$$\frac{\partial V}{\partial x} + \frac{\partial V}{\partial q} \varphi\left(x, y, z, q, -\frac{\frac{\partial V}{\partial y} + q\frac{\partial V}{\partial z}}{\frac{\partial V}{\partial q}}\right) = 0,$$

$$\frac{\partial V}{\partial z} + \frac{\partial V}{\partial q} \psi\left(x, y, z, q, -\frac{\frac{\partial V}{\partial y} + q\frac{\partial V}{\partial z}}{\frac{\partial V}{\partial q}}\right) = 0.$$

De l'équation V $(x, y, z, q) = 0$ imaginons qu'on ait tiré $q = \lambda(x, y, z)$, cette fonction λ doit être une intégrale des deux équations :

$$(52)\quad \begin{cases} \dfrac{\partial\lambda}{\partial x} = \varphi\left(x, y, z, \lambda, \dfrac{\partial\lambda}{\partial y} + \lambda\dfrac{\partial\lambda}{\partial z}\right), \\ \dfrac{\partial\lambda}{\partial z} = \psi\left(x, y, z, \lambda, \dfrac{\partial\lambda}{\partial y} + \lambda\dfrac{\partial\lambda}{\partial z}\right). \end{cases}$$

Pour que l'équation (50) admette une intégrale intermédiaire dépendant de deux constantes arbitraires, il faut que les équations (52) forment un système en involution. On aperçoit aisément deux cas particuliers où il en est ainsi : 1° si $\psi = 0$, et que φ ne dépende pas de z, l'équation du second ordre $s - \psi(x, y, q, t) = 0$ admet toutes les intégrales de l'équation du premier ordre $q = \lambda(x, y)$, pourvu que λ vérifie la relation

$$\frac{\partial\lambda}{\partial x} - \varphi\left(x, y, \lambda, \frac{\partial\lambda}{\partial y}\right) = 0 ;$$

2° si $\varphi = 0$ et que ψ ne dépende pas de x, l'équation du second ordre $s - p\psi(y, z, q, t) = 0$ admet toutes les intégrales de l'équation du premier ordre $q = \lambda(y, z)$, pourvu que λ vérifie la relation

$$\frac{\partial\lambda}{\partial z} = \psi\left(y, z, \lambda, \frac{\partial\lambda}{\partial y} + \lambda\frac{\partial\lambda}{\partial z}\right).$$

98. Nous allons encore chercher à obtenir toutes les équations du second ordre, de la forme considérée, telles que les deux équations, auxquelles doit satisfaire une intégrale intermédiaire V (x, y, z, p, q), forment un système en involution.

Les deux équations homogènes en dx, dy, dp, dq, qui définissent les caractéristiques du premier ordre, peuvent toujours, on le vérifie facilement, être résolues par rapport à l'un des couples de différentielles :

$$(dp,\ dq), \qquad (dp,\ dy), \qquad (dq,\ dx), \qquad (dx,\ dy),$$

et on ramène les trois derniers cas au premier en appliquant à l'équation proposée la transformation d'Ampère ou celle de Legendre. On peut donc, sans restreindre la généralité, supposer les équations différentielles des caractéristiques du premier ordre résolues par rapport à dp et dq ; il en résulte que les équations auxquelles doit satisfaire une intégrale intermédiaire V seront résolues par rapport à

$$\frac{\partial V}{\partial x} + p\frac{\partial V}{\partial z} \quad \text{et} \quad \frac{\partial V}{\partial y} + q\frac{\partial V}{\partial z}$$

Elles pourront donc s'écrire :

$$(53) \quad \begin{cases} \dfrac{\partial V}{\partial x} + p\dfrac{\partial V}{\partial z} = f\left(x, y, z, p, q; \dfrac{\partial V}{\partial p}, \dfrac{\partial V}{\partial q}\right), \\ \dfrac{\partial V}{\partial y} + q\dfrac{\partial V}{\partial z} = \varphi\left(x, y, z, p, q; \dfrac{\partial V}{\partial p}, \dfrac{\partial V}{\partial q}\right), \end{cases}$$

f et φ étant des fonctions homogènes et du premier degré de $\dfrac{\partial V}{\partial p}, \dfrac{\partial V}{\partial q}$.
Pour plus de symétrie dans les notations, posons :

$$x = x_1, \quad y = x_2, \quad z = x_3, \quad p = x_4, \quad q = x_5,$$
$$\frac{\partial V}{\partial x} = p_1, \quad \frac{\partial V}{\partial y} = p_2, \quad \frac{\partial V}{\partial z} = p_3, \quad \frac{\partial V}{\partial p} = p_4, \quad \frac{\partial V}{\partial q} = p_5;$$

les équations précédentes deviennent :

$$(54) \quad \begin{cases} H = p_1 + x_4 p_3 - f(x_1, x_2, x_3, x_4, x_5; p_4, p_5) = 0, \\ H_1 = p_2 + x_5 p_3 - \varphi(x_1, x_2, x_3, x_4, x_5; p_4, p_5) = 0. \end{cases}$$

On sait que toute intégrale commune à ces deux équations satisfait aussi à l'équation :

$$(H, H_1) = \sum_{i=1}^{i=5} \frac{D(H, H_1)}{D(p_i, x_i)} = 0;$$

en développant les calculs, on trouve

$$(H, H_1) = -\frac{\partial\varphi}{\partial x_1} + \frac{\partial f}{\partial x_2} - x_4\frac{\partial\varphi}{\partial x_3} + x_5\frac{\partial f}{\partial x_3} + \frac{\partial f}{\partial p_4}\frac{\partial\varphi}{\partial x_4} - \frac{\partial f}{\partial x_4}\frac{\partial\varphi}{\partial p_4}$$
$$+ \frac{\partial f}{\partial p_5}\frac{\partial\varphi}{\partial x_5} - \frac{\partial f}{\partial x_5}\frac{\partial\varphi}{\partial p_5} + p_3\left(\frac{\partial\varphi}{\partial p_4} - \frac{\partial f}{\partial p_5}\right) = 0.$$

Pour que les équations (54) forment un système en involution, il faut que l'équation $(H, H_1) = 0$ soit une conséquence des premières, et, comme elle ne renferme ni p_1, ni p_2, elle doit se réduire à une identité. D'ailleurs, elle est linéaire en p_3 ; les deux fonctions f et φ doivent donc satisfaire aux deux relations :

$$(55) \qquad \frac{\partial \varphi}{\partial p_4} = \frac{\partial f}{\partial p_5},$$

$$(56) \qquad \frac{D(f, \varphi)}{D(p_4, x_4)} + \frac{D(f, \varphi)}{D(p_5, x_5)} + \frac{\partial\,\text{[illegible]}}{\partial\,\text{[illegible]}_2} - \frac{\partial \varphi}{\partial x_1} + x_5 \frac{\partial f}{\partial x_3} - x_4 \frac{\partial \varphi}{\partial x_3} = 0.$$

La première équation (55) montre que f et φ sont les dérivées partielles d'une fonction de $x_1, x_2, x_3, x_4, x_5, p_4, p_5$, par rapport à p_4 et à p_5 respectivement ; et, comme f et φ sont homogènes et du premier degré en p_4, p_5, on peut supposer que la fonction dont elles sont les dérivées partielles est homogène et du second degré. Écrivons-la :

$$p_4^2 \psi (x_1, x_2, x_3, x_4, x_5 ; u),$$

en posant $u = \frac{p_5}{p_4}$. On aura donc

$$f = 2p_4 \psi - p_5 \frac{\partial \psi}{\partial u}, \qquad \varphi = p_4 \frac{\partial \psi}{\partial u},$$

et en portant ces valeurs de f et de φ dans l'équation (56), elle devient

$$(57) \quad \left\{ \begin{aligned} & \left(2u \frac{\partial \psi}{\partial x_4} - 2 \frac{\partial \psi}{\partial x_5}\right) \frac{\partial^2 \psi}{\partial u^2} - \frac{\partial^2 \psi}{\partial u \partial x_1} - u \frac{\partial^2 \psi}{\partial u \partial x_1} - (u x_5 + x_4) \frac{\partial^2 \psi}{\partial u \partial x_3} \\ & \qquad + \left(2\psi - u \frac{\partial \psi}{\partial u}\right) \frac{\partial^2 \psi}{\partial u \partial x_4} + \left| \frac{\partial \psi}{\partial u} + u \frac{\partial^2 \psi}{\partial u^2} \right| \frac{\partial^2 \psi}{u \partial x_3} - 2 \frac{\partial \psi}{\partial u} \frac{\partial \psi}{\partial x_1} \\ & + 2 \frac{\partial \psi}{\partial x_2} + 2 x_5 \frac{\partial \psi}{\partial x_3} = 0. \end{aligned} \right.$$

Pour remonter à l'équation du second ordre elle-même, remarquons que les équations des caractéristiques du premier ordre, seront alors, en revenant aux notations primitives,

$$\frac{dp}{dx} + 2\psi (x, y, z, p, q ; m) - m \frac{\partial \psi}{\partial m} = 0,$$

$$\frac{dq}{dx} + \frac{\partial \psi}{\partial m} = 0,$$

en posant $m = \frac{dy}{dx}$. On obtiendra l'équation du second ordre en remplaçant dp par $rdx + sdy$, dq par $sdx + tdy$, et éliminant ensuite le rapport $\frac{dy}{dx}$, ou, ce qui revient au même, en éliminant le paramètre m entre les deux équations

$$r + sm + 2\psi(x, y, z, p, q; m) - m\frac{\partial\psi}{\partial m} = 0,$$

$$s + tm + \frac{\partial\psi}{\partial m} = 0.$$

Or, si on regarde dans ces équations x, y, z, p, q comme des constantes données, m comme un paramètre variable, r, s, t comme des coordonnées courantes, elles représentent une droite qui est la caractéristique du plan mobile

$$r + 2sm + tm^2 + 2\psi(m) = 0.$$

On obtient donc toutes les équations du second ordre cherchées en éliminant le paramètre m entre les deux équations :

$$r + 2sm + tm^2 + 2\psi(x, y, z, p, q; m) = 0,$$

$$s + tm + \frac{\partial\psi}{\partial m} = 0;$$

la fonction ψ doit en outre satisfaire à l'équation (57), *où on aurait remplacé x_1, x_2, x_3, x_4, x_5, u par x, y, z, p, q, m respectivement.*

On remarquera que, pour toutes ces équations du second ordre, les deux systèmes de caractéristiques sont confondus ; c'est la généralisation d'une propriété déjà établie pour les équations de Monge et d'Ampère (nº 34).

94. L'intégration d'une équation du second ordre appartenant à la classe que nous venons de définir se ramène toujours à l'intégration du système en involution (53). Soit, en effet, $V(x, y, z, p, q, a, b)$ une intégrale de ce système avec deux constantes arbitraires a et b. En différentiant les équations (53) par rapport à a, il vient :

$$\frac{\partial^2 V}{\partial a \partial x} + p\frac{\partial^2 V}{\partial a \partial z} = \frac{\partial f}{\partial\left(\frac{\partial V}{\partial p}\right)}\frac{\partial^2 V}{\partial a \partial p} + \frac{\partial f}{\partial\left(\frac{\partial V}{\partial q}\right)}\frac{\partial^2 V}{\partial a \partial q},$$

$$\frac{\partial^2 V}{\partial a \partial y} + q\frac{\partial^2 V}{\partial a \partial z} = \frac{\partial \varphi}{\partial\left(\frac{\partial V}{\partial p}\right)}\frac{\partial^2 V}{\partial a \partial p} + \frac{\partial \varphi}{\partial\left(\frac{\partial V}{\partial q}\right)}\frac{\partial^2 V}{\partial a \partial q}.$$

On en déduit

$$\left[V, \frac{\partial V}{\partial a}\right] = \frac{\partial V}{\partial p}\left(\frac{\partial^2 V}{\partial a \partial x} + p \frac{\partial^2 V}{\partial a \partial z}\right) + \frac{\partial V}{\partial q}\left(\frac{\partial^2 V}{\partial a \partial y} + q \frac{\partial^2 V}{\partial a \partial z}\right)$$
$$- \frac{\partial^2 V}{\partial a \partial p}\left(\frac{\partial V}{\partial x} + p \frac{\partial V}{\partial z}\right) - \frac{\partial^2 V}{\partial a \partial q}\left(\frac{\partial V}{\partial y} + \frac{\partial V}{\partial z}\right);$$

en remplaçant $\frac{\partial V}{\partial x} + p \frac{\partial V}{\partial z}$, $\frac{\partial^2 V}{\partial a \partial x} + p \frac{\partial^2 V}{\partial a \partial z}, \dots$ par leurs expressions, il reste, en tenant compte de la relation (55),

$$\left[V, \frac{\partial V}{\partial a}\right] = \frac{\partial^2 V}{\partial a \partial p}\left\{\frac{\partial f}{\partial\left(\frac{\partial V}{\partial p}\right)} \frac{\partial V}{\partial p} + \frac{\partial f}{\partial\left(\frac{\partial V}{\partial q}\right)} \frac{\partial V}{\partial q} - f\right\}$$
$$+ \frac{\partial^2 V}{\partial a \partial q}\left\{\frac{\partial \varphi}{\partial\left(\frac{\partial V}{\partial p}\right)} \frac{\partial V}{\partial p} + \frac{\partial \varphi}{\partial\left(\frac{\partial V}{\partial q}\right)} \frac{\partial V}{\partial q} - \varphi\right\}.$$

Comme f et φ sont des fonctions homogènes et du premier degré de $\frac{\partial V}{\partial p}$ et de $\frac{\partial V}{\partial q}$, il vient enfin

$$(58) \qquad \left[V, \frac{\partial V}{\partial a}\right] = 0.$$

On démontre de la même façon que l'on a

$$(59) \qquad \left[V, \frac{\partial V}{\partial b}\right] = 0;$$

si on différentie les relations (58) et (59) par rapport à b et à a respectivement, il vient :

$$\left[\frac{\partial V}{\partial b}, \frac{\partial V}{\partial a}\right] + \left[V, \frac{\partial^2 V}{\partial a \partial b}\right] = 0, \qquad \left[\frac{\partial V}{\partial a}, \frac{\partial V}{\partial b}\right] + \left[V, \frac{\partial^2 V}{\partial a \partial b}\right] = 0,$$

d'où on tire :

$$\left[\frac{\partial V}{\partial a}, \frac{\partial V}{\partial b}\right] = 0, \qquad \left[V, \frac{\partial^2 V}{\partial a \partial b}\right] = 0.$$

On voit donc que les trois équations

$$(60) \qquad V = 0, \qquad \frac{\partial V}{\partial a} = \alpha, \qquad \frac{\partial V}{\partial b} = \beta,$$

où α et β sont deux constantes quelconques, représentent une multiplicité M_2, dont tous les éléments satisfont à la relation $V = 0$, c'est-à-dire une intégrale complète de cette équation du premier ordre. On peut, par suite, obtenir l'intégrale générale de l'équation $V = 0$ par de simples éliminations. Ceci suppose que V, $\frac{\partial V}{\partial a}$, $\frac{\partial V}{\partial b}$ sont des fonctions distinctes de x, y, z, p, q; mais on peut toujours choisir une intégrale complète du système satisfaisant à cette condition, car on peut choisir arbitrairement la fonction de z, p, q, a, b, à laquelle se réduit V pour $x = x_0$, $y = y_0$, puisque le système est en involution.

Si on élimine a et b entre les relations

$$V(x, y, z, p, q; a, b) = 0, \quad b = \pi(a), \quad \frac{\partial V}{\partial a} + \frac{\partial V}{\partial b}\pi'(a) = 0,$$

où $\pi(a)$ est une fonction quelconque de a, on obtient une nouvelle intégrale intermédiaire $V_1 = 0$, qui s'intègre aussi sans aucune difficulté. En effet, prenons pour b une fonction $\psi(a, a', b')$, dépendant de deux nouvelles constantes a' et b', et se réduisant à $\pi(a)$ pour $a' = a'_0$, $b' = b'_0$. La nouvelle intégrale intermédiaire dépend des deux constantes arbitraires a' et b', et on peut lui appliquer la même méthode qu'à la première. L'intégration de l'équation du second ordre n'exige donc que des éliminations, si on a intégré le système en involution (53).

95. On peut obtenir pour l'intégrale générale de l'équation du second ordre des formules analogues à celles que l'on a obtenues au n° 34, dans le cas des équations de Monge et d'Ampère. Étant données les trois équations :

$$V = 0, \quad b = \pi(a), \quad \frac{\partial V}{\partial a} + \frac{\partial V}{\partial b}\pi'(a) = 0, \tag{61}$$

imaginons que des deux dernières on tire les valeurs de a et b en fonction de x, y, z, p, q, et qu'on porte ces valeurs de a et de b dans V, $\frac{\partial V}{\partial a}$, $\frac{\partial V}{\partial b}$; on obtient ainsi trois fonctions V_1, V_2, V_3, qui sont encore en involution, quelle que soit la fonction $\pi(a)$. En effet, remplaçons, dans V, a par $a + a'$, b par $\pi(a) + b'$, a' et b' étant deux nouvelles constantes, que nous supposons connues; si on élimine ensuite a et b entre les équations (61), on est conduit à une nouvelle intégrale intermédiaire du premier ordre

$$W(x, y, z, p, q, a', b') = 0,$$

qui dépend encore de deux constantes a', b'. On a donc aussi :

$$\left[W, \frac{\partial W}{\partial a'}\right] = o, \qquad \left[W, \frac{\partial W}{\partial b'}\right] = o, \qquad \left[\frac{\partial W}{\partial a'}, \frac{\partial W}{\partial b'}\right] = o;$$

or, pour $a' = b' = o$, W, $\frac{\partial W}{\partial a'}$, $\frac{\partial W}{\partial b'}$ se réduisent respectivement à V_1, V_2, V_3, comme il est facile de s'en assurer.

Il suit de là que les trois équations

$$V_1 = o, \qquad V_2 = \alpha, \qquad V_3 = \beta,$$

où α et β sont deux constantes arbitraires, représentent une intégrale complète de l'équation $V_1 = o$. Cette intégrale complète s'obtiendra par l'élimination de p et q entre ces trois équations ou encore, d'après la signification de V_1, V_2, V_3, par l'élimination de p, q, a, b, entre les cinq relations

$$V = o, \quad \frac{\partial V}{\partial a} + \frac{\partial V}{\partial b}\pi'(a) = o, \quad b = \pi(a), \quad \frac{\partial V}{\partial a} = \alpha, \quad \frac{\partial V}{\partial b} = \beta.$$

Si on élimine d'abord p et q entre la première et les deux dernières, il restera ensuite à éliminer a et b entre trois équations

$$\Pi(x, y, z, a, b, \alpha, \beta) = o, \qquad b = \pi(a), \qquad \alpha + \pi'(a)\beta = o,$$

Π étant une fonction déterminée de $x, y, z, a, b, \alpha, \beta$. Mais on peut substituer à l'une des constantes α, β, à α par exemple, la constante a définie par l'équation $\alpha + \pi'(a)\beta = o$, ce qui revient à éliminer b et α au lieu de a et b. Cette élimination se fait d'elle-même, et on est conduit à l'intégrale complète

$$\Pi[x, y, z, a, \pi(a), -\beta\pi'(a), \beta] = o,$$

avec deux constantes arbitraires a et β. Si on remplace ensuite β par une fonction arbitraire de a, $\chi(a)$, on a, pour représenter l'intégrale générale de l'équation du second ordre proposée, un système de deux équations de la forme suivante

$$(62)\quad \left\{\begin{array}{l} \Phi[x, y, z, a, \pi(a), \pi'(a), \chi(a)] = o, \\ \dfrac{\partial \Phi}{\partial a} + \dfrac{\partial \Phi}{\partial \pi(a)}\pi'(a) + \dfrac{\partial \Phi}{\partial \pi'(a)}\pi''(a) + \dfrac{\partial \Phi}{\partial \chi(a)}\chi'(a) = o, \end{array}\right.$$

π et χ étant deux fonctions arbitraires[1]. On peut donc énoncer le théorème suivant :

Lorsque le système (53) est en involution, soit V (x, y, z, p, q, a, b) *une intégrale de ce système avec deux constantes arbitraires a et b, telle que* $V, \frac{\partial V}{\partial a}, \frac{\partial V}{\partial b}$ *soient des fonctions distinctes de z, p, q ; l'intégrale générale de l'équation de second ordre correspondante est représentée par le système des deux équations (62), dont la première s'obtient en éliminant* p *et q entre les trois équations*

$$V = 0, \qquad \frac{\partial V}{\partial a} = \alpha, \qquad \frac{\partial V}{\partial \beta} = \beta,$$

et remplaçant b par $\pi(a)$, β *par* $\chi(a)$ *et* α *par* $-\pi'(a)\,\chi(a)$.

96. Pour la détermination de toutes les équations du second ordre qui s'intègrent de cette façon, je renverrai le lecteur à un mémoire que j'ai publié récemment[2]. Je signalerai seulement une solution évidente ; lorsque la fonction $\psi(x, y, z, p, q\,;\,u)$, qui doit satisfaire à l'équation (57) ne dépend d'aucune des variables x, y, z, p, q, cette équation est satisfaite d'elle-même. L'équation du second ordre correspondante ne renferme que r, s, t et s'obtient en cherchant l'enveloppe du plan mobile

$$r + 2sm + tm^2 + 2\psi(m) = 0,$$

$\psi(m)$ étant une fonction quelconque du paramètre m. Le système (53), qui détermine les intégrales intermédiaires, devient ici :

$$(63)\quad \begin{cases} \dfrac{\partial V}{\partial x} + p\dfrac{\partial V}{\partial z} = 2\dfrac{\partial V}{\partial p}\,\psi\left(\dfrac{\frac{\partial V}{\partial q}}{\frac{\partial V}{\partial p}}\right) - \dfrac{\partial V}{\partial q}\,\psi'\left(\dfrac{\frac{\partial V}{\partial q}}{\frac{\partial V}{\partial p}}\right), \\[2ex] \dfrac{\partial V}{\partial y} + q\dfrac{\partial V}{\partial z} = \dfrac{\partial V}{\partial p}\,\psi'\left(\dfrac{\frac{\partial V}{\partial q}}{\frac{\partial V}{\partial p}}\right); \end{cases}$$

on vérifie aisément qu'il est en involution. Cherchons une intégrale de

[1] Voir ma note *Sur les intégrales intermédiaires des équations aux dérivées partielles du second ordre* (*Comptes rendus*, tome CXII ; 19 mai 1892).
[2] *Acta Mathematica*, t. XIX, p. 285-340.

ce système de la forme

$$V = p + a + \omega(z + ax + by, q + b) = 0;$$

les équations (63) deviennent

$$(64)\quad \begin{cases} -\omega\dfrac{\partial\omega}{\partial u} = 2\psi\left(\dfrac{\partial\omega}{\partial v}\right) - \dfrac{\partial\omega}{\partial v}\psi'\left(\dfrac{\partial\omega}{\partial v}\right), \\ v\dfrac{\partial\omega}{\partial u} = \psi'\left(\dfrac{\partial\omega}{\partial v}\right), \end{cases}$$

en posant $u = z + ax + by$, $v = q + b$. Adjoignons aux équations (64) les deux équations

$$\frac{\partial\omega}{\partial u} = \alpha, \qquad \frac{\partial\omega}{\partial v} = \beta;$$

il vient alors

$$v = \frac{\psi'(\beta)}{\alpha}, \qquad \omega = \frac{\beta\psi'(\beta) - 2\psi(\beta)}{\alpha},$$

et en portant ces valeurs de ω, $\frac{\partial\omega}{\partial u}$, $\frac{\partial\omega}{\partial v}$, v dans la relation

$$d\omega = \frac{\partial\omega}{\partial u}du + \frac{\partial\omega}{\partial v}dv,$$

on est conduit à l'équation

$$du = \frac{2\psi(\beta)\,d\alpha - \alpha\psi'(\beta)\,d\beta}{\alpha^2},$$

d'où on tire

$$u + \frac{\psi(\beta)}{\alpha^2} = C^{te}.$$

On obtiendra donc une intégrale intermédiaire de la forme demandée en éliminant α et β entre les trois équations

$$(65)\quad z + ax + by + \frac{\psi(\beta)}{\alpha^2} = 0, \qquad q + b = \frac{\psi'(\beta)}{\alpha}, \qquad p + a = \frac{2\psi(\beta) - \beta\psi'(\beta)}{\alpha};$$

cette élimination n'est possible que si la fonction ψ est donnée, mais on peut cependant appliquer la méthode du n° 95 sans qu'il soit nécessaire de particulariser cette fonction. Pour la commodité des calculs, changeons α en $\frac{1}{\alpha}$, et posons

$$V = z + ax + by + \alpha^2\psi(\beta),$$

α et β étant déterminés par les deux équations

$$q + b = \alpha\psi'(\beta), \qquad p + a = \alpha\{2\psi(\beta) - \beta\psi'(\beta)\}.$$

On a

$$\frac{\partial V}{\partial a} = x + 2\alpha\psi(\beta)\frac{\partial\alpha}{\partial a} + \alpha^2\psi'(\beta)\frac{\partial\beta}{\partial a},$$
$$\frac{\partial V}{\partial b} = y + 2\alpha\psi(\beta)\frac{\partial\alpha}{\partial b} + \alpha^2\psi'(\beta)\frac{\partial\beta}{\partial b};$$

les valeurs des dérivées partielles $\frac{\partial\alpha}{\partial a}, \frac{\partial\alpha}{\partial b}, \frac{\partial\beta}{\partial a}, \frac{\partial\beta}{\partial b}$ se tirent des deux dernières équations et il reste, toutes réductions faites,

$$\frac{\partial V}{\partial a} = x + \alpha, \qquad \frac{\partial V}{\partial b} = y + \alpha\beta..$$

Pour appliquer la méthode générale, nous devons éliminer α et β entre les trois équations:

$$V = z + ax + by + \alpha^2\psi(\beta) = 0,$$
$$\frac{\partial V}{\partial a} = x + \alpha = a', \qquad \frac{\partial V}{\partial b} = y + \alpha\beta = b',$$

et remplacer ensuite b par $\pi(a)$, b' par $\chi(a)$ et a' par $-\pi'(a)\chi(a)$. La fonction Φ qui figure dans les formules (62) a alors pour expression

$$\Phi[x, y, z, a, \pi(a), \pi'(a), \chi(a)] = z + ax + y\pi(a)$$
$$+ \{x + \pi'(a)\chi(a)\}^2\psi\left\{\frac{y - \chi(a)}{x + \pi'(a)\chi(a)}\right\}.$$

Remarque. — Les équations précédentes paraissent au premier abord très particulières, mais il convient de remarquer qu'on a une catégorie beaucoup plus étendue d'équations, s'intégrant complètement par cette méthode, en considérant les équations du second ordre qui peuvent se ramener à la forme précédente par une transformation de contact. En éliminant α et β entre les équations (65), on est conduit à une intégrale intermédiaire de la forme

$$V = z + ax + by + G(p + a, q + b) = o,$$

G étant une fonction homogène et du second degré de $p + a$ et $q + b$; il est facile de vérifier qu'on a bien, quelle que soit la fonction G,

$$\left[V, \frac{\partial V}{\partial a}\right] = o, \qquad \left[V, \frac{\partial V}{\partial b}\right] = o, \qquad \left[\frac{\partial V}{\partial a}, \frac{\partial V}{\partial b}\right] = o.$$

Les équations du second ordre, que l'on déduit des précédentes par une transformation de contact, admettent donc une intégrale intermédiaire de la forme

$$Z + aX + bY + G(P + a, Q + b) = o,$$

G étant une fonction homogène du second degré, et X, Y, Z, P, Q cinq fonctions de x, y, z, p, q, donnant lieu à l'identité

$$dZ - PdX - QdY = \rho(dz - pdx - qdy).$$

C'est ainsi que toutes les équations de Monge et d'Ampère, appartenant à la classe précédente, peuvent se ramener, par une transformation de contact, à l'équation $r = o$ (n° 36).

97. Lorsqu'une équation du second ordre ne représente pas une surface réglée (Σ) ayant ses génératrices parallèles à celles du cône (T), quelles que soient les valeurs attribuées à x, y, z, p, q, elle ne peut admettre d'intégrale intermédiaire dépendant de *deux* constantes arbitraires (n° 90) ; mais elle peut admettre des intégrales intermédiaires dépendant d'*une* constante arbitraire ; on les obtiendra par l'application de la méthode générale, en formant d'abord les équations des caractéristiques du premier ordre. Par exemple, l'équation $r^2 - st = o$ admet l'intégrale intermédiaire $p - a = o$. D'une manière plus générale, prenons une équation de la forme

$$P = (rt - s^2)^n Q,$$

où P est une fonction de p, q, r, s, t, homogène par rapport à r, s, t, et Q une fonction des variables x, y, z, p, q, r, s, t, qui reste finie lorsque $rt - s^2 = o$. Poisson a remarqué qu'on pouvait obtenir des intégrales intermédiaires de la forme

$$q = \varphi(p);$$

on obtient, en effet, pour déterminer la fonction φ, une équation différentielle du premier ordre

$$F[p, \varphi(p), \varphi'(p)] = 0,$$

car on a alors

$$s = \varphi'(p)\, r, \qquad t = \varphi'(p)\, s, \qquad rt - s^2 = 0.$$

Ce procédé revient à chercher les surfaces développables qui satisfont à l'équation proposée. Ainsi, pour l'équation

$$r^2 - t^2 = rt - s^2,$$

la fonction $\varphi(p)$ doit satisfaire à la relation

$$1 - \{\varphi'(p)\}^4 = 0;$$

en prenant les valeurs réelles seulement, on doit donc avoir

$$q = \varphi(p) = a \pm p.$$

Si une équation du second ordre admet une intégrale intermédiaire $V = 0$, ne dépendant d'aucune constante arbitraire, les équations homogènes en $\frac{\partial V}{\partial x}, \frac{\partial V}{\partial y}, \frac{\partial V}{\partial z}, \frac{\partial V}{\partial p}, \frac{\partial V}{\partial q}$, auxquelles doit satisfaire la fonction V, ne doivent être vérifiées qu'en tenant compte de la relation $V = 0$. On lève la difficulté comme plus haut (n° 53), en imaginant qu'on ait tiré de cette équation une variable en fonction des autres, par exemple $q = \lambda(x, y, z, p)$. Les équations en V donnent des équations pour déterminer la fonction inconnue λ.

98. La distinction fondamentale entre les deux espèces de caractéristiques, du premier et du second ordre, se trouve déjà contenue implicitement dans le mémoire d'Ampère. Nous allons indiquer rapidement les considérations dont il s'est servi, en nous bornant, pour fixer les idées, aux équations de la *première classe*.

Supposons que les coordonnées d'un point d'une surface soient des fonctions *connues* de deux variables indépendantes α et β, d'une fonction arbitraire $\varphi(\alpha)$ et d'une fonction arbitraire $\psi(\beta)$, ainsi que de leurs dérivées $\varphi', \varphi'', \ldots \psi', \psi'', \ldots$ jusqu'à un ordre déterminé

$$(66)\quad \begin{cases} x = F_1[\alpha, \beta; \varphi(\alpha), \varphi'(\alpha), \ldots \varphi^{(p)}(\alpha); \psi(\beta), \psi'(\beta), \ldots \psi^{(q)}(\beta)], \\ y = F_2[\alpha, \beta; \varphi(\alpha), \quad \ldots \ldots \ldots \ldots \quad \psi^{(q)}(\beta)], \\ z = F_3[\alpha, \beta; \varphi(\alpha), \quad \ldots \ldots \ldots \ldots \quad \psi^{(q)}(\beta)]; \end{cases}$$

on dit qu'une équation du second ordre appartient à la première classe, si l'intégrale générale de cette équation peut être représentée par des formules de la forme (66), les fonctions φ et ψ restant arbitraires. On pourrait aussi supposer, sans que les raisonnements qui vont suivre subissent de modification essentielle, que les fonctions arbitraires et leurs dérivées figurent sous des signes d'intégration, pourvu qu'elles n'y soient engagées *qu'avec des constantes, la quantité dont elles sont composées et la différentielle de cette quantité*. Il pourrait aussi arriver que les deux fonctions φ et ψ dépendent de la même variable, α, par exemple. Enfin, les conclusions que nous allons obtenir s'appliqueraient encore au cas où les formules (66) ne renfermeraient qu'une fonction arbitraire.

Les dérivées premières p et q se déduiront des deux relations

$$\frac{\partial z}{\partial \alpha} = p \frac{\partial x}{\partial \alpha} + q \frac{\partial y}{\partial \alpha},$$
$$\frac{\partial z}{\partial \beta} = p \frac{\partial x}{\partial \beta} + q \frac{\partial y}{\partial \beta};$$

on calculera ensuite de proche en proche les valeurs des dérivées successives, r, s, t, ... etc. Il arrivera généralement qu'au bout d'un certain nombre d'opérations ces dérivées contiendront des dérivées des fonctions arbitraires φ et ψ, d'un ordre supérieur à l'ordre des plus hautes dérivées qui figurent dans les formules (66). S'il en était autrement, les expressions de x, y, z, et de toutes les dérivées partielles de z par rapport à x et à y, ne dépendraient, en réalité, que d'un nombre fini de constantes ; cas que nous écarterons. Par exemple, supposons que la dérivée $\varphi^{(p+1)}(\alpha)$ figure pour la première fois dans une dérivée d'ordre n, p_{ik} ; alors la dérivée $\varphi^{(p+2)}(\alpha)$ figurera dans les dérivées d'ordre $n+1$, et ainsi de suite. On a, en effet,

$$\frac{\partial p_{ik}}{\partial \alpha} = p_{i+1,k} \frac{\partial x}{\partial \alpha} + p_{i,k+1} \frac{\partial y}{\partial \alpha};$$

comme p_{ik} contient $\varphi^{(p+1)}(\alpha)$, $\frac{\partial p_{ik}}{\partial \alpha}$ contiendra $\varphi^{(p+2)}(\alpha)$ et, par suite, cette dérivée figurera dans l'une au moins des dérivées $p_{i+1,k}$, $p_{i,k+1}$. Lorsque les dérivées d'un certain ordre ne renferment pas d'autres dérivées de la fonction arbitraire $\varphi(\alpha)$ que celles qui figurent dans les formules (66), Ampère dit que ces dérivées sont *homogènes à l'intégrale relativement à* α ; dans le cas contraire, elles sont *hétérogènes à l'intégrale*. Il résulte de la remarque précédente que si les dérivées d'un certain ordre sont homogènes à l'intégrale, relativement à α, il en est de même de toutes les dérivées d'ordre inférieur à celles-là.

Quand on attribue aux fonctions arbitraires φ et ψ des formes déterminées, les formules (66) représentent une certaine surface S. Sur la surface S les courbes $\alpha = C^{te}$ représentent des caractéristiques. Prenons, en effet, la courbe $\alpha = \alpha_0$; on peut choisir, et d'une infinité de manières, une fonction $\Phi(\alpha)$ qui prenne, ainsi que ses dérivées, jusqu'à un ordre aussi élevé qu'on le veut, les mêmes valeurs pour $\alpha = \alpha_0$ que la fonction $\varphi(\alpha)$ et ses dérivées du même ordre, tandis que, à partir d'un certain ordre, les valeurs des dérivées de $\Phi(\alpha)$ et de $\varphi(\alpha)$ ne sont plus les mêmes. En particulier, on peut choisir une fonction $\Phi(\alpha)$, dépendant d'une infinité de constantes arbitraires, telle que les valeurs de p et de q soient les mêmes, pour $\alpha = \alpha_0$ quand on remplace $\varphi(\alpha)$ par $\Phi(\alpha)$. La surface obtenue en remplaçant dans les formules (66) la fonction $\varphi(\alpha)$ par $\Phi(\alpha)$, tout en conservant la même fonction $\psi(\beta)$, sera donc tangente à la première tout le long de la courbe $\alpha = \alpha_0$, ce qui prouve bien que cette courbe est une caractéristique.

On peut toujours supposer que les dérivées du premier ordre p et q sont homogènes à l'intégrale par rapport à α; s'il n'en était pas ainsi, il suffirait d'effectuer une transformation de contact pour être ramené à ce cas. Mais les dérivées du second ordre peuvent être homogènes ou hétérogènes à l'intégrale. Dans le premier cas, les valeurs de r, s, t sont les mêmes pour toutes les surfaces intégrales qui sont tangentes à la première le long de la caractéristique $\alpha = \alpha_0$; c'est donc une caractéristique *du second ordre*. Dans le second cas, il existe une infinité de surfaces intégrales, dépendant d'une infinité de constantes arbitraires, ayant un contact du premier ordre seulement avec la première surface, le long de la courbe $\alpha = \alpha_0$: c'est donc une caractéristique *du premier ordre*.

99. Pour reconnaître si une équation du second ordre admet une intégrale de la forme (66), où la fonction $\varphi(\alpha)$ est arbitraire, et où les dérivées du second ordre sont hétérogènes à l'intégrale relativement à α, Ampère procède comme il suit. Supposons qu'on ait attribué à la fonction ψ une forme déterminée, et imaginons qu'on ait tiré de ces formules y et z en fonction de y et de α,

$$(67) \quad \left\{ \begin{array}{l} y = f_1 [x, \alpha, \varphi(\alpha), \varphi'(\alpha), \dots \varphi^{(h)}(\alpha)], \\ z = f_2 [x, \alpha, \varphi(\alpha), \varphi'(\alpha), \dots \varphi^{(h)}(\alpha)]; \end{array} \right.$$

la relation $dz = pdx + qdy$ nous donne

$$\frac{\partial f_2}{\partial x} = p + q\frac{\partial f_1}{\partial x}, \qquad \left(\frac{df_2}{d\alpha}\right) = q\left(\frac{df_1}{d\alpha}\right),$$

en posant

$$\left(\frac{d}{d\alpha}\right) = \frac{\partial}{\partial\alpha} + \frac{\partial}{\partial\varphi}\varphi'(\alpha) + \ldots + \frac{\partial}{\varphi^{(h)}(\alpha)}\varphi^{(h+1)}(\alpha).$$

Représentons, pour abréger, par la lettre v la valeur de q ; on a

$$q = v, \qquad p = \frac{\partial z}{\partial x} - v\frac{\partial y}{\partial x},$$

et, par hypothèse, ces valeurs de p et de q ne renferment que $\varphi(\alpha)$ et ses dérivées jusqu'à l'ordre h. On a ensuite

$$(68) \qquad \frac{\partial p}{\partial x} = r + s\frac{\partial y}{\partial x}, \qquad \frac{\partial q}{\partial x} = s + t\frac{\partial y}{\partial x}, \qquad \frac{\partial v}{\partial \alpha} = t\frac{\partial y}{\partial \alpha},$$

et on en tire

$$t = \frac{\frac{\partial v}{\partial \alpha}}{\frac{\partial y}{\partial \alpha}}; \quad s = \frac{\partial q}{\partial x} - \frac{\partial y}{\partial x}\left(\frac{\frac{\partial v}{\partial \alpha}}{\frac{\partial y}{\partial \alpha}}\right), \quad r = \frac{\partial p}{\partial x} - \frac{\partial q}{\partial x}\frac{\partial y}{\partial x} + \left(\frac{\partial y}{\partial x}\right)^2\left(\frac{\frac{\partial v}{\partial \alpha}}{\frac{\partial y}{\partial \alpha}}\right);$$

les dérivées $\frac{\partial y}{\partial x}, \frac{\partial p}{\partial x}, \frac{\partial q}{\partial x}$ sont évidemment homogènes à l'intégrale relativement à α, et la nouvelle dérivée qui s'introduit $\varphi^{(h+1)}(\alpha)$ ne peut apparaître que dans le terme $\frac{\partial v}{\partial \alpha} : \frac{\partial y}{\partial \alpha}$. En portant ces valeurs de r, s, t dans l'équation du second ordre proposée, elle s'écrit :

$$(69) \qquad P + Q\left(\frac{\frac{\partial v}{\partial \alpha}}{\frac{\partial y}{\partial \alpha}}\right) + R\left(\frac{\frac{\partial v}{\partial \alpha}}{\frac{\partial y}{\partial \alpha}}\right)^2 + \ldots = 0,$$

P, Q, R ne renfermant que $x, y, z, p, q, \frac{\partial z}{\partial x}, \frac{\partial y}{\partial x}, \frac{\partial p}{\partial x}, \frac{\partial q}{\partial x}$. Comme la dérivée $\varphi^{(h+1)}(\alpha)$ ne figure que dans le quotient $\frac{\partial v}{\partial \alpha} : \frac{\partial y}{\partial \alpha}$, il faudra donc que l'on ait séparément :

$$(70) \qquad P = 0, \qquad Q = 0, \qquad R = 0, \ldots\ldots,$$

et ces équations, jointes aux deux relations

$$\frac{\partial z}{\partial x} = p + q\frac{\partial y}{\partial x}, \qquad \frac{\partial z}{\partial \alpha} = q\frac{\partial y}{\partial \alpha},$$

détermineront, si elles sont compatibles, y et z en fonction de x et de α.

Il est aisé de vérifier que le calcul précédent est identique à celui que l'on devrait faire pour obtenir les conditions auxquelles doit satisfaire une caractéristique du premier ordre. En effet, si on considère, dans les équations (68), r, s, t comme des coordonnées courantes, et $\frac{\partial p}{\partial \alpha} : \frac{\partial y}{\partial \alpha}$ comme un paramètre variable, ces équations représentent une droite ; l'équation (69) est celle qui donnerait les valeurs du paramètre correspondant aux points d'intersection de cette droite avec la surface représentée par l'équation du second ordre. Les équations (70) expriment donc que la droite

$$\frac{\partial p}{\partial x} = r + s\frac{\partial y}{\partial x}, \qquad \frac{\partial q}{\partial x} = s + t\frac{\partial y}{\partial x}$$

est située tout entière sur la surface représentée par l'équation du second ordre ; les équations (70) sont, par conséquent, les équations différentielles des caractéristiques du premier ordre.

100. Prenons, par exemple, l'équation considérée par Ampère (1)

$$(71) \qquad st + x(rt - s^2)^2 = 0.$$

En éliminant r et s entre cette équation et les suivantes

$$\frac{\partial p}{\partial x} = r + s\frac{\partial y}{\partial x}, \qquad \frac{\partial q}{\partial x} = s + t\frac{\partial y}{\partial x},$$

on est conduit à l'équation :

$$x\left(\frac{q}{\partial x}\right)^4 + t\left\{\frac{\partial q}{\partial x} - 2x\left(\frac{\partial q}{\partial x}\right)^2\left(\frac{\partial p}{\partial x} + \frac{\partial q}{\partial x}\,\frac{\partial y}{x}\right)\right\}$$
$$+ t^2\left\{x\left(\frac{\partial p}{\partial x} + \frac{\partial q}{\partial x}\,\frac{\partial y}{\partial x}\right)^2 - \frac{\partial y}{\partial x}\right\} = 0,$$

(1) *Journal de l'École Polytechnique*, XVIIe cahier, p. 64.

qui se réduit à une identité pourvu que l'on ait :

$$\frac{\partial q}{\partial x} = 0, \qquad x\left(\frac{\partial p}{\partial x}\right)^2 - \frac{\partial y}{\partial x} = 0.$$

L'équation proposée admet donc une famille de caractéristiques du premier ordre. Pour savoir s'il existe des intégrales intermédiaires du premier ordre, nous avons à rechercher les intégrales communes aux deux équations

$$\frac{\partial V}{\partial y} + q\frac{\partial V}{\partial z} = 0, \quad x\left(\frac{\partial V}{\partial x} + p\frac{\partial V}{\partial z}\right)^2 - \frac{\partial V}{\partial p}\,\frac{\partial V}{\partial q} = 0;$$

en prenant pour variables indépendantes x, y, p, q et $u = z - qy$, elles deviennent

$$\frac{\partial F}{\partial y} = 0, \quad x\left(\frac{\partial F}{\partial x} + pq\frac{\partial F}{\partial u}\right)^2 - \frac{\partial F}{\partial p}\left(\frac{\partial F}{\partial q} - y\frac{\partial F}{\partial u}\right) = 0.$$

La première montre que F ne doit pas dépendre de y ; on a ensuite

$$\frac{\partial F}{\partial u} = 0, \qquad x\left(\frac{\partial F}{\partial x}\right)^2 - \frac{\partial F}{\partial p}\,\frac{\partial F}{\partial q} = 0,$$

et on en tire facilement une intégrale intermédiaire avec deux constantes arbitraires a et b,

$$p = 2a\sqrt{x} - a^2q + b.$$

Toute autre intégrale intermédiaire est de la forme $F(x, p, q) = 0$, et s'intègre par quadratures ; la solution du problème de Cauchy est donc ramenée à une quadrature.

On peut aussi obtenir des formules pour représenter l'intégrale générale. Une intégrale intermédiaire s'obtient en éliminant a entre les deux équations

$$p = 2a\sqrt{x} - a^2q + 2\psi(a),$$
$$\sqrt{x} - aq + \psi'(a) = 0;$$

pour intégrer cette équation du premier ordre, imaginons qu'on prenne pour variables indépendantes $\alpha = q$, et une autre variable β définie par la relation :

$$\sqrt{x} = \alpha\beta - \psi'(\beta),$$

ce qui donne

$$p = \alpha\beta^2 + 2\psi(\beta) - 2\beta\psi'(\beta).$$

On a ainsi x, p, q en fonction de α et de β ; pour déterminer y, il suffit d'exprimer que

$$p\left(\frac{\partial x}{\partial \alpha} d\alpha + \frac{\partial x}{\partial \beta} d\beta\right) + \alpha\left(\frac{\partial y}{\partial \alpha} d\alpha + \frac{\partial y}{\partial \beta} d\beta\right)$$

est une différentielle exacte ; ce qui donne

$$\frac{\partial y}{\partial \beta} = \frac{\partial p}{\partial \beta}\frac{\partial x}{\partial \alpha} - \frac{\partial p}{\partial \alpha}\frac{\partial x}{\partial \beta} = 2\beta^2(\alpha - \psi'')(\alpha\beta - \psi'),$$

et, par suite, y s'obtient par une quadrature. On a ensuite z par une nouvelle quadrature et finalement, x, y, z, p, q s'expriment au moyen des variables α, β par les formules suivantes

$$(72)\quad \begin{cases} x = [\alpha\beta - \psi'(\beta)]^2, \\ z = 4\int[\alpha\beta^2 + \psi(\beta) - \beta\psi'(\beta)](\alpha\beta - \psi')(\alpha - \psi'')\,d\beta + \alpha\varphi'(\alpha) - \varphi(\alpha), \\ p = \alpha\beta^2 + 2\psi(\beta) - 2\beta\psi'(\beta),\ q = \alpha, \\ y = 2\int \beta^2(\alpha - \psi'')(\alpha\beta - \psi')\,d\beta + \varphi'(\alpha). \end{cases}$$

Les valeurs de r, s, t se calculeront ensuite au moyen des trois relations

$$1 = 2\beta(\alpha\beta - \psi')\,s + \left[\int 2\beta^2 \left\{ (2\alpha\beta - \psi' - \beta\psi'' \right\} d\beta + \varphi''(\alpha)\right] t$$

$$s + \beta^2 t = 0, \qquad \beta = \sqrt{x}\,(r + \beta^2 s).$$

Comme on devait s'y attendre, ces dérivées secondes sont hétérogènes à l'intégrale par rapport à α et homogènes à l'intégrale par rapport à β.

On peut intégrer de la même façon les équations de la forme

$$st + X(rt - s^2)^2 = 0,$$

où X est une fonction quelconque de la variable x.

Exercices

1° Les seules équations, dont les caractéristiques des deux systèmes supposés distincts sont des lignes asymptotiques, sont de la forme :

$$rt - s^2 + f(x, y, z, p, q) = 0;$$

2° Les équations dont les deux systèmes de caractéristiques sont confondus, et pour lesquelles ces caractéristiques sont des lignes asymptotiques, sont de la forme :

$$r + 2\lambda s + \lambda^2 t = 0,$$

λ étant une fonction de x, y, z, p, q ;

3° Toute équation de la forme

$$F\left(x, y, z, p, q ; rt - s^2, \frac{s - \sqrt{s^2 - rt}}{t}\right) = 0$$

a un système de caractéristiques du premier ordre, formé de lignes asymptotiques. Réciproque ;

4° Trouver les équations les plus générales pour lesquelles les caractéristiques d'un seul des systèmes sont des lignes asymptotiques ;

5° Traiter les mêmes questions en remplaçant les lignes asymptotiques par les lignes de courbure ;

6° Si les caractéristiques forment sur chaque surface intégrale un réseau conjugué, l'équation est homogène en r, s, t ;

7° Si les caractéristiques forment sur chaque surface intégrale deux familles de courbes orthogonales, l'équation est de la forme :

$$F[x, y, z, p, q ; pqr - (1 + p^2)s, pqt - (1 + q^2)s] = 0;$$

8° Si une équation du second ordre admet des caractéristiques du premier ordre, définies par *trois* équations homogènes en dx, dy, dp, dq,

$$H_1(x, y, z, p, q ; dx, dy, dp, dq) = 0, \qquad H_2 = 0, \qquad H_3 = 0,$$

les intégrales de cette équation sur lesquelles existe une famille de caractéristiques du premier ordre vérifient deux équations simultanées du second ordre linéaires en r, s, t :

Exemple : $rt - b^2x^2t^2 + py - qs = 0$ (Ampère) ;

9° Les surfaces enveloppées par la famille de surfaces

$$z + ax + y\pi(a) + \frac{\varphi[x + y\pi'(a)]}{y} + \chi(a) = 0,$$

où a est un paramètre variable, $\pi(a)$ et $\chi(a)$ deux fonctions arbitraires, vérifient une même équation aux dérivées partielles du second ordre ;

10° Intégrer l'équation

$$s = f(r).$$

TABLE DES MATIÈRES

CHAPITRE PREMIER

Étude d'une classe particulière d'équations. — Problème de Cauchy

CHAPITRE II

Les équations de Monge et d'Ampère

CHAPITRE III

Applications diverses

Pages.

CHAPITRE IV

Théorie générale des caractéristiques

Tours. — Imprimerie Deslis Frères.

www.ingramcontent.com/pod-product-compliance
Lightning Source LLC
Chambersburg PA
CBHW071702200326
41519CB00012BA/2593
9782012572553